無限小解析と物理学【第２版】

POD版

竹内外史 著

森北出版

本書は，2001年に遊星社から刊行された書籍を，森北出版から継続発行したものです．

●本書の補足情報・正誤表を公開する場合があります．当社 Web サイト（下記）で本書を検索し，書籍ページをご確認ください．

https://www.morikita.co.jp/

●本書の内容に関するご質問は下記のメールアドレスまでお願いします．なお，電話でのご質問には応じかねますので，あらかじめご了承ください．

editor@morikita.co.jp

●本書により得られた情報の使用から生じるいかなる損害についても，当社および本書の著者は責任を負わないものとします．

第2版のまえがき

第1版が品切になったので，新しいことをつけ加えて，第2版をと遊星社からの誘いがあったのであるが，現在違った方面のことばかり考えていて，本書につけ加えることが何も思いつかなかったので，一度お断りをしたものである．

しかし，遊星社から再度の誘いがあった時に，考え直したものである．一つは，この分野の無限小解析についての基本的な理論は現在でも役に立つであろう．もう一つは，以下に書くように直接には関係のない，量子計算機について書いたものをつけ加えたいと思ったのである．はっきりいえば，量子計算機についての私の希望をこの機会に書いておきたいと思ったのである．

つけ加えるのは，“暗号と量子計算機”および“Quantum Turing Machine”である．前者は『数学セミナー』の1997年11,12月号に載ったものに加筆したもので，後者は中部大学での講演で，同大学の『情報科学リサーチジャーナル』vol.1, 1994.3 に載ったものである．

2つとも量子計算機に関係するものであるが，本文と直接の関係はない．これをつけ加えたことについての私自身の気持と理由を述べたい．

量子計算機は現在多くの人が関心をもつポピュラーな分野である．一番の問題は，実現出来るか？ また実現出来るとすればどのようなものが実現出来るか？ ということである．現在それについては楽観論が大勢を占めているようである．

私自身は，つけ加えた付録の中に述べているように，この楽観論には多分の疑念をもっているものである．しかし，量子計算機の実現の努力と，そのための理論的な熟考とが物理学の進歩のために，次の意味で大きな寄与をするのではないかと思っている．

物理学では観測の理論といわれる分野がある．量子の世界をうかがい知るためには，いろいろな実験をして何が行なわれているかをチェックするわけである．何が行なわれているかは，ミクロの世界の現象である．実験の結果として観測されるのは，マクロの世界の計量；重さとか，速度とか，……である．これには微妙な問題が含まれている．即ち，ミクロの現象からマクロの現象に移っていく間に一体何が行なわれているのか？という問題である．または，ミクロの世界とマクロの世界との相関関係をどう考えればよいのか，という問題である．

この観測の理論について，いろいろの理論，考えが提出されている．しかし，その観測の理論の正否とギリギリのところで関係するような物理的現象がないために，ともすれば空想的な理論に似た色彩をもつような気がする．

これは私の希望的な考えであるが，量子計算機実現のための理論的，具体的な努力は，観測の理論について，より具体的な手がかりを与えるのではないだろうか？　一方，ミクロからマクロというと，無限小解析も関係があるようにも思う．

観測の問題は物理の根本問題の一つではなかろうか，と私は思っている．外部の素人の空想は意味のないものかも知れないが，上の希望が実現されて，ミクロからマクロに行く過程の研究に無限小解析が関係をもつことがあれば，素晴らしいことと思う．

21世紀の初めに　　竹内 外史

まえがき

本書は Abraham Robinson のノンスタンダード解析学または無限小解析の入門書である.

私がこの無限小解析に初めてふれたのは，1962年 Abraham Robinson が来日したときの彼の講演においてであった．まだ Robinson が無限小解析を発見したばかりで，論文などはもちろん出版されておらず，ニュースとしても聞いたこともなく，これは面白いと新鮮な喜びを与えられた.

私の印象は“これは物理数学に最も役に立つであろう”というものであった．事実，私は直ちにその応用として Dirac space という小論文を発表したのである．しかしその後は，私自身の仕事に追われて，無限小解析の研究にたずさわることはなかった．その間，私の無限小解析とのかかわりは暫時，ノンスタンダード整数論に興味をもったのと，イリノイ大学の同僚 Peter Loeb を応援したことだけであった.

気がついてみると，私が最初に無限小解析にふれてから，もう 20 年以上たっている．その間，無限小解析は見事な成長をとげている．そのなかでも我が友人 Peter Loeb の Loeb 測度と，それから出発した確率過程への応用は，予想外の発展といってよいだろう.

一方，私の期待，物理数学への大きな寄与の方はどうであろうか？ これについては，あとがきに述べるような S. Albeverio, J.E. Fenstad, R. Høegh-Krohn, T. Lindstrøm の著書のような仕事がある．したがって，私の期待はある程度満たされたといってもよい．しかし私の正直な気持では，もっと大幅にさまざまな用い方があってもよいのではないかと思われる．したがって，この分野に関心を集めることは，私にとって大切なことである．これがこの本を書く一つの動機である．

第1章では，無限小解析の基本事項を述べた．ただし，ここでは Loeb 測度をその目的の中心にしてある．

第2章の主なことは，Brown（ブラウン）運動と伊藤積分である．そのあと上述の Albeverio, Fenstad, Høegh-Krohn, Lindstrøm の仕事の解説を試みた．

第3章では，物理数学への応用を述べた．残念ながら多くを述べることは出来なかった．§1では，伊藤のレンマを中心とし，その応用として Feynman-Kac の公式，Feynman-Kac-伊藤の公式，ずれの公式などを述べてある．§2では，ラティス・ゲージ理論の初歩のごく一部を解説した．ラティス・ゲージ理論は物理として面白いだけでなく，そこに出てくる構造は純数学的構造としても純数学的研究に値する内容の深いものと思われる．少なくとも現在の段階では，さまざまな難問題を含んでいるものである．私がこの章であえてラティス・ゲージ理論を取り上げた理由は，一つにはラティスの幅 a が無限小の場合を無限小解析で実行することが興味のある問題と思ったからである．場の量子論を無限小解析のラティス・ゲージ理論として遂行できないか？ $a \to 0$ と考えるより，a が無限小と考える方が本当ではないか？ と思わせる徴候がいくつもある．また，無限小解析による微分幾何の量子化の問題は，数学的に興味のある問題ではなかろうか？ これは，もちろん物理に関係のある問題であるが，数学自身としても面白いのではないか？ ラティス・ゲージ理論は，それについて何よりもよい示唆を与えてくれるのではないか．

もっとハッキリ言えば，ラティス・ゲージ理論では，ラティスの隣りあった2点の間の有向線分にユニタリー群の要素を対応させる．しかしこの有向線分だけではなくて，ラティスに現われる4次元の正立方体およびその r 次元の側面（$r=0, 1, 2, 3, 4$）に向きを与えて，それに演算子を対応させて拡張することは面白いのではないか？ このように拡大されたラティス・ゲージ理論の方が，正統的ゲージ理論に対応する大きな理論を作りやすいのではないか？ また，異なった次元に対応する演算子間の相関関係は，ホモロジーやコホモロジーの考え方にも類似があって，そこには現代数学との見事な相互作用も期待される．

私自身もう少し物理を勉強して，こういうことをやってみたい，出来れば物理学者と一緒に仕事をしてみたいものである．こういう気持が，わずかばかりの解説でもここにつけ加えたくなった理由である．

付録1に“やさしいルールで学ぶ素粒子論”を入れた．これは『数学セミナー』の1983年1, 2, 3月号に連載されたものである．この付録を入れた一つの理由は，それが第3章と多少のつながりがあるということであるが，もう一つは次のことである．$SU(5)$ の大統一理論で，私には気になることがある．それは，Fermi（フェルミ）粒子を2つのグループに分けて，一つのグループは5型の既約表現に対応するもの，もう一つのグループは10型の既約表現に対応するもの，そしてゲージボソンは随伴表現に対応しているものとしているところである．これでは，$SU(5)$ と銘うって一元論のような顔をしているが，実は三元論ではないか？ という不満が出てくる．$SU(5)$ の大統一理論では未だ Fermi 粒子と Bose（ボーズ）粒子は統合できないのだから，Fermi 粒子と Bose 粒子とが異なった既約表現に対応するのはまあ仕方がないとしても，Fermi 粒子を人工的に2つに分けて2つの既約表現に対応させるのはどうも気になってしまう．ところで，表現の面からいえば，10型の表現や随伴表現をある意味で5型の表現に分解して考えることはなんでもない．10型の表現については，このことが付録の§4で述べた第二基本法則である．ところで，§4と§5で述べていることは，表現の形式だけではなくて物理法則の方もある程度は ∞ を通して一度架空の世界に入って再び現実の世界にもどることによって，10型の粒子の法則を5型の粒子の法則に還元することが出来る，ということである．そこで述べた流儀をもっと体系的にすることによって，$SU(5)$ の理論をもっと一元論的に表現することは出来ないか？ 少なくとも Fermi 粒子だけは，もっと一元論のスタイルで取り扱うことは出来ないか？ こういう仕組みをもっとよく体系化すれば，それは将来 Fermi 粒子と Bose 粒子との統合という super symmetry にとって一つの参考になるのではないか？ こういうことをいつか考えてみたいという気持が，旧稿をもう一度取り上げる気になった原因である．

付録2には Keisler 流の確率過程論の概観について述べた．本書のあとに Keisler のモノグラフを読むことは望ましいが，Keisler のモノグラフからその全体の方向を把握することは難しい．この付録はその点で役に立つであろう．

あとがきにも述べたように，本書を最初に通読するときには第2章の§3を抜かし§5も大半を抜かして読むことが勧められる．その後あとがきのいろいろな論文や著書に直行するのも一つの方法であろう．

本書は，初めは量子論理入門という依頼をうけて始めたものである．事実，量子論理についてある程度書き進めたものであるが，途中でどうしても筆が進まず断念して方向転換して生まれたのが本書である．この間の心理的事情を述べれば次のようになる．私にとっては，量子論理はよい意味でも悪い意味でも未来の分野である．ということは，未来にはこんな面白い分野が広がっていると宣伝広告することには意味があっても，現在までに出来ている量子論理について述べることはあまり気が進まなかった．これに反して，無限小解析による物理数学は，将来は内容豊かな大分野になるという期待をいだかせるだけでなく，現在すでに充実した内容をもった興味のある分野である．こういったことが私の気持である．

以上に述べたことから分かるように，本書は整然とした入門書ではない．しかも最初の企画からは，方向転換を含めてかなりの年月がたっている．この書の出版は遊星社の西原昌幸氏の辛抱強い支持があって初めて可能であったといってよいであろう．ここに同氏に心からの感謝の意を申し述べたい．

1985年8月

竹内　外史

目 次

第1章　スターの世界

§1　言　語

最初に，論理記号について説明することにする．この本で用いる論理記号は次のとおりである．

$\neg$　否定，　$\neg A$ は“A でない”と読む．

$\wedge$　そして，　$A \wedge B$ は“A そして B”と読む．

$\vee$　または，　$A \vee B$ は“A または B”と読む．

$\rightarrow$　ならば，　$A \rightarrow B$ は“A ならば B”と読む．

$\forall$　すべて，　$\forall x A(x)$ は“すべての x について $A(x)$”と読む．

$\exists$　存在，　$\exists x A(x)$ は“$A(x)$ を満たすような x が存在する”と読む．

論理記号についての詳しい説明は，数学基礎論の本を見られたい．ここでは慣れるために，実用に必要なものだけを述べることにする．

まず，$\neg(A \wedge B)$ と $\neg A \vee \neg B$ とは同等である．ここで後者は正確には $(\neg A) \vee (\neg B)$ であるが，普通このように書く．同様にして，$\neg(A \vee B)$ と $\neg A \wedge \neg B$ とは同等である．

以上の2つを用いれば，$A \wedge B$ と $\neg(\neg A \vee \neg B)$ とが同等であり，また，$A \vee B$ と $\neg(\neg A \wedge \neg B)$ とが同等であることが分かる．したがって，$\vee$ は $\neg$ と $\wedge$ で表わすことが出来，$\wedge$ は $\neg$ と $\vee$ で表わすことが出来る．しかし，論理記号の数を減らせば，かえって不自由になるだけである．

また，$A \rightarrow B$ は $\neg A \vee B$ と同等である．この“ならば”の用い方は，日常言語の“ならば”の用い方と違うので，最初のうち妙に感ずる人がいるが，数学での"ならば"の用い方が $\neg A \vee B$ であることを認識して慣れるより仕方がない.

$A \to B$ が $\neg A \vee B$ と同等であることから, $\neg(A \to B)$ が $A \wedge \neg B$ と同等であることが出てくる. もう少し詳しく説明すれば

$$\neg(A \to B) \text{ iff } \neg(\neg A \vee B) \text{ iff } \neg\neg A \wedge \neg B$$
$$\text{iff } A \wedge \neg B.$$

ここで, iff は if and only if の略であって, "同等である"を意味する. いろいろの式の同等を表現するときに便利であるから, 本書では常用するものとする. 上の同等のなかで $\neg\neg A$ iff A が用いられている. $\neg\neg A$ は A の二重否定であるから, これが A と同等であることは明らかであろう.

$\forall$ と $\exists$ について考えることにする. まず, $\neg \forall x A(x)$ は $\exists x \neg A(x)$ と同等である. これは自分で考えて納得してもらう以外にないが, 多少の説明をすれば, 例えば変数 x の動く範囲が自然数であれば,

$$\forall x A(x) \text{ iff } A(0) \wedge A(1) \wedge A(2) \wedge \cdots$$
$$\exists x A(x) \text{ iff } A(0) \vee A(1) \vee A(2) \vee \cdots$$

となる. 即ち $\forall$ は $\wedge$ の一般化であり, $\exists$ は $\vee$ の一般化である. したがって, $\neg \forall x A(x)$ iff $\exists x \neg A(x)$ は $\neg(A \wedge B)$ iff $\neg A \vee \neg B$ の変形だと思えばよい.

同じ理由で, $\neg \exists x A(x)$ は $\forall x \neg A(x)$ と同等である.

以上のことを用いれば, $\forall x A(x)$ は $\neg \exists x \neg A(x)$ と同等であり, $\exists x A(x)$ は $\neg \forall x \neg A(x)$ と同等である. したがって, $\forall$ は $\neg$ と $\exists$ とで表わすことが出来, $\exists$ は $\neg$ と $\forall$ で表わすことが出来る.

さて本書では, 自然数全体の集合を $\boldsymbol{N}$, 有理数全体の集合を $\boldsymbol{Q}$, 実数全体の集合を $\boldsymbol{R}$, 複素数全体の集合を $\boldsymbol{C}$ で表わすものとする.

いま $f: \boldsymbol{R} \longrightarrow \boldsymbol{R}$ として (即ち f は実数から実数への関数として), f が連続であることを表現すれば, 次のものとなる.

$$\forall x \, \forall \varepsilon > 0 \, \exists \delta > 0 \, \forall y (|x-y| < \delta \to |f(x) - f(y)| < \varepsilon)$$

ここで, $x, \varepsilon, \delta, y$ の動く範囲は実数であるとする. $|a|$ は"a の絶対値"を表

わす．$\forall\varepsilon>0\,A(\varepsilon)$ は $\forall\varepsilon(\varepsilon>0\rightarrow A(\varepsilon))$ の略であり，$\exists\delta>0\,A(\delta)$ は $\exists\delta(\delta>0\wedge A(\delta))$ の略である．ここでちょっとした演習問題をすれば

$$\neg\forall\varepsilon>0\,A(\varepsilon)\ \text{ iff }\ \exists\varepsilon>0\,\neg A(\varepsilon)$$

$$\neg\exists\varepsilon>0\,A(\varepsilon)\ \text{ iff }\ \forall\varepsilon>0\,\neg A(\varepsilon)$$

となる．これをキチンと証明すれば，次のようになる．

$$\begin{aligned}\neg\forall\varepsilon>0\,A(\varepsilon)\ &\text{ iff }\ \neg\forall\varepsilon(\varepsilon>0\rightarrow A(\varepsilon))\\&\text{ iff }\ \exists\varepsilon\neg(\varepsilon>0\rightarrow A(\varepsilon))\\&\text{ iff }\ \exists\varepsilon(\varepsilon>0\wedge\neg A(\varepsilon))\\&\text{ iff }\ \exists\varepsilon>0\,\neg A(\varepsilon)\end{aligned}$$

$\neg\exists\varepsilon>0\,A(\varepsilon)$ の方は演習問題とする．

以上のことから，“f が連続でない”ということが次の式で表わされることが分かるが，証明を試みてほしい．

$$\exists x\,\exists\varepsilon>0\,\forall\delta>0\,\exists y(|x-y|<\delta\wedge|f(x)-f(y)|\geq\varepsilon)$$

ここで $\neg(a<b)$ iff $a\geq b$ が用いられている．

初学者はよく，連続と一様連続とを混同するという．ここに“f が一様連続である”を書いてみれば，次のものとなる．

$$\forall\varepsilon>0\,\exists\delta>0\,\forall x\,\forall y(|x-y|<\delta\rightarrow|f(x)-f(y)|<\varepsilon)$$

したがって，“f が一様連続でない”は次の式で表わされる．

$$\exists\varepsilon>0\,\forall\delta>0\,\exists x\,\exists y(|x-y|<\delta\wedge|f(x)-f(y)|\geq\varepsilon)$$

自然数の言語

自然数の言語というのは，変数が自然数を表わすと決めた言語である．ここで自然数の言語を一つ決めるということは，その言語で用いる

特定の自然数を表わす記号　　0，1，2，…

特定の自然数の関数を表わす記号　　＋，・，…

特定の自然数についての述語を表わす記号　　＝，＜，≦，…

などを決めることを意味する．したがって，自然数の言語といっても唯一つに決まっているわけではないが，一つの言語を固定して考えることが大切である．

もちろん言語があまり小さすぎては困る．例えば＝とか＋とか・とかがなければ困る．また，あまり大きすぎるのも繁雑である．だいたい上に書いたものが基準であって，あとは必要に応じて適当に拡大した言語を考える，といったところである．

いま以上のような自然数の言語 L が一つ固定しているとする．まず数学基礎論ですることは，変数と L の記号と論理記号とカッコとから出来ている記号の列が，どんなときに意味のある表現になっているかを規定することである．この意味のある表現を formula とよぶ．この formula の規定はこの言語の文法の第一歩だと思ってよいが，詳しくは数学基礎論の本を見てもらうことにしてここでは省略する．ただし，formula の例をいくつかあげることにする．

$\exists x(x+x=a)$　　これは“a が偶数である”を意味する．

$\exists x(x+x+1=a)$　　これは“a が奇数である”を意味する．

$\exists x(a\cdot x=b)$　　これは“a が b の約数である”を意味する．$a|b$ と書かれる．

$\forall x(x|a \rightarrow x=a \vee x=1)\wedge 1<a$　　これは“a が素数である”を意味する．

これらの formula において，x は $\forall x$ とか $\exists x$ などのように $\forall$ や $\exists$ と結びついて用いられている．（詳しくいえば，$\forall x(\cdots x\cdots)$ と“すべての x について $\cdots x\cdots$”というように，すべての x の意味する範囲のなかに用いられている．）このように，$\forall xA(x)$, $\exists xA(x)$ の形のなかの x を束縛変数という．ところで，上の例の a や b はこのような $\forall$ や $\exists$ に結びついて用いられてはいない．この変数を自由変数という．普通，自由変数を表わすのに $a, b, c, \cdots$ を用い，束縛変数を表わすのに $x, y, z, \cdots$ を用いるが，この区別は厳密でない．記号が足りなくなれば $\forall a$ というふうにも用いるし，x, y, z を自由変数の意味に用いることもある．

自由変数のない formula のことを sentence という．sentence の例をあげれば，

$$\forall x\,\forall y\,\forall z(x<y \wedge y<z \rightarrow x<z)$$

$$\forall x \forall y (x \leq y \rightarrow \exists z (x+z=y))$$

これらはすべて正しい sentence である．もちろん，正しくない sentence もたくさんある．例をあげれば $\exists x \forall y (y<x)$ などがそうである．これと似ていても，$\forall x \exists y (x<y)$ は正しい sentence である．もちろん，正しいか正しくないかが現在の段階では分からない sentence もある．例をあげれば Goldbach(ゴールドバッハ) の問題などがそうであるが，Goldbach の問題を我々の言語でどう書くかは宿題としたい．

自然数についての正しい sentence のなかで重要なものとしては，数学的帰納法の公理がある．これは，次の形をした sentence 全体の総称である．

$$\forall z_1 \cdots \forall z_n (A(0, z_1, \cdots, z_n) \wedge \forall x (A(x, z_1, \cdots, z_n) \rightarrow A(x+1, z_1, \cdots, z_n)) \\ \rightarrow \forall x A(x, z_1, \cdots, z_n))$$

ここで $A(a, b_1, \cdots, b_n)$ は任意の formula である．ただし，$a, b_1, \cdots, b_n$ は，$A(a, b_1, \cdots, b_n)$ のなかのすべての自由変数を表わしているものとする．したがって，n は A に依存する数である．もちろん $n=0$ のときもあって，そのときは $\forall z_1 \cdots \forall z_n$ はないものとする．$\forall z_1 \cdots \forall z_n$ と最初につけたのは，formula を sentence にするために必要だからである．

一般に，数学的帰納法は

$$A(0, b_1, \cdots, b_n) \wedge \forall x (A(x, b_1, \cdots, b_n) \rightarrow A(x+1, b_1, \cdots, b_n)) \\ \rightarrow \forall x A(x, b_1, \cdots, b_n)$$

と書いたりする．これは，一般にすべての $b_1, \cdots, b_n$ について正しいのだから，正しい formula と考えられる．一般に，自由変数 $b_1, \cdots, b_n$ が入った formula $A(b_1, \cdots, b_n)$ が正しいということは，正確には $\forall z_1 \cdots \forall z_n A(z_1, \cdots, z_n)$ が正しいことと定義する．その意味では，上の自由変数が入った数学的帰納法は正しいのであるが，正確な形は最初の $\forall z_1 \cdots \forall z_n$ がついた形である．さらに $A(a, b_1, \cdots, b_n)$ を $A(a)$ で表わして，数学的帰納法を

$$A(0) \wedge \forall x (A(x) \rightarrow A(x+1)) \rightarrow \forall x A(x)$$

で表わすこともある．これも上に述べた定義の意味で正しい formula になっている．この formula を書いて，最初に書いた sentence を意味することも

あるが，あまり行きすぎると混乱のもととなる．

前に述べたように，自然数の言語といっても一通りに決まっているわけではない．関数記号や述語記号をふやせば言語が強く大きくなる．その言語が大きくなれば formula がふえる．したがって，大きな言語をとるほど数学的帰納法の意味が強くなってくる．

有理数の言語

有理数の言語を考えるときは，変数はもちろん有理数を走るものとする．有理数の言語といっても固定しているわけではないが，次の記号はないと不便であろう．

$$0,\ 1,\ +,\ \cdot,\ ^{-1},\ -,\ =,\ <,\ \leq$$

ここで $-$ はマイナスであり，$^{-1}$ は a^{-1} で $a\neq 0$ のときの a の逆数を意味するものとする．さらに大切なことは，自然数を有理数のなかに埋めこんで考えることである．このため N という述語記号を導入して，$N(a)$ を“a は自然数である”と読むことにする．

さて，この言語で有理数についての正しい sentence をいくつかあげよう．

$$\forall x(N(x)\rightarrow \forall y(N(y)\rightarrow (x\leq y\rightarrow \exists z(N(z)\wedge x+z=y))))$$

これは，前の自然数の言語での正しい sentence

$$\forall x\,\forall y(x\leq y\rightarrow \exists z(x+z=y))$$

において，$\forall x$ を $\forall x(N(x)\rightarrow\ )$，$\forall y$ を $\forall y(N(y)\rightarrow\ )$，$\exists z$ を $\exists z(N(z)\wedge\ )$ とおきかえて出来たものである．一般に，自然数の言語における正しい sentence から，有理数の言語における正しい sentence をこのおきかえによって作ることが出来る．もっとも上の sentence は，その内容からいって次のように書きかえてもよい．

$$\forall x\,\forall y(N(x)\wedge N(y)\wedge x\leq y\rightarrow \exists z(N(z)\wedge x+z=y))$$

以下に，いくつか正しい sentence の例をあげることにする．

$$\forall x(x\neq 0\rightarrow x\cdot x^{-1}=1)$$

ここで $x\neq 0$ は $\neg x=0$ の略である．

$$\forall x(x>0 \to \exists y \exists z(N(y) \land N(z) \land x=y\cdot z^{-1}))$$

$$\forall z_1 \cdots \forall z_n(A(0) \land \forall x(A(x) \to A(x+1)) \to \forall x(N(x) \to A(x)))$$

ここで $\forall z_1 \cdots \forall z_n$ は，もちろん $A(x)$ のなかの自由変数を束縛して全体を sentence にするためにつけ加えたものである．

我々は自然数という概念を有理数の言語のなかで取り扱うために $N(\ )$ という述語記号を導入したが，集合についての記号 $\in$ と自然数全体の集合 $\boldsymbol{N}$ とが与えられている言語では $N(a)$ の代りに $a \in \boldsymbol{N}$ と書けばよい．我々の言語が，N をもってはいるが，$\in$ や $\boldsymbol{N}$ はもっていない場合でも，$a \in \boldsymbol{N}$ を $N(a)$ の略記号として用いることがある．

実数の言語

実数の言語では，変数はもちろん実数を走るものとする．前に自然数を有理数のなかに埋めこんだように，今度はさらに有理数を実数のなかに埋めこんで考える．そのために $Q(\ )$ という述語記号を導入するのであるが，ここでは $Q(a)$ の代りに，$a \in \boldsymbol{Q}$ で表わすことにする．説明ぬきに正しい sentence をいくつかあげることにする．

$$\forall x \in \boldsymbol{Q}(x \neq 0 \to x^{-1} \in \boldsymbol{Q})$$

$$\forall x \in \boldsymbol{N}(x \in \boldsymbol{Q})$$

$$\forall x \in \boldsymbol{Q}(x>0 \to \exists y \in \boldsymbol{N} \exists z \in \boldsymbol{N}(x=y\cdot z^{-1}))$$

$$\forall z_1 \cdots \forall z_n(\exists x A(x) \land \exists y \forall x(A(x) \to x \leq y)$$
$$\to \exists z(\forall x(A(x) \to x \leq z) \land \forall y(\forall x(A(x) \to x \leq y) \to z \leq y)))$$

最後のものは，上限の存在を述べた sentence である．$\forall z_1 \cdots \forall z_n$ は，もちろん全体を sentence にするためにつけられたものである．

一般の言語

普通の数学では，自然数，有理数，実数といったように制限されたものではなく，実数の集合，実数の関数，実数の関数の集合，…… といったいろいろのものが出てくる．普通の数学では集合を用いて記述されるから，$\in$ がなにより必要になってくる．その他にも“Aのベキ集合”を表わす $\mathfrak{P}(A)$ とか，関数の記号 $f: A \longrightarrow B$ などが常用されることになる．その他 lim, sup（上限），inf（下限）なども用いられる．もちろん集合の記号 $\{x \mid A(x)\}$ も用いられる．これらの使用は別にどうということもないが，必要に応じて説明することにする．実数全体の集合は $\boldsymbol{R}$，複素数全体の集合は $\boldsymbol{C}$ を用いる．

§2　＊構造

ここで＊はスターと読む．star，星のスターである．もちろん，映画俳優のスターと言うときのスターだと思ってもよい．

＊自然数の構造，$^*\boldsymbol{N}$

いま自然数の言語 L を一つ固定する．この言語のなかには自然数 $0, 1, 2, \cdots$ を表わす記号は全部入っているものとする．（もちろん，$0, 1$ と $+$ とがあって，2 は $1+1$ の形で表わされる，…… と思ってもよい．）いま $\boldsymbol{N}$ とこの自然数の言語 L とをならべて

$$\boldsymbol{N},\ 0,\ 1,\ 2,\ \cdots,\ +,\ \cdot,\ =,\ <,\ \leq,\ \cdots$$

とする．このとき数学基礎論の簡単な定理により，以下に述べるような都合のよい条件を満たす＊構造 $^*\boldsymbol{N}$ が存在することがいえる．（証明は省略する．）

まず $^*\boldsymbol{N}$ とその言語 $^*L$ とを，上の $\boldsymbol{N}$ とその言語 L とに対応した形でならべて書けば，次のようになる．

$$^*\boldsymbol{N},\ ^*0,\ ^*1,\ ^*2,\ \cdots,\ ^*+,\ ^*\cdot,\ ^*=,\ ^*<,\ ^*\leq,\ \cdots$$

ここに $^*\boldsymbol{N}$ と $^*L$ とは，次の２つの＊原理を満足するものとする．

第一＊原理

1）　$^*0, {}^*1, {}^*2, \cdots$ は $^*\boldsymbol{N}$ の元である．

2）　f が L の n 変数の関数（即ち $f: \boldsymbol{N} \times \cdots \times \boldsymbol{N} \longrightarrow \boldsymbol{N}$）であれば，$^*f$ は $^*L$ の n 変数の関数（即ち $^*f: {}^*\boldsymbol{N} \times \cdots \times {}^*\boldsymbol{N} \longrightarrow {}^*\boldsymbol{N}$）である．したがって，

$a, b \in {}^*\boldsymbol{N}$ のときは $a\,{}^*\!+b$, $a\,{}^*\!\cdot b$ などは ${}^*\boldsymbol{N}$ の元である．

3) P が L の n 変数の述語であれば，${}^*P$ は ${}^*L$ の n 変数の述語である．したがって，$a, b \in {}^*\boldsymbol{N}$ とすれば，$a\,{}^*\!= b$, $a\,{}^*\!< b$, $a\,{}^*\!\le b$ などは，すべて正しいか誤りであるかの意味のある命題である．

4) いま $\boldsymbol{N}$ の言語 L での sentence φ があったとする．このとき ${}^*\varphi$ を，φ のなかの論理記号，変数，カッコ以外のすべての記号に $*$ をつけて出来る ${}^*L$ の sentence とする．このとき，φ が $\boldsymbol{N}$ で正しいということと，${}^*\varphi$ が ${}^*\boldsymbol{N}$ で正しいということとは同等である．

以下，第二＊原理について述べる前に，第一＊原理について説明することにする．まず ${}^*L$ の記号はすべて L の記号に $*$ をつけて出来たものであるから，${}^*L$ の sentence はすべて，L の sentence φ に $*$ をつけて ${}^*\varphi$ の形で表わすことが出来る．

次に，L の $=$ についての公理を考えよう．

$$\forall x\,(x = x)$$

$$\forall x\,\forall y\,(x = y \rightarrow y = x)$$

$$\forall x\,\forall y\,\forall z\,(x = y \wedge y = z \rightarrow x = z)$$

$$\forall z_1 \cdots \forall z_n\,\forall x\,\forall y\,(x = y \wedge A(x, z_1, \cdots, z_n) \rightarrow A(y, z_1, \cdots, z_n))$$

これらはすべて $\boldsymbol{N}$ で正しい．したがって，第一＊原理により

$$\forall x\,(x\,{}^*\!= x)$$

$$\forall x\,\forall y\,(x\,{}^*\!= y \rightarrow y\,{}^*\!= x)$$

$$\forall x\,\forall y\,\forall z\,(x\,{}^*\!= y \wedge y\,{}^*\!= z \rightarrow x\,{}^*\!= z)$$

$$\forall z_1 \cdots \forall z_n\,\forall x\,\forall y\,(x\,{}^*\!= y \wedge {}^*A(x, z_1, \cdots, z_n) \rightarrow {}^*A(y, z_1, \cdots, z_n))$$

はすべて ${}^*\boldsymbol{N}$ で正しい．したがって，${}^*\!=$ は ${}^*\boldsymbol{N}$ での等号を表わしている．同様にして，$\forall x\,\forall y\,(x\,{}^*\!\le y \leftrightarrow x\,{}^*\!= y \vee x\,{}^*\!< y)$ は ${}^*\boldsymbol{N}$ で正しい．ここに $A \leftrightarrow B$ は $(A \rightarrow B) \wedge (B \rightarrow A)$ を表わす．即ち“A と B とが同等である”ことを表わす論理記号である．これから，${}^*\boldsymbol{N}$ においても $a\,{}^*\!\le b$ は $a\,{}^*\!= b \vee a\,{}^*\!< b$ の略記号であると考えてよいことが分かる．

同様にして，$<$ が $\boldsymbol{N}$ の上の線型順序であることから，$^*<$ が $^*\boldsymbol{N}$ の上の線型順序になっていることが分かる．さらに，数学的帰納法の原理は $\boldsymbol{N}$ で成立するから，$^*\boldsymbol{N}$ でも数学的帰納法の原理は成立する．これを書いてみれば

$$\forall z_1 \cdots \forall z_n (A(^*0, z_1, \cdots, z_n) \wedge \forall x (A(x, z_1, \cdots, z_n) \rightarrow A(x {}^*{+} {}^*1, z_1, \cdots, z_n)) \\ \rightarrow \forall x A(x, z_1, \cdots, z_n))$$

となる．したがって，$^*\boldsymbol{N}$ の任意の元 $a_1, \cdots, a_n$ について

$$A(^*0, a_1, \cdots, a_n) \wedge \forall x (A(x, a_1, \cdots, a_n) \rightarrow A(x {}^*{+} {}^*1, a_1, \cdots, a_n)) \\ \rightarrow \forall x A(x, a_1, \cdots, a_n)$$

が正しいことが分かる．したがって，単に $^*\boldsymbol{N}$ で

$$A(^*0) \wedge \forall x (A(x) \rightarrow A(x {}^*{+} {}^*1)) \rightarrow \forall x A(x)$$

が正しい，というような表現をする．

ところで，$<$ は $\boldsymbol{N}$ の整列順序である．これから $^*<$ が $^*\boldsymbol{N}$ の整列順序であることが出るであろうか？　答はノーである．この説明は第二 $*$ 原理のあとですが，まず一般論として，L の数学的帰納法の原理は $<$ が整列順序であることと同等ではない．その理由は L の数学的帰納法が，$A(a)$ が L の formula であるような $A(a)$ についてだけの原理であって，a についてのすべての命題 $A(a)$ について考えているわけではない．数学的帰納法が $<$ が整列順序であることと同等になるためには，$A(a)$ が a についてのすべての命題を走らなければならない．次のような疑問が，さらに起こるかもしれない．言語 L に a についてのすべての命題の述語記号を入れておけば，L の数学的帰納法から $<$ が整列順序であることが出てくるからよいではないか？　答はなおノーである．理由は次のようになる．$A(a)$ が $\boldsymbol{N}$ の a についてのすべての命題を走るとしても，$^*A(a)$ が $^*\boldsymbol{N}$ の a についてのすべての命題を走るとは限らない．事実，第二 $*$ 原理は $^*<$ が $^*\boldsymbol{N}$ の整列順序には絶対にならないことを保証する．

さて自然数 n に $*$ をつけて $^*n$ にすれば，これは $^*\boldsymbol{N}$ の元である．したがって $*$ をつけるという操作は，$\boldsymbol{N}$ の元を $^*\boldsymbol{N}$ の元にする関数であると考えられる．即ち $*: \boldsymbol{N} \longrightarrow {}^*\boldsymbol{N}$ となる．$n, m \in \boldsymbol{N}$ として $n \neq m$ とすれば，$^*n {}^*{\neq} {}^*m$ 即ち $\neg(^*n {}^*{=} {}^*m)$ となるから，$*$ は1対1，即ち $*$ は $\boldsymbol{N}$ を $^*\boldsymbol{N}$ に埋めこむ写像に

なっている．ここで，問題は $\boldsymbol{N}$ と $^*\boldsymbol{N}$ とが同型であるかどうか？ということである．もし $*$ が同型写像ならば，$\boldsymbol{N}$ と $^*\boldsymbol{N}$ とは記号を変えた(即ち $*$ をつけた)だけであって同じものになってしまい，第一 $*$ 原理はトリビアルになってしまう．第二 $*$ 原理は強い原理であるが，その簡単な結論として $*$ が同型でないことが出てくる．即ち，$^*\boldsymbol{N}$ には $^*0, {}^*1, {}^*2, \cdots$ では表わされない元が入っていることが分かる．

第二 ＊ 原理

いま $\varphi_i(a)$ $(i \in I)$ を L の formula で，a 以外には自由変数を含まないものとする．さらに，I から任意に有限個の $i_1, \cdots, i_n$ をとってきたとき $\exists x(\varphi_{i_1}(x) \wedge \cdots \wedge \varphi_{i_n}(x))$ はつねに $\boldsymbol{N}$ で正しいとする．このとき $^*\boldsymbol{N}$ の元 a で，すべての $i \in I$ について $^*\varphi_i(a)$ が $^*\boldsymbol{N}$ で正しいようなものが存在する．

第二 $*$ 原理の説明として，まずこの原理を使ってみせることにする．いま I を $\boldsymbol{N}$ として，$i \in I$ について $\varphi_i(a)$ を $i < a$ とする．このとき，任意の有限個の自然数 $i_1, \cdots, i_n$ について $a = \max(i_1, \cdots, i_n) + 1$ とすれば，$\varphi_{i_1}(a) \wedge \cdots \wedge \varphi_{i_n}(a)$ が成立する．したがって，この $\varphi_i(a)$ $(i \in I)$ について第二 $*$ 原理の仮定は満たされている．ゆえに第二 $*$ 原理の結論として，すべての i について $^*\varphi_i(a)$ が満たされているような $^*\boldsymbol{N}$ の元 a が存在する．即ち

$$^*0 \ {}^*{<}\ a, \quad {}^*1 \ {}^*{<}\ a, \quad {}^*2 \ {}^*{<}\ a, \quad \cdots$$

を満たすような $^*\boldsymbol{N}$ の元 a が存在する．明らかに a は，$^*0, {}^*1, {}^*2, \cdots$ のように $\boldsymbol{N}$ の元に $*$ をつけては表わされない．(a が $^*n$ に等しいとすれば $^*n \ {}^*{<}\ a$ に矛盾する．) したがって，$^*\boldsymbol{N}$ には $*: \boldsymbol{N} \longrightarrow {}^*\boldsymbol{N}$ の像にならないものが存在する．

$*: \boldsymbol{N} \longrightarrow {}^*\boldsymbol{N}$ は前にいったように，$\boldsymbol{N}$ の $^*\boldsymbol{N}$ のなかへの埋めこみである．以下，一般の習慣に従って $\boldsymbol{N}$ を $^*\boldsymbol{N}$ に埋めこんで考える．即ち，$^*0, {}^*1, {}^*2, \cdots$ を単に $0, 1, 2, \cdots$ で表わすことにする．つまり $\boldsymbol{N} \subseteq {}^*\boldsymbol{N}$ として考える．したがって，上に述べたことは $^*\boldsymbol{N} - \boldsymbol{N}$ が空集合でないことを意味する．

いま $m, n \in \boldsymbol{N}$ とする．このとき $m = n$ は $^*m \ {}^*{=}\ {}^*n$ に同等である．新し

い約束を用いれば，$m=n$ は $m\ {}^*\!\!=n$ に同等である．したがって，${}^*\!\!=$ は $\boldsymbol{N}$ における $=$ を ${}^*\boldsymbol{N}$ に拡大した述語になっている．したがって以下では，${}^*\!\!=$ のことを単に $=$ で表わすことにする．

同様にして，L の k 変数の関数 $f:\boldsymbol{N}\times\cdots\times\boldsymbol{N}\longrightarrow\boldsymbol{N}$ をとって考える．いま $n_1,\cdots,n_k\in\boldsymbol{N}$ で $f(n_1,\cdots,n_k)=n$ とすれば ${}^*f({}^*n_1,\cdots,{}^*n_k)\ {}^*\!\!={}^*n$ となる．新しい記号についての約束を用いれば ${}^*f(n_1,\cdots,n_k)=n$ となっている．したがって，$\boldsymbol{N}$ を ${}^*\boldsymbol{N}$ に埋めこんだ状態で考えれば，${}^*f$ は $\boldsymbol{N}$ の上では f と全く同じものになっている．即ち ${}^*f$ は f を ${}^*\boldsymbol{N}$ の上まで拡大したものになっている．したがって，以下では ${}^*f$ を単に f で表わすことにする．

さらに，L の k 変数の述語 P を考える．いま $n_1,\cdots,n_k\in\boldsymbol{N}$ とすれば $P(n_1,\cdots,n_k)$ は ${}^*P({}^*n_1,\cdots,{}^*n_k)$ と同等になる．新しい記号についての規約では，後者は ${}^*P(n_1,\cdots,n_k)$ である．したがって，${}^*P$ は $\boldsymbol{N}$ の上では P と全く同じものである．したがって，${}^*P$ は P を ${}^*\boldsymbol{N}$ の上まで拡大したものになっている．以下に ${}^*P$ のことを単に P で表わすことにする．（この約束は ${}^*\!\!=$ についてはすでに実行ずみである.）

このように記号の約束をすれば，第一＊原理は sentence φ が $\boldsymbol{N}$ で成立することと ${}^*\boldsymbol{N}$ で成立することとは同等であるという形で述べることが出来る．即ち第一＊原理は，$\boldsymbol{N}$ のすべての（L の）命題の正否を保存するような $\boldsymbol{N}$ の拡大 ${}^*\boldsymbol{N}$ が存在することを主張するものである．

$\boldsymbol{N}$ の上ではこの拡大は前と全く同じであるから，${}^*\boldsymbol{N}-\boldsymbol{N}$ がどうなっているかを調べることにする．

いま $a\in{}^*\boldsymbol{N}-\boldsymbol{N}$ とする．このとき，すべての $n\in\boldsymbol{N}$ について $n<a$ であることを証明する．（前の記号では ${}^*n\ {}^*\!\!<a$ である.） まず $\forall x\leq n(x=0\vee\cdots\vee x=n)$ が $\boldsymbol{N}$ で成立する．したがって，この式は ${}^*\boldsymbol{N}$ で成立する．$\forall x$ の x の所に a を代入すれば

$$a\leq n\ \rightarrow\ a=0\vee\cdots\vee a=n$$

となる．ところで $a\notin\boldsymbol{N}$ であるから $\rightarrow$ の右辺は成立しない．したがって，$n<a$ であることが分かった．したがって，${}^*\boldsymbol{N}-\boldsymbol{N}$ の任意の元 a について

$0<a,\ 1<a,\ 2<a,\ \cdots$ が成立することが分かった．

このことから $^*\boldsymbol{N}-\boldsymbol{N}$ の任意の元を無限大の自然数とよぶことにする．$^*\boldsymbol{N}$ の元を＊自然数とよぶので，正確には無限大の＊自然数というべきであるが，＊が多すぎるのは印刷所なかせであろうから，＊を省略して無限大の自然数というのである．$\boldsymbol{N}$ の元は単に自然数といえばよいのであるが，無限大の自然数と対比していうときには有限の自然数とよぶこともある．

さて無限大の自然数について，もう少し調べることにする．このため a を任意の無限大の自然数とする．（いま L には $-$（マイナス）が入っているものとする．）このとき $n\in\boldsymbol{N}$ とすれば，$a-n$ が再び無限大の自然数であることが次のようにして分かる．もし $a-n$ が有限の自然数 m であるとすれば，$a=n+m$ となって a が有限の自然数となり矛盾する．

いま証明したことから $^*\boldsymbol{N}-\boldsymbol{N}$ には最小元がないことが分かる．したがって，$^*\boldsymbol{N}$ は $<$ によって整列されていない．次に，再び $a\in{}^*\boldsymbol{N}-\boldsymbol{N}$ とすれば，$\forall x(1\leq x\rightarrow x<2x)$ であるから $a<2a$ となる．同様にして $a<2a<3a<4a<\cdots$ であることが分かる．さらに a^2 を考えると，$\forall x(n<x\rightarrow nx<x^2)$ であるから，$na<a^2$ が分かる．即ち $a<2a<3a<\cdots<a^2$ が分かる．この議論を続ければ

$$a<2a<3a<\cdots<a^2<\cdots<a^3<\cdots$$

と限りなく続いていくことが分かる．即ち，無限大の自然数は，下には少なくとも $a-n$ が再び無限大になるという意味で限りなく広がっており，上の方はどのように増大する L の関数 f をとっても $f(a)$ またはそれ以上のものが存在するという意味で限りなく広がっているのである．

さて $^*\boldsymbol{N}$ のために $^*L$ をさらに拡大して，$^*\boldsymbol{N}$ のなかのすべての構成要素を表わす記号をつけ加えた言語を $^*\tilde{L}$ で表わすことにする．この場合，$^*\boldsymbol{N}-\boldsymbol{N}$ 即ちすべての無限大の自然数が $^*\tilde{L}$ のなかに入ってくるから，$^*\tilde{L}$ は $^*L$ の真の拡大になっている．$^*\tilde{L}$ を考えると，$^*\tilde{L}$ での sentence には L の sentence に＊をつけたのでは表わせないものがたくさん出てくる．その意味で $^*\tilde{L}$ の言語は $^*L$ よりはるかに豊富な言語であって，表現能力が大きいことがいろいろの場合に

有用になってくる．

＊有理数の構造，*Q

前と同じように $\boldsymbol{Q}$ の言語 L を一つ固定して，$\boldsymbol{Q}$ と L とをならべて

$$\boldsymbol{Q},\ 0,\ 1,\ \cdots,\ +,\ \cdot,\ -,\ {}^{-1},\ \cdots,\ =,\ <,\ \leq,\ N(\quad),\ \cdots$$

とする．これに対して $^*\boldsymbol{N}$ と同様の第一＊原理，第二＊原理を満たす $^*\boldsymbol{Q}$ と $^*L$ とが存在することを仮定する．$^*\tilde{L}$ も前と同様に考える．

$$^*\boldsymbol{Q},\ ^*0,\ ^*1,\ \cdots,\ ^*+,\ ^*\cdot,\ ^*-,\ ^{*-1},\ \cdots,\ ^*=,\ ^*<,\ ^*\leq,\ ^*N(\quad),\ \cdots$$

もちろんここに第一＊原理，第二＊原理というのは，前の第一＊原理および第二＊原理をこの場合の状況に従って書き直すのである．例えば

1)　$^*0, {}^*1, {}^*2, \cdots$ は $^*\boldsymbol{Q}$ の元である．

というように，$^*\boldsymbol{N}$ は $^*\boldsymbol{Q}$ となる．

前と同様に，$N(a)$ と書く代りに $a\in\boldsymbol{N}$ と書く．したがって $^*N(a)$ は $a\in{}^*\boldsymbol{N}$ と書く．正確には $a\,{}^*\!\!\in{}^*\boldsymbol{N}$ と書くべきだが，$^*\boldsymbol{N}$ での＊の省略と同様な意味で $a\in{}^*\boldsymbol{N}$ と書くことにする．もちろんここで $^*\boldsymbol{N}$ の＊までとってしまうことは出来ない．$^*\boldsymbol{N}$ には $\boldsymbol{N}$ 以上の元が入っているからである．$^*\boldsymbol{N}$ の元に制限すれば（即ち $^*N(a)$ となるような a に制限すれば）いままで述べてきた $^*\boldsymbol{N}$ の議論がすべてそのまま成立する．即ち $\boldsymbol{N}$ の議論は，$\boldsymbol{Q}$ の議論において $\forall x$ を $\forall x\in\boldsymbol{N}$ と制限して（そして sentence や formula に用いられる記号がすべて $\boldsymbol{N}$ についての記号と制限して）出来るものと思えばよい．

もちろん $^*\boldsymbol{N}\subseteq{}^*\boldsymbol{Q}$ となるから，$^*\boldsymbol{Q}$ のなかに無限大の自然数が入っている．その一つを a とする．即ち $a\in{}^*\boldsymbol{N}-\boldsymbol{N}$ とする．このとき $a^{-1}\in{}^*\boldsymbol{Q}$ である．（ここで，$^*\boldsymbol{N}$ のときと同じように関数や述語の＊は省略することにする．）ところで $\forall x(0<x\rightarrow 0<x^{-1})$ は正しいから $0<a^{-1}$ となる．いま $0<r\in\boldsymbol{Q}$ とすれば，$r^{-1}\leq n$ となる $n\in\boldsymbol{N}$ が存在する．a は無限大であるから $n<a$，さらに $\forall x\forall y(0<x<y\rightarrow 0<y^{-1}<x^{-1})$ であるから $a^{-1}<n^{-1}\leq r$ となる．即ち a^{-1} はどのような正の有理数 r をとっても $0<a^{-1}<r$ という関係を満たすものである．このような $^*\boldsymbol{Q}$ の元 a を正の無限小有理数とよぶ．前と同じよ

うに，正確には正の無限小＊有理数とよぶべきものである．いま $a\in {}^*\boldsymbol{Q}$ として，a の絶対値 $|a|$（正確には ${}^*|a|$）が正の無限小有理数となるものを無限小有理数とよぶ．時には無限小有理数のなかに 0 をまぜることもある．このあたりはその時その時の常識で考えることにする．

さて ${}^*\boldsymbol{N}$ と $\boldsymbol{N}$ のときは，$\boldsymbol{N}$ は ${}^*\boldsymbol{N}$ の最初の部分であった．即ち

のような形であった．$\boldsymbol{Q}$ と ${}^*\boldsymbol{Q}$ との関係はもう少し複雑である．一般に，どんな有理数 r（即ち $r\in\boldsymbol{Q}$ なる r）をとっても $r<a$ となるような $a\in{}^*\boldsymbol{Q}$ を正の無限大有理数とよぶことにして，a を正の無限大有理数とすれば，$-a$ は負の無限大有理数になっている．即ち，どんな $r\in\boldsymbol{Q}$ をとってきても $-a<r$ となっている．さらに，前にいった無限小有理数がある．いま h を無限小有理数で $r\in\boldsymbol{Q}$ とすれば，$r+h$ は r との距離が無限小の ${}^*\boldsymbol{Q}$ の元になっている．$\boldsymbol{Q}$ の 2 元の差はやはり $\boldsymbol{Q}$ の元であるから，$r+h$ は $\boldsymbol{Q}$ の元ではない．即ち，r との距離が無限小の所に ${}^*\boldsymbol{Q}-\boldsymbol{Q}$ の元がいくらでもあることが分かる．もっと極端に h を正の無限小有理数とすれば，r の開近傍 $(r-h, r+h)$ のなかの $\boldsymbol{Q}$ の元は r 唯一つであることが分かる．

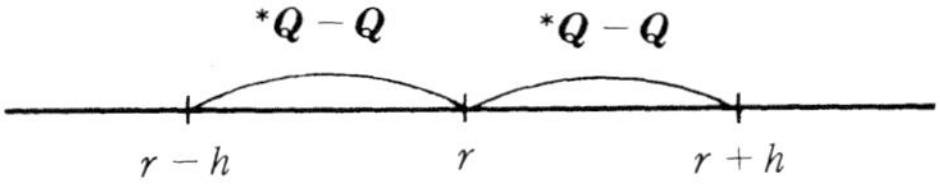

つまり，$\boldsymbol{Q}$ のすべての元は ${}^*\boldsymbol{Q}$ の元の大海のなかにたった一つだけ孤立してポッカリ浮いていることになる．即ち，次の図が出てくる．

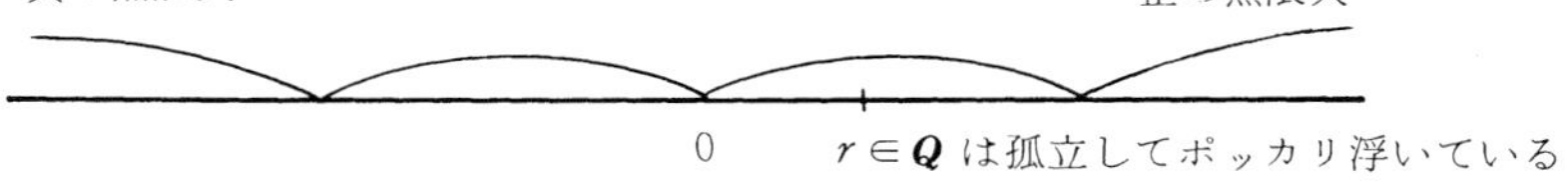

＊実数の構造，${}^*\boldsymbol{R}$

前と同じように $\boldsymbol{R}$ の言語 L を一つ固定して，$\boldsymbol{R}$ と L とをならべて

$\boldsymbol{R}$, 0, 1, ⋯, $+$, $\cdot$, $-$, ${}^{-1}$, log, sin, ⋯, $=$, $<$, $\leq$, $N(\ )$, $Q(\ )$, ⋯

とする．前と同様に，任意の $\boldsymbol{R}$ の元についてそれを表わす記号が L のなかに入っているものとする．さらに，第一＊原理と第二＊原理とを満たす ${}^*\boldsymbol{R}$，${}^*L$ が存在する．また，${}^*\tilde{L}$ も同様に考える．それをならべれば次のようになる．もちろん，第一＊原理，第二＊原理は，この状況で書きかえたものである．

${}^*\boldsymbol{R}$，^{*0}，^{*1}，…，${}^*+$，${}^*\cdot$，${}^*-$，${}^{*-1}$，${}^*\log$，${}^*\sin$，…，${}^*=$，${}^*<$，${}^*\leq$，

${}^*N(\ )$，${}^*Q(\ )$，…

前と同様に，${}^*N(a)$ は $a \in {}^*\boldsymbol{N}$ と書き，${}^*Q(a)$ は $a \in {}^*\boldsymbol{Q}$ と書く．変数を制限することによって，${}^*\boldsymbol{N}$ と ${}^*\boldsymbol{Q}$ との議論はすべて ${}^*\boldsymbol{R}$ のなかに入っていると思ってよい．前と同様に，関数や述語の前の * を省略する．

前と同様の議論によって，正の無限大の実数，負の無限大の実数，無限小の実数が存在することが分かる．正の無限大でも負の無限大でもない実数を，有限の実数という．正確には，有限の＊実数というべきである．(${}^*\boldsymbol{R}$ の元を一般に＊実数という．）しかし $\boldsymbol{R}$ を ${}^*\boldsymbol{R}$ に埋めこんで $\boldsymbol{R} \subseteq {}^*\boldsymbol{R}$ と考えるとき，$\boldsymbol{R}$ の元は有限に決まっているから，有限とワザワザ断わる必要はない．したがって，有限の実数とワザワザ断わっているときは ${}^*\boldsymbol{R}$ の元を意味することにする．

$a, b \in {}^*\boldsymbol{R}$ として，$a-b$ が無限小のとき（0も含める）$a \approx b$ と書いて，“a と b とは無限小の距離にある”という．

$a \approx b$ ということは，どんな $n \in \boldsymbol{N}$ をとっても $|a-b| < 1/n$ ということと同等である．

a が有限の実数であるとき，$a \approx b$ となる $b \in \boldsymbol{R}$ が唯一通りに定まる．ここで唯一通りであることは，$a \approx c, c \in \boldsymbol{R}$ とすれば $b \approx c$ となるが，$b, c \in \boldsymbol{R}$ のときは $b \approx c$ は $b = c$ を意味するから明らかであろう．また，$a \approx b, b \in \boldsymbol{R}$ なる b が存在することは，$A = \{x \in \boldsymbol{R} \mid x < a\}$ を考えれば a が有限であることから，A が空でなくて有界であることが分かり，A の上限を b とすれば $b \in \boldsymbol{R}$ で $a \approx b$ であることは明らかであろう．

以上によって唯一通りに定まった b のことを，a の standard part といって ${}^\circ a$ または $\mathrm{st}(a)$ で表わす．本書では主に ${}^\circ a$ を用いることにする．定義から，もちろん $a \approx {}^\circ a$ となる．ここで $\boldsymbol{R}$ の元を standard という言葉で表わすの

が，standard part の standard の意味である．

いま $f: \boldsymbol{R} \longrightarrow \boldsymbol{R}$ で，f は L のなかに入っているとする．このとき f の連続性は，次の定理によって無限小の言葉で表わされる．

定理 1　$a \in \boldsymbol{R}$ とするとき，f が a で連続であるための必要十分条件は，すべての $x \approx a$ なる $x \in {}^*\boldsymbol{R}$ について $f(x) \approx f(a)$ が成立することである．

証明　a は L の記号と考えてよいから，f が a で連続であるということは，次の sentence で表わされる．

$$\forall \varepsilon > 0\ \exists \delta > 0\ \forall x\,(|x-a| < \delta \rightarrow |f(x)-f(a)| < \varepsilon)$$

いま f が a で連続とすれば，すべての正の自然数 n に対して正の実数 δ_n を選んで，次の sentence が成立するように出来る．

$$\forall x\left(|x-a| < \delta_n \rightarrow |f(x)-f(a)| < \frac{1}{n}\right)$$

いま $x \in {}^*\boldsymbol{R}$ とすれば，第一＊原理により，

$$|x-a| < \delta_n \rightarrow |f(x)-f(a)| < \frac{1}{n}$$

さらに $x \approx a$ とすれば，δ_n は正の実数であるから $|x-a| < \delta_n$ が成立する．ゆえに $|f(x)-f(a)| < 1/n$．したがって，すべての正の自然数 n について $|f(x)-f(a)| < 1/n$ が成立する．即ち $f(x) \approx f(a)$ となる．

逆に，いますべての $x \in {}^*\boldsymbol{R}$ で $x \approx a$ ならば $f(x) \approx f(a)$ になったとする．このとき，すべての $1/n$ に対して正の無限小の δ をとれば，$|x-a| < \delta$ から $x \approx a$ が出るから $f(x) \approx f(a)$，したがって $|f(x)-f(a)| < 1/n$ となる．したがって，$\exists \delta > 0\ \forall x\,(|x-a| < \delta \rightarrow |f(x)-f(a)| < 1/n)$ は ${}^*\boldsymbol{R}$ で正しい．ゆえに $\boldsymbol{R}$ でも正しい．（この sentence は L での sentence であることに注意.）これはすべての正の自然数 n に対して正しいから，

$$\forall \varepsilon > 0\ \exists \delta > 0\ \forall x\,(|x-a| < \delta \rightarrow |f(x)-f(a)| < \varepsilon)$$

が $\boldsymbol{R}$ で正しいことが分かり，f が a で連続なことが分かった．

一般の * 構造

さて，数学に実際に出てくる一般の構造 S とその言語 L について考えることにする．まず第一に，S のなかの対象はすべてそれを表わす記号が言語 L のなかに入っているものと約束する．

一般の S については，実数の関数全体の集合とか，集合の集合というような複雑な概念が入ってくる．ところで，現代数学は集合の言葉で表現されるから，集合の言葉を L のなかに入れておくのが便利である．したがって，$\in$ を最も基本的な述語の一つとして L のなかに入れておくことにする．

このような状況のもとにおいて，前と全く同じように，第一 * 原理，第二 * 原理を満たす * 構造 $^*S$ とその言語 $^*L$ が存在することを出発点とする．さらに $^*\tilde{L}$ も同様に考える．

しかし，この一般の複雑な場合においては，* の省略はいつでもよいというわけにはいかない．* 省略の原則として，$^*\in$ の * は省略することにする．即ち，$^*\in$ は単に $\in$ と書くことにする．これは $\in$ が基本的な述語であるから，その所はまず合わせて，それに応じて他の所を調整しようということである．

次に，いま対象にしている数学的構造の基本的な要素については * を省略することにする．例えば，自然数，有理数，実数，複素数などである．さらに，いま Hilbert（ヒルベルト）空間を問題にしていればその Hilbert 空間の元，位相空間を問題にしていればその位相空間の元などは，いま問題にしている数学的構造の基本的な要素であるから * を省略するのである．

さて，一般に S のなかの構成要素 A が集合であるときには，$^*A$ の * を省略することは出来ない．これは $\boldsymbol{N}$ と $^*\boldsymbol{N}$ とが異なることから明らかであろう．（$\boldsymbol{Q}$ と $^*\boldsymbol{Q}$ も異なるし，$\boldsymbol{R}$ と $^*\boldsymbol{R}$ も異なる．以上は，$^*\boldsymbol{Q}$，$^*\boldsymbol{R}$ に無限大の要素があることから明らかであろう．一般に A が無限集合のときは A と $^*A$ は異なることがいえる．）

したがって * の省略は，対象が集合でない基本的な構成要素である場合，その基本的構成要素の関数である場合，その基本的構成要素の述語である場合と $\in$ についてだけ行なうことにする．

我々は実数 r と ${}^*r$ を同一視するが，これは実数を基本的な構成要素と考えているのであって，集合とは考えないからである．もし実数を Dedekind（デデキント）の切断のような集合によって考えるときは，r と ${}^*r$ を同一視することは出来ない．

したがって，S のなかの対象として位相空間 X を考えるときは，X の元 x については それは基本的な構成要素として x と ${}^*x$ とを同一視するのである．

例えば，実数は有理数の Dedekind の切断とも考えられる．我々はこのとき次のように考える．実数は基本的な対象として導入し，その上で Dedekind の切断によって出来るものを別に考える．もちろんこれは S の内部においてである．その上で，S の内部で Dedekind の切断の全体と実数全体との 1 対 1 の対応を考えるのである．したがって，実数自身はあくまでも基本的な対象であって集合ではないものと考える．

我々は S としてなるべく豊富な構造を考えることにする．例えば S に集合 A が入っているときは，A の部分集合はすべて S のなかに入っているものとする．

S のなかには，実数とか，ある位相空間の元とか，いろいろなタイプのものを考えることになる．したがって，変数を用いるときにはその変数の走る範囲を明確にすることが大切である．即ち，$\forall x$ や $\exists y$ は普通は $\forall x\in A$ や $\exists y\in A$ のように，x や y の走る範囲をハッキリ書いておくものとする．単なる $\forall x$ や $\exists y$ は S のすべての対象を走ることになるが，これはたいていの場合はその意味はかなり奇妙なものになる．しかし，実際には不可能ではない．これを可能にするためには，いろいろの約束が必要になってくる．例えば，関数 sin が x と $\sin x$ が実数のときだけ定義されているような場合，集合 A について $\sin A$ を何と定義するかというような約束が必要になってくる．

$A\subseteq B$ を $\forall x(x\in A\rightarrow x\in B)$ によって定義する．これは論理記号と $\in$ だけで書けるから，${}^*\subseteq$ は $\subseteq$ と同じものになり，${}^*\subseteq$ はつねに $*$ を省略して $\subseteq$ と書く．${}^*S$ の 2 つの $=$ の意味は S でも ${}^*S$ でも変わらないから，$=$ は ${}^*=$ とは書かない．

S の集合 A があるとき A の部分集合がすべて S に入っているからといって，

$^*S$ で $^*A$ のすべての部分集合が $^*S$ に入っていることにはならない．これは大切なことであるから注意すべきである．実際，A が無限集合のときには，$^*A$ の部分集合で $^*S$ に入らないものが必ず存在する．

これをみるためには $^*\boldsymbol{N}-\boldsymbol{N}$ を考える．これは明らかに $^*\boldsymbol{N}$ の部分集合である(もちろん $\boldsymbol{N}$ は S の元であり，したがって $^*\boldsymbol{N}$ は $^*S$ の元とする)．このときもし $A={}^*\boldsymbol{N}-\boldsymbol{N}$ が $^*S$ の元であるとすれば，S では

$$\forall X\subseteq \boldsymbol{N}(\exists x(x\in X)\to \exists x\in X(\forall y\in X(x\leq y)))$$

即ち"$\boldsymbol{N}$ の空集合でない部分集合には最小元が存在する"は S で正しい sentence である．したがって

$$\forall X\subseteq {}^*\boldsymbol{N}(\exists x(x\in X)\to \exists x\in X(\forall y\in X(x\leq y)))$$

は $^*S$ で正しい sentence である．この X の所に $A={}^*\boldsymbol{N}-\boldsymbol{N}$ を代入すれば，$\exists x(x\in A)\to\exists x\in A\,\forall y\in A(x\leq y)$ が $^*S$ で正しい sentence であることが分かる．$^*\boldsymbol{N}$ に無限大の元があるから，$\exists x(x\in A)$ は正しい sentence である．したがって，$\exists x\in A\,\forall y\in A(x\leq y)$ は正しい sentence である．即ち $A={}^*\boldsymbol{N}-\boldsymbol{N}$ には最小元が存在する．ところで，$^*\boldsymbol{N}$ のところで議論したように無限大の自然数は最小元をもたないから，これは矛盾である．したがって，$^*\boldsymbol{N}-\boldsymbol{N}$ は絶対に $^*S$ の要素にはなりえない．

いま S では一つの集合 A を考えるとそのすべての部分集合が S に入っているから，次の sentence は S の正しい sentence になっている．

$$\forall z_1\cdots\forall z_n\,\forall X\,\exists Y\,\forall x(x\in Y \longleftrightarrow x\in X\wedge\varphi(x,z_1,\cdots,z_n))$$

これから，$^*S$ で次の sentence が正しいことが分かる．

$$\forall z_1\cdots\forall z_n\,\forall X\,\exists Y\,\forall x(x\in Y \longleftrightarrow x\in X\wedge{}^*\varphi(x,z_1,\cdots,z_n))$$

このことから，A が $^*S$ の集合で $a_1,\cdots,a_n$ が $^*S$ の要素であるとき，$\{x\in A\mid {}^*\varphi(x,a_1,\cdots,a_n)\}$ で表わされる集合は $^*S$ の要素になっていることが分かる．ここに $a_1,\cdots,a_n$ は $^*S$ の要素ならばなんでもよく，集合でもかまわないものとする．

したがって，A,B が $^*S$ の集合とするとき，$A\cup B$, $A\cap B$, $A-B$ などは $^*S$ の集合になっていることが分かる．

いま $^*\boldsymbol{N}\in{}^*S$ であって $^*\boldsymbol{N}-\boldsymbol{N}\notin{}^*S$ であったから，$\boldsymbol{N}\notin{}^*S$ であることが分かる．即ち $\boldsymbol{N}$ は $^*S$ に入っていない．

次に大切な定義をすることにする．S の要素を standard とよぶことにする．$^*S$ の要素を internal とよぶことにする．さらに $^*S$ に入っていない対象を external とよぶことにする．上に述べたことをこの言葉を用いていえば，$\boldsymbol{N}$ を $^*\boldsymbol{N}$ に埋めこんで考えた上で，$^*\boldsymbol{N}-\boldsymbol{N}$ および $\boldsymbol{N}$ は external である．$^*\boldsymbol{N}$ や無限大の自然数は internal である．普通の自然数は standard であるということになる．

我々は S をうんと豊富にとっておきたいので，S に集合 A が入っているときには，そのベキ集合 $\mathfrak{P}(A)$ も必ず S に入っているものとする．したがって，$\mathfrak{P}$ という関数が L に入っており，したがって $^*\mathfrak{P}$ が $^*L$ に入っていることになる．いま $A\in{}^*S$ とするとき，$^*\mathfrak{P}(A)$ がどのようなものになっているかを考えてみることにする．

まず $\forall X\forall Y(Y\in\mathfrak{P}(X)\longleftrightarrow Y\subseteq X)$ は S で正しい sentence であるから，$\forall X\forall Y(Y\in{}^*\mathfrak{P}(X)\longleftrightarrow Y\subseteq X)$ は $^*S$ で正しい sentence になっている．これから，$\forall Y(Y\in{}^*\mathfrak{P}(A)\longleftrightarrow Y\subseteq A)$ となっている．このことから

$$^*\mathfrak{P}(A)=\{Y\in{}^*S\mid Y\subseteq A\}=\mathfrak{P}(A)\cap{}^*S$$

であることが分かる．この $^*\mathfrak{P}(A)$ が実は $\mathfrak{P}(A)$ と同じにならないことは，注意すべきことである．$\{Y\in{}^*S\mid Y\subseteq A\}=\{Y\mid Y$ は internal で $Y\subseteq A\}$ と書いてもよい．例えば，$^*\boldsymbol{N}-\boldsymbol{N}$ は external だから，$^*\mathfrak{P}(^*\boldsymbol{N})$ のなかには入っていない．同様にして，$\boldsymbol{N}$ も $^*\mathfrak{P}(^*\boldsymbol{N})$ のなかには入っていない．

さらに S の構造を豊富にするために，A, B が S の集合であるときに，A から B への関数全体の集合 $B^A=\{f\mid f:A\longrightarrow B\}$ は S の要素であるとする．ということは，もちろん $f:A\longrightarrow B$ なる f はすべて S に入っているということである．さらに，$\boldsymbol{N},\boldsymbol{Q},\boldsymbol{R},\boldsymbol{C}$ などはすべて S の元として入っているものとする．いわば，必要と考えられるものはすべて S に入っていると考えるのである．

いま A を S の無限集合とする．このとき，$f:\boldsymbol{N}\longrightarrow A$ で1対1となるよう

な f が S に入っている．これから $^*f: {}^*\boldsymbol{N} \longrightarrow {}^*A$ が $^*S$ で成立する．いま $B = \{{}^*f(n) \mid n \in \boldsymbol{N}\}$ とすれば $B \subseteq {}^*A$ であるが，B は $^*S$ の元ではありえない．なぜならば，もし B が $^*S$ の元とすれば，$^*f, {}^*\boldsymbol{N}, {}^*A$ が $^*S$ の元であることから $\boldsymbol{N}$ 自身が $^*S$ の元になることが容易に出てきて，矛盾するからである．即ち，A を S の無限集合とすれば，$^*A$ の部分集合で external なものが必ず存在することが分かった．

今後は $^*S$ の元という代りに internal という言葉を用い，$^*S$ に入らない対象という代りに external という言葉を用いることにしよう．

数学基礎論の定理の教えるところでは，我々は $^*S$ にさらに次の第三＊原理を仮定してもよい．したがって，以下ではこの第三＊原理を仮定することにする．(ここで S 自身が一つの集合であると仮定されている．)

第三＊原理

すべての $n \in \boldsymbol{N}$ について A_n は internal な空でない集合で減少数列，即ち $n < m \in \boldsymbol{N}$ ならば $A_m \subseteq A_n$ が満たされているものとする．このとき $\bigcap_{n \in \boldsymbol{N}} A_n$ は空でない．

この第三＊原理で大切なことは，個々の A_n は internal であるが，$\boldsymbol{N}$ は external であるから $\langle A_n \mid n \in \boldsymbol{N} \rangle$ という列は external であって，internal でない．したがって，この第三＊原理は internal と external とがまざったところでの原理である．実際，数学基礎論の教えるところでは，第三＊原理はもっと強い形にすることが出来る．本書では次の強い形をときどき用いることにする．

第三＊原理の強い形

いま I を S の集合として，A_i $(i \in I)$ はすべての $i \in I$ について internal で，任意の有限個の $i_1, \cdots, i_n \in I$ について $A_{i_1} \cap \cdots \cap A_{i_n} \neq \emptyset$ とする．このとき $\bigcap_{i \in I} A_i \neq \emptyset$ となる．

注意　S のなかの対象を standard (スタンダード) という．$^*S$ の元でも $^*A$ の形で表わされるものは standard という．standard でないものを nonstandard（ノンスタンダード）という．nonstandard と external について，次の 2 つの性質が成立する．

1）$A \in S$ が無限集合とすれば，$^*A$ の元で nonstandard なものが存在する．

2）$A \in S$ は S の基本的な対象の無限集合とする．このとき，A は $^*A$ の部分集合と考えてよいが，この A は external である．

証明　1）$f: \boldsymbol{N} \longrightarrow A$ なる 1 対 1 の写像を考える（もちろん f は S に入っている）．これから $^*f: {}^*\boldsymbol{N} \longrightarrow {}^*A$ は 1 対 1 となる．いま $^*\boldsymbol{N}$ の nonstandard な元 N をとって $^*f(N)=b$ とし，b が nonstandard なことを証明する．もし $b={}^*a$ として $a \in A$ とすれば，$^*f$ は 1 対 1 だから $N=f^{-1}(a)$ となって，矛盾する．

2）$f: \boldsymbol{N} \longrightarrow A$ なる 1 対 1 の写像を考える．$^*f: {}^*\boldsymbol{N} \longrightarrow {}^*A$ は 1 対 1 となる．したがって，A がもし internal とすれば，$\boldsymbol{N}$ は

$$\boldsymbol{N} = \{a \in {}^*\boldsymbol{N} \mid {}^*f(a) \in A\}$$

として $^*S$ で定義されるので internal となり，矛盾する．

定理 2（拡大原理）　いま集合 A は internal として，$f: \boldsymbol{N} \longrightarrow A$ とする．もちろん f は external である．このとき，internal な関数 $g: {}^*\boldsymbol{N} \longrightarrow A$ で f の拡大になっているようなものが存在する．

証明　すべての $n \in \boldsymbol{N}$ について，B_n を次の式で定義する．

$$B_n = \{g \mid g: {}^*\boldsymbol{N} \longrightarrow A \text{ で } \forall i \leq n(g(i)=f(i))\}$$

n を固定すれば，B_n に出てくるものは，$^*\boldsymbol{N}, A, f(0), f(1), \cdots, f(n)$ と，すべて internal である．（A が internal だから，その元はすべて internal となる．したがって $f(0), f(1), \cdots, f(n)$ は internal である．）したがって，B_n は internal で空でなく，列 $\langle B_n \mid n \in \boldsymbol{N} \rangle$ は減少列になっている．したがって第三＊原理により，$\bigcap_{n \in \boldsymbol{N}} B_n$ は空でない．その一つの元を g とすれば，定理の条件を満足する．

定理 3　A は internal な集合，またすべての $n \in \boldsymbol{N}$ について A_n は internal な集合とする．このとき次の性質が成立する．

1）$\langle A_n \mid n \in \boldsymbol{N} \rangle$ が減少列で $\bigcap_{n \in \boldsymbol{N}} A_n = \varnothing$ ならば，ある自然数 m について $A_m = \varnothing$ となる．

2）$\bigcap_{n \in \boldsymbol{N}} A_n \subseteq A$ ならば，ある自然数 m が存在して $\bigcap_{n \leq m} A_n \subseteq A$.

3）$A \subseteq \bigcup_{n \in \boldsymbol{N}} A_n$ ならば，ある自然数 m が存在して $A \subseteq \bigcup_{n \leq m} A_n$.

証明　1)は第三＊原理から明らか．2)は $B_m = \bigcap_{n \leq m} (A_n - A)$ とおいて，この B_m に 1)を適用すればよい．3)は 2)から明らか．

定理 4（延長原理）　A は internal な集合で $A \subseteq {}^*\boldsymbol{N}$ とする．このとき次の2つの性質が成立する．

1）いま自然数 n_0 が存在して，すべての自然数 $n \geq n_0$ について $n \in A$ とすれば，ある無限大の自然数 N が存在して，$n_0 \leq n \leq N$ なるすべての $n \in {}^*\boldsymbol{N}$ について $n \in A$ となる．

2）いま無限大の自然数 N が存在して，すべての無限大の自然数 $n \leq N$ について $n \in A$ とすれば，ある自然数 n_0 が存在して，すべての自然数 n について $N \geq n \geq n_0$ ならば $n \in A$ となる．

証明　1）${}^*\boldsymbol{N} - A - \{0, 1, \cdots, n_0\}$ は internal な集合である．これが空ならば明らかである．空でなければ，その最小値が internal に存在する．これを M として，$N = M - 1$ とすればよい．

2）$B = \{n \in {}^*\boldsymbol{N} \mid \exists m \in {}^*\boldsymbol{N} - A (n \leq m)\}$ とすれば B は internal．ところで 2)が成立しないとすれば $B = \boldsymbol{N}$ となって矛盾する．

定理 5　1）$\langle s_n \mid n \in {}^*\boldsymbol{N} \rangle$ は internal な列であって，すべての自然数 n について $s_n \approx 0$（即ち s_n は無限小の実数）とする．このとき無限大の自然数 N が存在して，すべての $n \leq N$ なる $n \in {}^*\boldsymbol{N}$ について $s_n \approx 0$.

2）$\langle s_n \mid n \in \boldsymbol{N} \rangle$ は無限小の（もちろん external な）列とする．このとき，無限小の h で，すべての $n \in \boldsymbol{N}$ について $s_n \leq h$ となるものが存在する．

3）$\langle s_n \mid n \in \boldsymbol{N} \rangle$ は正の無限大の実数の列とする．このとき，正の無限大の実数 a で，すべての $n \in \boldsymbol{N}$ について $a \leq s_n$ となるものがある．

証明　1）$A = \{n \in {}^*\boldsymbol{N} \mid |s_n| \leq 1/n\}$ とおけば，A は internal で ${}^*\boldsymbol{N}$ の部分集合である．この A に延長原理を応用すればよい．

2)　拡大原理により，$\langle s_n \mid n \in {}^*\boldsymbol{N} \rangle$ となる internal な列があるとしてよい．1)により，$s_n \approx 0, n \leq N$ となる無限大の自然数 N が存在する．いま S において"すべての自然数 n とすべての列 $\langle s_0, s_1, \cdots, s_n \rangle$ について $\max(s_0, s_1, \cdots, s_n)$ が存在する"は正しい sentence である．したがって，${}^*S$ において

"$\forall N \in {}^*\boldsymbol{N}\ \forall \langle s_0, s_1, \cdots, s_N \rangle \max(s_0, \cdots, s_N)$ が存在する"

は正しい sentence である．したがって，$\max(s_0, \cdots, s_N) = s$ とおけば，s は無限小であり，$\langle s_n \mid n \in \boldsymbol{N} \rangle$ の上界になっている．

3)　$h_n = 1/s_n$ に 2)を適用すればよい．

定理 6（無限小実数についての延長原理）　M は internal で $M \subseteq {}^*\boldsymbol{R}$ として，すべての正の無限小実数は M に含まれているとする．このとき，正の実数 δ で ${}^*(0, \delta) \subseteq M$ となるものが存在する．

証明　$A = \{n \in {}^*\boldsymbol{N} \mid (0, 1/n) \subseteq M\}$ とおいて，A に延長原理を適用すればよい．ここで A の定義のなかの $(0, 1/n)$ は $(0, 1/n) = \{x \in {}^*\boldsymbol{R} \mid 0 < x < 1/n\}$ であって internal であることに注意．

ここで一般的な注意をする．$\boldsymbol{N}$ は external である．したがって，無限小とか無限大という概念は external な概念である．同様にして，有限の実数という概念も external な概念である．

前に，有限の実数 a についてその standard part $°a$ を定義した．いまこれを a が有限でない＊実数についても定義を拡大するものとする．このために，S の方に正の無限大 ∞ と負の無限大 $-\infty$ を入れておく．いまもし a が正の無限大の実数のときは $°a = \infty$ と定義し，a が負の無限大の実数のときは $°a = -\infty$ と定義するのである．このように定義した standard part という概念も，もちろん external である．

$\langle s_n \mid n \in \boldsymbol{N} \rangle$ を実数列とする．これは，正確には $s : \boldsymbol{N} \longrightarrow \boldsymbol{R}$ という関数を考えて $s_n = s(n)$ とおくということである．したがって ${}^*s : {}^*\boldsymbol{N} \longrightarrow {}^*\boldsymbol{R}$ であり，無限大の自然数 N について ${}^*s_N = {}^*s(N) \in {}^*\boldsymbol{R}$ となる．このとき ${}^*s_N$ の standard part $°({}^*s_N)$ を，単に $°s_N$ と書くことにする．

次の簡単な定理は，もっと始めの方で議論すべきものであった．ここに入れ

るが，証明は読者の演習問題としたい．

定理 7　$\langle s_n \mid n \in \boldsymbol{N} \rangle$ を実数列で，l を実数か ∞ か $-\infty$ のいずれかとする．このとき，$\lim_{n \to \infty} s_n = l$ は次の命題と同等である．

すべての無限大の自然数 N に対して $l = {}^{\circ}s_N$.

さて，$(X, \mathfrak{T})$ を位相空間とする．即ち $\mathfrak{T}$ は X の開集合全体の集合である．このとき $x \in X$ として，x のモナド monad(x) を次の式で定義する．

$$\mathrm{monad}(x) = \bigcap \{ {}^*U \mid x \in U \in \mathfrak{T} \}$$

もう少し詳しくいえば，x を含む開集合 U について ${}^*U$ を作り，その全体の共通部分を x のモナドというのである．定義はもちろん external である．

いま，実数全体の位相空間を考えて $x \in \boldsymbol{R}$ とすれば，容易に分かるように

$$\mathrm{monad}(x) = \{ y \in {}^*\boldsymbol{R} \mid x \approx y \} = \{ y \in {}^*\boldsymbol{R} \mid {}^{\circ}y = x \}$$

となる．

X を位相空間として $x \in X$ とする．このとき，$\mathfrak{U}(x)$ を次の式で定義する．

$$\mathfrak{U}(x) = \{ U \mid U \text{ は開集合で } x \in U \}$$

定理 8（近似定理）　X は位相空間で $x \in X$ とする．このとき $D \in {}^*\mathfrak{U}(x)$ で $D \subseteq \mathrm{monad}(x)$ となる D が存在する．

証明　いますべての $D \in \mathfrak{U}(x)$ について $F(D)$ を次の式で定義する．

$$F(D) = \{ D' \in {}^*\mathfrak{U}(x) \mid D' \subseteq {}^*D \}$$

明らかに，すべての $D \in \mathfrak{U}(x)$ について $F(D)$ は internal である．ところで，$D_1, \cdots, D_n \in \mathfrak{U}(x)$ とすれば $F(D_1) \cap \cdots \cap F(D_n)$ は ${}^*(D_1 \cap \cdots \cap D_n)$ を含むから空ではない．これから，強い形の第三 $*$ 原理によって，すべての $F(D)$ に共通な元 D' が存在する．この D' については明らかに $D' \subseteq \mathrm{monad}(x)$ になっている．

定理 9　X を位相空間とするとき，次の性質が成立する．

1)　X が Hausdorff（ハウスドルフ）空間であることと，次の条件とは同等である．

X の任意の 2 点 x, y について　$\mathrm{monad}(x) \cap \mathrm{monad}(y) = \varnothing$.

2） $A \subseteq X$ が開集合であることと，次の条件とは同等である．

$$\forall x \in A(\mathrm{monad}(x) \subseteq {}^*A)$$

3） $A \subseteq X$ が閉集合であることと，次の条件とは同等である．

$$\forall x \in X(\mathrm{monad}(x) \cap {}^*A \neq \varnothing \rightarrow x \in A)$$

4） $A \subseteq X$ がコンパクトなことと，次の条件とは同等である．

$$\forall x \in {}^*A \, \exists y \in A(x \in \mathrm{monad}(y))$$

証明 1） まず X が Hausdorff とすれば，X の 2 点 x, y について，$x \in U$，$y \in V$ という x と y の近傍で $U \cap V = \varnothing$ となるものがある．これから ${}^*U \cap {}^*V = \varnothing$ が出るが，$\mathrm{monad}(x) \subseteq {}^*U$, $\mathrm{monad}(y) \subseteq {}^*V$ であるから，$\mathrm{monad}(x) \cap \mathrm{monad}(y) = \varnothing$ となる．

逆に，$\mathrm{monad}(x) \cap \mathrm{monad}(y) = \varnothing$ とすれば近似定理により，$U \in {}^*\mathfrak{U}(x)$, $V \in {}^*\mathfrak{U}(y)$ で $U \cap V = \varnothing$ なる U, V が存在する．即ち

$$\exists U \in {}^*\mathfrak{U}(x) \, \exists V \in {}^*\mathfrak{U}(y)(U \cap V = \varnothing)$$

は ${}^*S$ で正しい sentence である．したがって

$$\exists U \in \mathfrak{U}(x) \, \exists V \in \mathfrak{U}(y)(U \cap V = \varnothing)$$

が成立する．

2） A が開集合で $x \in A$ のとき，$\mathrm{monad}(x) \subseteq {}^*A$ は明らかであろう．いま逆に，$\forall x \in A(\mathrm{monad}(x) \subseteq {}^*A)$ とする．このとき近似定理により $\exists U \in {}^*\mathfrak{U}(x)$ $(U \subseteq {}^*A)$ が成立する．したがって $\exists U \in \mathfrak{U}(x)(U \subseteq A)$ が成立する．即ち A は開集合である．

3） いま A が閉集合で，$x \in X$ で $\mathrm{monad}(x) \cap {}^*A \neq \varnothing$ とする．このとき $U \in \mathfrak{U}(x)$ とすれば，$\mathrm{monad}(x) \subseteq {}^*U$ であるから ${}^*U \cap {}^*A \neq \varnothing$，したがって $U \cap A \neq \varnothing$ となる．したがって $x \in \bar{A} = A$ となる．

逆に，$\forall x \in X(\mathrm{monad}(x) \cap {}^*A \neq \varnothing \rightarrow x \in A)$ として $x \in \bar{A}$ とする．このとき $\forall U \in \mathfrak{U}(x)(U \cap A \neq \varnothing)$ となる．ゆえに $\forall U \in {}^*\mathfrak{U}(x)(U \cap {}^*A \neq \varnothing)$ となる．近似定理により，$U \in {}^*\mathfrak{U}(x)$ で $U \subseteq \mathrm{monad}(x)$ なるものが存在するから $\mathrm{monad}(x) \cap {}^*A \neq \varnothing$ となり，仮定より $x \in A$ となる．したがって $\bar{A} = A$ となり，A は閉集合である．

4）いま A がコンパクトでないとする．このとき X の開集合の族 $\{U_\alpha \mid \alpha \in I\}$ で，そのどのような有限個の部分集合も X を覆わないようなものが存在する．いま $\tilde{I}=\{J \subseteq I \mid J$ は有限$\}$ とする．このとき，$J \in \tilde{I}$ について $F(J)$ を次の式で定義する．

$$F(J) = {}^*A - \bigcup_{\alpha \in J} {}^*U_\alpha$$

J は有限であるから，すべての $J \in \tilde{I}$ について $F(J)$ は internal である．また $\{U_\alpha \mid \alpha \in I\}$ についての仮定から，$F(J) \neq \varnothing$ となる．さらに $J_1, \cdots, J_n$ を $\tilde{I}$ の有限個の元とすれば，$F(J_1) \cap \cdots \cap F(J_n) = F(J_1 \cup \cdots \cup J_n) \neq \varnothing$ となる．ゆえに，強い形の第三＊原理により，すべての $J \in \tilde{I}$ について共通の元 x が存在する．この x は $x \in {}^*A$ であって $x \notin \bigcup_{\alpha \in I} {}^*U_\alpha$ となる．$\{U_\alpha \mid \alpha \in I\}$ は A の被覆であるから，明らかに

$$\bigcup_{y \in A} \mathrm{monad}(y) \subseteq \bigcup_{\alpha \in I} {}^*U_\alpha$$

となる．したがって，$\exists x \in {}^*A\, \forall y \in A (x \notin \mathrm{monad}(y))$ がいえた．

逆に，$x \in {}^*A$ であって $\forall y \in A (x \notin \mathrm{monad}(y))$ とする．このとき $\mathrm{monad}(y)$ の定義より，すべての $y \in A$ について $U_y \in \mathfrak{U}(y)$ で $x \notin {}^*U_y$ なるものが存在する．いま $\{U_y \mid y \in A\}$ を考えれば，これは明らかに A の被覆になっている．いま $y_1, \cdots, y_n \in A$ として $U_{y_1} \cup \cdots \cup U_{y_n} \supseteq A$ とすれば ${}^*U_{y_1} \cup \cdots \cup {}^*U_{y_n} \supseteq {}^*A$．これは $x \notin {}^*U_{y_1}, \cdots, x \notin {}^*U_{y_n}$ に矛盾する．したがって，A がコンパクトでないことがいえた．

いま X を位相空間とする．このとき ${}^*X$ の点 x が nearstandard ということを $\exists y \in X (x \in \mathrm{monad}(y))$ と定義し，$\mathrm{Ns}({}^*X) = \{x \in {}^*X \mid x$ は nearstandard$\}$ と定義する．次に，X を Hausdorff 空間とする．いま $x \in \mathrm{Ns}({}^*X)$ とするとき，定理9の1）により $x \in \mathrm{monad}(y)$ となる y が唯一通りに定まる．この y のことを $\mathrm{st}(x)$ で表わすことにする．$x \in {}^*\boldsymbol{R}$ が有限の実数のとき $\mathrm{st}(x) = {}^\circ x$ となるのは明らかであろう．いま $A \subseteq {}^*X$ のとき，$\mathrm{st}(A) = \{\mathrm{st}(x) \mid x \in A$ で $x \in \mathrm{Ns}({}^*X)\}$ と定義する．このとき，定理9の系として，次の定理は明らかで

ある．

定理 10　いま X を Hausdorff 空間とする．このとき次の性質が成立する．

1)　$A \subseteq X$ が開集合であることと $\mathrm{st}^{-1}(A) \subseteq {}^*A$ とは同等である．

2)　$A \subseteq X$ が閉集合であることと ${}^*A \cap \mathrm{Ns}({}^*X) \subseteq \mathrm{st}^{-1}(A)$ とは同等である．

3)　$A \subseteq X$ がコンパクトであることと ${}^*A \subseteq \mathrm{st}^{-1}(A)$ とは同等である．

4)　X がコンパクトであるための必要十分条件は，${}^*X$ のすべての点が near-standard であることである．

定理 11　X は Hausdorff 空間で，A は ${}^*X$ の internal な部分集合とする．このとき，$\mathrm{st}(A)$ は X の閉集合である．

証明　いま $a \in X$ として，すべての $U \in \mathfrak{U}(a)$ について $U \cap \mathrm{st}(A) \neq \varnothing$ とする．もし $b \in U \cap \mathrm{st}(A)$ とすれば，ある $c \in A$ が存在して $b = \mathrm{st}(c)$ となる．U は開集合であるから，定理 9 により，$\mathrm{monad}(b) = \mathrm{monad}(\mathrm{st}(c)) \subseteq {}^*U$ から $c \in {}^*U \cap A$ となる．したがって，$\{{}^*U \cap A \mid U \in \mathfrak{U}(a)\}$ に強い形の第三＊原理を適用すれば，$\mathrm{monad}(a) \cap A$ は空でないことが分かる．いま，$b_0 \in \mathrm{monad}(a) \cap A$ とする．これは $a = \mathrm{st}(b_0) \in \mathrm{st}(A)$ となる．即ち $a \in \overline{\mathrm{st}(A)}$ から $a \in \mathrm{st}(A)$ がいえたから，$\mathrm{st}(A)$ は閉集合である．

定理 12　X, Y は位相空間として，$f: X \longrightarrow Y$，$a \in X$ とする．このとき，f が a で連続であるための必要十分条件は

$${}^*f(\mathrm{monad}(a)) \subseteq \mathrm{monad}(f(a))$$

である．

証明　いま f は a で連続であるとする．任意の $V \in \mathfrak{U}(f(a))$ について，${}^*f(\mathrm{monad}(a)) \subseteq {}^*V$ をいえばよい．$f^{-1}(V)$ は開集合で a を含むから

$$\mathrm{monad}(a) \subseteq {}^*(f^{-1}(V)).$$

これから ${}^*f(\mathrm{monad}(a)) \subseteq {}^*V$ が出てくる．

逆に，${}^*f(\mathrm{monad}(a)) \subseteq \mathrm{monad}(f(a))$ として，$f(a) \in V$ が開集合とする．このとき $U \in {}^*\mathfrak{U}(a)$ で $U \subseteq \mathrm{monad}(a)$ となるような U をとれば，${}^*f(U) \subseteq {}^*V$ となる．即ち $\exists U \in {}^*\mathfrak{U}(a)({}^*f(U) \subseteq {}^*V)$ は正しい sentence である．したがって，$\exists U \in \mathfrak{U}(a)(f(U) \subseteq V)$ が正しい sentence となり，証明された．

ここで X が距離空間の場合を考えよう．d を X の距離とする．明らかに，$^*d: {}^*X\times{}^*X\longrightarrow{}^*\boldsymbol{R}$ となっている．いま $^*d(x,y)$ のことを略して $d(x,y)$ と書くことにして，$d(x,y)\approx 0$ のことを $x\approx y$ と書くことにする．X での x の ε 近傍を $U(x,\varepsilon)$ で表わすことにする．

いま $x\in X$, $y\in{}^*X$ として，$y\in\mathrm{monad}(x)$ とすれば，どんな $\varepsilon>0$ をとっても $y\in{}^*U(x,\varepsilon)$ であるから $d(x,y)<\varepsilon$，即ち $x\approx y$ となる．

逆に，$x\approx y$ とすれば，どんな x の近傍 U をとっても，$U(x,\varepsilon)\subseteq U$ なる $\varepsilon>0$ が存在して，$y\in{}^*U(x,\varepsilon)\subseteq{}^*U$ となるから，y は $\mathrm{monad}(x)$ に入っている．即ち $x\approx y$ と $y\in\mathrm{monad}(x)$ とは同等である．したがってこの場合は，y が $\mathrm{monad}(x)$ に入っているということを，x と y との距離が無限小である，というように，より直観的に考えることが出来る．

$[0,1]$ から $\boldsymbol{R}$ への連続関数の全体を $C[0,1]$ と表わす．$f,g\in C[0,1]$ のとき，f と g との間の距離を $\sup\{|f(x)-g(x)|\mid x\in[0,1]\}$ で定義すれば，$C[0,1]$ は距離空間になっている．

いま $g: {}^*[0,1]\longrightarrow{}^*\boldsymbol{R}$ とするとき，g が S-連続であるということを，

$$x,y\in{}^*[0,1] \quad \text{で} \quad x\approx y \quad \text{ならば} \quad g(x)\approx g(y)$$

となっていることと定義する．S-連続の意味は，次の定理によって明らかであろう．

定理13　$g: {}^*[0,1]\longrightarrow{}^*\boldsymbol{R}$ が internal で S-連続であり，さらに $g(0)$ が有限とする．このとき $f(x)={}^\circ g(x)$ $(x\in[0,1])$ で $f(x)$ を定義すれば，$f\in C[0,1]$ となる．

証明　$x\in{}^*[0,1]$ に対して $f(x)={}^\circ g(x)$ と $f(x)$ の定義を拡張すれば，$x\approx y$ から $f(x)=f(y)$ となる．いま任意の正の実数 ε に対して，M を次の式で定義する．

$$M=\{a\in{}^*\boldsymbol{R}\mid |x-y|<a \ \text{ならば}\ |g(x)-g(y)|<\varepsilon\}$$

この M に定理6を適用すれば，正の実数 δ が存在して，次の式が成立することが分かる．

$$|x-y|<\delta \quad \text{ならば} \quad |g(x)-g(y)|<\varepsilon$$

これから f が $[0,1]$ の上で連続で有限であることが分かる．

この定理で定義される f を ${}^\circ g$ で表わす．

§3　Loeb 測度

Peter Loeb（ピーター・ローブ）は，イリノイ大学における長年の同僚である．同僚のなかでも特に親しい友人の一人である．本節で，彼の仕事を解説することにする．

まず，測度についての簡単な説明から始めることにする．X を集合とする．X のある部分集合の集まり $\mathfrak{A}$ が有限加法族であるということは，次の２つの条件を満たすことと定義する．

1）　$A \in \mathfrak{A} \Longrightarrow (X-A) \in \mathfrak{A}$

2）　$A, B \in \mathfrak{A} \Longrightarrow A \cup B \in \mathfrak{A}$

$\mathfrak{A}$ が有限加法族で，$A, B \in \mathfrak{A}$ ならば $A \cap B \in \mathfrak{A}$ となる．

加法族 $\mathfrak{A}$ がさらに次の条件を満たすとき，σ 加法族とよばれる．

3）　$A_0, A_1, A_2, \cdots \in \mathfrak{A} \Longrightarrow \bigcup_{n \in \boldsymbol{N}} A_n \in \mathfrak{A}$

$\mathfrak{A}$ が σ 加法族で $A_0, A_1, A_2, \cdots \in \mathfrak{A}$ ならば $\bigcap_{n \in \boldsymbol{N}} A_n \in \mathfrak{A}$ となる．いま，$\mathfrak{A}$ が有限加法族とする．$\mathfrak{A}$ を含む σ 加法族のなかで最小のものを，$\mathfrak{A}$ から生成された σ 加法族といって $\sigma(\mathfrak{A})$ で表わす．$\sigma(\mathfrak{A})$ を実際に $\mathfrak{A}$ から構成するには，次のようにすればよい．

$$\sigma_0(\mathfrak{A}) = \left\{ \bigcup_{n \in \boldsymbol{N}} A_n \,\middle|\, \forall n \in \boldsymbol{N}(A_n \in \mathfrak{A}) \right\} \cup \left\{ X - \bigcup_{n \in \boldsymbol{N}} A_n \,\middle|\, \forall n \in \boldsymbol{N}(A_n \in \mathfrak{A}) \right\}$$

とおいて，$\mathfrak{A}_0 = \mathfrak{A}$，任意の可付番順序数 α について $\mathfrak{A}_{\alpha+1} = \sigma_0(\mathfrak{A}_\alpha)$，$\alpha$ が極限数のときは $\mathfrak{A}_\alpha = \bigcup_{\beta<\alpha} \mathfrak{A}_\beta$ とおけば，求める $\sigma(\mathfrak{A})$ は $\sigma(\mathfrak{A}) = \bigcup_{\alpha<\aleph_1} \mathfrak{A}_\alpha$ と求められる．即ち $\sigma(\mathfrak{A})$ は，σ を $\aleph_1$ 回実行すればよいのである．

集合 X の有限加法族 $\mathfrak{A}$ を定義域とする関数 m が次の条件を満たすとき，m

を有限加法的測度という．

1）　$A \in \mathfrak{A} \Longrightarrow 0 \leq m(A) \leq \infty$

2）　$A, B \in \mathfrak{A},\ A \cap B = \emptyset \Longrightarrow m(A \cup B) = m(A) + m(B)$.

さらに $m(X) < \infty$ のとき m を有限という．

有限加法的測度がさらに次の条件を満たすとき，m を完全加法的測度または単に測度という．

3）　$\forall n \in \boldsymbol{N}(A_n \in \mathfrak{A})\, \forall n, m \in \boldsymbol{N}(n \neq m \to A_n \cap A_m = \emptyset)$

$$\Longrightarrow m\left(\bigcup_{n \in \boldsymbol{N}} A_n\right) = \sum_{n \in \boldsymbol{N}} m(A_n)$$

この 3）の条件を完全加法性という．m が完全加法的測度のとき（$X, \mathfrak{A}, m$）を測度空間という．$m(X) < \infty$ のとき m を有限ということは前と同じである．特に $m(X) = 1$ のとき，測度は確率とよばれる．本書での主な関心は確率であるから，測度に関する定理は一般的に述べても，証明は有限測度の場合だけを考えることにする．

いま（$X, \mathfrak{A}, m$）を有限加法的測度空間とする．このとき m が完全加法的であるということを，次の条件が満たされていることと定義する．

$$\forall n \in \boldsymbol{N}(A_n \in \mathfrak{A}),\ \forall n, m \in \boldsymbol{N}(n \neq m \to A_n \cap A_m = \emptyset),\ \bigcup_{n \in \boldsymbol{N}} A_n \in \mathfrak{A}$$

$$\Longrightarrow m\left(\bigcup_{n \in \boldsymbol{N}} A_n\right) = \sum_{n \in \boldsymbol{N}} m(A_n)$$

m が完全加法的であっても，完全加法的測度とは限らない．これは $\Longrightarrow$ の左辺に $\bigcup_{n \in \boldsymbol{N}} A_n \in \mathfrak{A}$ の条件が必要なことから明らかであろう．

いま m が完全加法的であったとする．このとき，任意の $A \subseteq X$ に対して $\mu^*(A)$ を次の式で定義する．

$$\mu^*(A) = \inf\left\{\sum_{n \in \boldsymbol{N}} m(A_n) \,\middle|\, A \subseteq \bigcup_{n \in \boldsymbol{N}} A_n \text{ で } \forall n \in \boldsymbol{N}(A_n \in \mathfrak{A})\right\}$$

μ^* は Carathéodory（カラテオドリ）の外測度といって，次の条件を満たす．

1）　$0 \leq \mu^*(A) \leq \infty$

2）　$A \subseteq B \Longrightarrow \mu^*(A) \leq \mu^*(B)$

3）　$\mu^*\left(\bigcup_{n \in \boldsymbol{N}} A_n\right) \leq \sum_{n \in \boldsymbol{N}} \mu^*(A_n)$

この 3) の条件から $\mu^*(B) \leq \mu^*(B \cap A) + \mu^*(B - A)$ が成立するが，

$$\mathfrak{B} = \{A \subseteq X \mid \forall B \subseteq X(\mu^*(B) = \mu^*(B \cap A) + \mu^*(B - A))\}$$

とおけば $\mathfrak{A} \subseteq \mathfrak{B}$ であって $\mathfrak{B}$ は σ 加法族であり，μ^* を $\mathfrak{B}$ の上に制限したものを μ とすれば，μ は完全加法性を満たす．即ち，m は $\sigma(\mathfrak{A})$ の上の完全加法的測度に拡大できる．この定理を Carathéodory の拡張定理，または Hoph (ホッフ) の拡張定理というが，本書では Carathéodory の拡張定理とよぶことにする．

いま m と μ とを Carathéodory の拡張定理で述べた m と μ とする．このとき $A \in \mathfrak{A}$ とすれば，$m(A) = \mu(A)$ となっている．m が有限の場合は，μ は唯一通りに定まる．

さて，この準備のもとに Loeb 測度について考えることにする．出発点として，internal な有限加法的測度空間 $(X, \mathfrak{A}, \nu)$ が与えられているとする．即ち $X, \mathfrak{A}, \nu$ はすべて internal である．さらに ν が有限加法的であることから，すべての $n \in {}^*\boldsymbol{N}$ と internal な $\mathfrak{A}$ の元の列 $\langle A_0, A_1, \cdots, A_n \rangle$ が与えられて，$\forall i, j \leq n (i \neq j \to A_i \cap A_j = \varnothing)$ のときには

$$\nu\Bigl(\bigcup_{i \leq n} A_i\Bigr) = \sum_{i \leq n} \nu(A_i)$$

が成立する．即ち，ここで有限の意味は ${}^*S$ での有限，即ち $*$ 有限ということになる．上の式の右辺の $\sum$ の意味も ${}^*S$ での意味である．

この状況において，$A \in \mathfrak{A}$ なる A に対して ${}^\circ\nu(A)$ を対応させる関数 ${}^\circ\nu$ は，$\mathfrak{A}$ の上の external な有限加法的測度になっている．次の定理は，${}^\circ\nu$ が $\sigma(\mathfrak{A})$ の上の完全加法的測度 μ に拡張できることを主張する．ここで $\sigma(\mathfrak{A})$ も μ も，もちろん ${}^*S$ の外で考えている．即ち external な構成である．

定理 1 $(X, \mathfrak{A}, \nu)$ を internal な有限加法的測度空間とする．このとき external な有限加法的測度空間 $(X, \mathfrak{A}, {}^\circ\nu)$ は，唯一通りに $\sigma(\mathfrak{A})$ の上の完全加法的測度 μ に拡張できる．ここに，$B \in \sigma(\mathfrak{A})$ とすれば，$\mu(B)$ は次の形となる．

$$\mu(B) = \inf\{{}^\circ\nu(A) \mid B \subseteq A \text{ で } A \in \mathfrak{A}\}$$

さらに $\mu(B)<\infty$ ならば $\mu(B)=\sup\{{}^{\circ}\nu(A) \mid A\subseteq B$ で $A\in\mathfrak{A}\}$ となり，その上 $\mu(B-A)=\mu(A-B)=0$ となるような $A\in\mathfrak{A}$ が存在する．

証明　${}^{\circ}\nu(X)<\infty$ となる場合にのみ証明する．まず ${}^{\circ}\nu$ が完全加法的であることをいう．このため，$\forall n\in\boldsymbol{N}(A_n\in\mathfrak{A})$，$\forall n,m\in\boldsymbol{N}(A_n\cap A_m=\varnothing)$ とする．このとき $A=\bigcup_{n\in\boldsymbol{N}}A_n\in\mathfrak{A}$ とすれば，§2の定理3によって，ある自然数 m が存在して $A=A_0\cup\cdots\cup A_m$ となる．したがって

$$ {}^{\circ}\nu(A)={}^{\circ}\nu(A_0)+\cdots+{}^{\circ}\nu(A_m)=\sum_{n\in\boldsymbol{N}}{}^{\circ}\nu(A_n) $$

となって，完全加法的であることが分かった．

いま ${}^{\circ}\nu$ から作られた Carathéodory 外測度を μ^* としよう．次に，$\sigma(\mathfrak{A})$ の上では，定理のなかで inf で定義された μ と μ^* とが一致することを証明しよう．いま $B\in\sigma(\mathfrak{A})$ をとって，$\varepsilon>0$ を任意の正の実数とする．$\mu(B)=\mu^*(B)$ をいうためには，$B\subseteq A\in\mathfrak{A}$ で ${}^{\circ}\nu(A)<\mu^*(B)+\varepsilon$ となるような A が存在することをいえばよい．$\nu(A)$ と ${}^{\circ}\nu(A)$ との差は無限小だから，

$$ \nu(A)<\mu^*(B)+\varepsilon $$

となるような $B\subseteq A\in\mathfrak{A}$ を満たす A が存在すればよい．$\mu^*(B)$ の定義から，$\langle A_n \mid n\in\boldsymbol{N}\rangle$ なる列で，

$$ \forall n,m\in\boldsymbol{N}(n\neq m\ \rightarrow\ A_n\cap A_m=\varnothing) $$

$$ B\subseteq\bigcup_{n\in\boldsymbol{N}}A_n \quad \text{で} \quad \mu^*\Bigl(\bigcup_{n\in\boldsymbol{N}}A_n\Bigr)<\mu^*(B)+\varepsilon $$

となるようなものが存在する．いま拡大原理によって $\langle A_n \mid n\in\boldsymbol{N}\rangle$ を internal な $\langle A_n \mid n\in{}^*\boldsymbol{N}\rangle$ に拡大する．N を無限大の自然数とすれば

$$ B\subseteq\bigcup_{n\in\boldsymbol{N}}A_n\subseteq\bigcup_{n\leq N}A_n $$

となる．したがって，N を上手にとって $\nu\Bigl(\bigcup_{n\leq N}A_n\Bigr)<\mu^*(B)+\varepsilon$ となるようにすればよい．$r=\mu^*(B)$ とする．r は実数である．

$$ \Bigl\{m\in{}^*\boldsymbol{N}\Bigm|\nu\Bigl(\bigcup_{n\leq m}A_m\Bigr)<r+\varepsilon\Bigr\} $$

とすれば，この集合は internal である．しかも $\boldsymbol{N}$ を部分集合として含んでいる．したがって延長原理によって，この集合に属する N が存在する．そのよう

な N をとれば求めるものになっている．

$°\nu$ の $\sigma(\mathfrak{A})$ への完全加法性を満たす拡張が唯一通りなことは，Carathéodory の拡張定理から明らかである．

$\mu(B)=\sup\{°\nu(A) \mid A\subseteq B$ で $A\in\mathfrak{A}\}$ となることは，$\mu(B)=\mu(X)-\mu(X-B)$ として $\mu(X-B)$ に inf による定義を適用すれば明らかである．

最後に $B\in\sigma(\mathfrak{A})$ が与えられたとするとき，すべての自然数 n に対して，$A_n\in\mathfrak{A}$, $A_n\subseteq B$ で，次の条件を満たすものが存在する．

$$\mu(B) < \nu(A_n)+\frac{1}{n},\ \text{また}\quad n<m\ \text{ならば}\ A_n\subseteq A_m$$

第三 * 原理により，$\langle A_n \mid n\in\boldsymbol{N}\rangle$ を internal な列 $\langle A_n \mid n\in{}^*\boldsymbol{N}\rangle$ に拡大することが出来る．いま

$$I=\left\{n\in{}^*\boldsymbol{N}\;\middle|\;\mu(B)<\nu(A_n)+\frac{1}{n}\ \text{で}\ A_n\in\mathfrak{A}\right.$$
$$\left.\text{かつ}\ \forall m\le n\left(A_m\subseteq A_n\ \text{で}\ \nu(A_n-A_m)<\frac{1}{m}\right)\right\}$$

とおけば，$\mu(B)$ は単なる実数であるから，I は internal な集合で $\boldsymbol{N}\subseteq I$．したがって延長原理によって，無限大の自然数 N が I のなかに存在する．この N をとって $A=A_N$ とおけば，$A\in\mathfrak{A}$ であって $\mu(B)=°\nu(A)=\mu(A)$ となる．

さらに，すべての自然数 n に対して $A_n\subseteq A$ であるから，

$$\mu(B-A)\le\mu(B-A_n)\le\frac{1}{n}$$

から $\mu(B-A)=0$ が出る．また

$$°\nu(A-A_n)\le\frac{1}{n}$$

から，明らかに $\mu(A-B)=0$ が出る．

いま $(X,\mathfrak{B},\mu)$ が測度空間とする．$B\in\mathfrak{B}$ が $\mu(B)=0$ のとき B のすべての部分集合が $\mathfrak{B}$ の元となっているとき，$(X,\mathfrak{B},\mu)$ は完備という．$(X,\mathfrak{B},\mu)$

が完備でないとき，$\mathfrak{N}$ を

$$\mathfrak{N} = \{N \mid \exists B \in \mathfrak{B}(\mu(B)=0 \land N \subseteq B)\}$$

によって定義して，$\tilde{\mathfrak{B}}$ と $\tilde{\mu}$ とを次の式で定義する．

$$\tilde{\mathfrak{B}} = \{(B-N_1) \cup N_2 \mid B \in \mathfrak{B}, N_1 \in \mathfrak{N} \text{ で } N_2 \in \mathfrak{N}\}$$

$$B \in \mathfrak{B},\ N_1, N_2 \in \mathfrak{N} \Longrightarrow \tilde{\mu}((B-N_1) \cup N_2) = \mu(B)$$

このとき，$(X, \tilde{\mathfrak{B}}, \tilde{\mu})$ は測度空間となる．この測度空間を，$(X, \mathfrak{B}, \mu)$ を完備化して得られた測度空間という．

いま $(X, \mathfrak{A}, \nu)$ を internal な有限加法的測度空間，$(X, \sigma(\mathfrak{A}), \mu)$ を上の定理で得られた測度空間とするとき，その完備化を $(X, L(\mathfrak{A}), \nu_L)$ と書いて，ν から得られた Loeb 測度空間といい，ν_L を ν から得られた Loeb 測度という．

いま定理1において ${}^\circ\nu(X) < \infty$ と仮定すれば，すべての $B \in \sigma(\mathfrak{A})$ について次の式が成立する．

$$\sup\{{}^\circ\nu(A) \mid A \subseteq B \text{ で } A \in \mathfrak{A}\} = \inf\{{}^\circ\nu(A) \mid B \subseteq A \text{ で } A \in \mathfrak{A}\}$$

この式が成立する場合は，μ が正則という特別な場合である．正則な測度についての一般論から，次の定理が得られる．

定理 2　$(X, \mathfrak{A}, \nu)$ を internal な有限加法的測度で ${}^\circ\nu(X) < \infty$ とする．いま $(X, L(\mathfrak{A}), \nu_L)$ を ν から得られた Loeb 測度空間とすれば，任意の $B \subseteq X$ について B が ν_L-可測（即ち $B \in L(\mathfrak{A})$）であるための必要十分条件は

$$\sup\{{}^\circ\nu(A) \mid A \subseteq B \text{ で } A \in \mathfrak{A}\} = \inf\{{}^\circ\nu(A) \mid B \subseteq A \text{ で } A \in \mathfrak{A}\}$$

となることである．この式が成立するときは $\nu_L(B)$ はもちろんこの値となる．

前に述べたように，$\boldsymbol{R}$ に ∞ と $-\infty$ をつけ加えて考える．$\overline{\boldsymbol{R}} = \boldsymbol{R} \cup \{\infty, -\infty\}$ と定義する．

いま $(X, \mathfrak{A}, \nu)$ を internal な有限加法的測度とする．このとき $F: X \longrightarrow {}^*\boldsymbol{R}$ が $\mathfrak{A}$-測度可能ということは，すべての $\alpha \in {}^*\boldsymbol{R}$ について $\{x \in X \mid F(x) \le \alpha\}$ と $\{x \in X \mid \alpha \le F(x)\}$ とが共に $\mathfrak{A}$ の元となることとする．

いま $f: X \longrightarrow \overline{\boldsymbol{R}}$ で $F: X \longrightarrow {}^*\boldsymbol{R}$ のとき，F が f の持ち上げであるということを，すべての $x \in X$ について

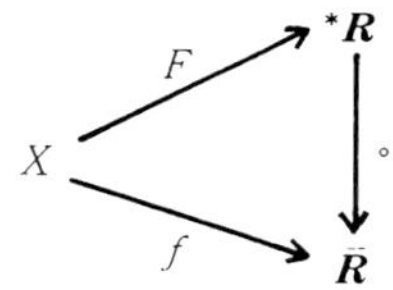

$$f(x)={}^\circ F(x) \quad \text{が } \nu_L \text{ の意味でほとんどすべての}$$
$$x \text{ について成立する}$$

ことと定義する．

定理 3（持ち上げ定理） いま $(X, \mathfrak{A}, \nu)$ が internal な有限加法的測度空間で，$(X, L(\mathfrak{A}), \nu_L)$ がその Loeb 測度空間とする．$f: X \longrightarrow \bar{\boldsymbol{R}}$ について次の２つの条件は同等である．

1） f は ν_L-可測である（即ち $L(\mathfrak{A})$-可測である）．

2） internal な $\mathfrak{A}$-可測関数 F で，f の持ち上げになっているようなものが存在する．

証明 F を 2）の条件を満たす関数とすれば，任意の実数 r について

$$\{x \in X \mid {}^\circ F(x) \leq r\} = \bigcap_{n\in\boldsymbol{N}} \left\{x \;\middle|\; F(x) \leq r + \frac{1}{n}\right\} \in \sigma(\mathfrak{A})$$

となる．したがって $f={}^\circ F$ は Loeb 可測，即ち ν_L-可測である．

逆に，f を Loeb 可測とする．いま，すべての有理数をならべて $\langle q_n \mid n \in \boldsymbol{N}\rangle$ とする．さらに，自然数 n について $B_n = \{x \in X \mid f(x) \leq q_n\}$ と定義する．$B_n \in L(\mathfrak{A})$ であるから，internal な集合 $A_n \in \mathfrak{A}$ で $\nu_L(A-B) = \nu_L(B-A) = 0$ となるものが存在する．数学的帰納法を用いて，さらに $q_n \leq q_m$ のときは $A_n \subseteq A_m$ を満たしているようにすることが出来る．拡大原理によって $\langle A_n \mid n \in {}^*\boldsymbol{N}\rangle$ に拡大した上で，延長原理を用いれば，次の条件を満たす無限大の自然数 N が存在することが分かる．

$$n, m \leq N,\ q_n \leq q_m \Longrightarrow A_n \subseteq A_m$$
$$n \leq N \Longrightarrow A_n \in \mathfrak{A}$$

明らかに $\{q_0, \cdots, q_N\}$ は internal な集合である．いま，$q_{i_0} < q_{i_1} < \cdots < q_{i_N}$ を $q_0, \cdots, q_N$ を大きさの順にならべたものとするとき，$F: X \longrightarrow {}^*\boldsymbol{R}$ を次の式によって定義する．

$$F(x) = \begin{cases} q_{i_0} & x \in A_{i_0} \text{ のとき} \\ q_{i_j} & x \in A_{i_j} - A_{i_{j-1}} \text{ のとき} \\ q_{i_N}+1 & x \notin A_{i_N} \text{ のとき} \end{cases}$$

$\langle q_n \mid n \in {}^*\boldsymbol{N} \rangle$ と $\langle A_n \mid n \in {}^*\boldsymbol{N} \rangle$ は internal だから，F は明らかに internal で $L(\mathfrak{A})$-可測である．一方，$\bigcup_{n \in \boldsymbol{N}} (A_n - B_n) \cup (B_n - A_n)$ は ν_L の零集合である．ゆえに，次の式が成立する．

$$n \in \boldsymbol{N} \quad \text{ならば} \quad F(x) \leq q_n \quad \text{iff} \quad f(x) \leq q_n$$

したがって，${}^\circ F(x) = f(x)$ が ν_L の意味でほとんどすべての x について成立する．

定理 4　持ち上げ定理と同じ状況で考える．さらに ${}^\circ\nu(X) < \infty$ とする．このとき f は有界な Loeb 可測関数で，F をその有界な持ち上げであるとする．このとき，次の式が成立する．

$$\int f\, d\nu_L = {}^\circ\!\int F\, d\nu$$

ここで F が有界というのは，実数 M が存在して，すべての $x \in X$ について $|F(x)| \leq M$ となるという意味である．（即ち，$M \in \boldsymbol{R}$ の意味であって $M \in {}^*\boldsymbol{R}$ の意味ではない．）また，右辺の積分は ${}^*S$ における積分の意味である．

証明　まず F_1 と F_2 とが共に有界な f の持ち上げとすれば，すべての自然数 n について $|F_1(x) - F_2(x)| \leq 1/n$ がほとんどすべての x について成立するから，次の式が成立する．

$$\int F_1\, d\nu \approx \int F_2\, d\nu$$

さて，g は $g \leq f$ なる Loeb 可測で，その値は $\{r_1, \cdots, r_n\}$ と有限個であるとする．このとき，持ち上げ定理の証明から明らかなように，g の持ち上げ G であってその値が $\{r_1, \cdots, r_n\}$ だけであるようなものが存在する．積分の定義から $\int g\, d\nu_L = {}^\circ\!\int G\, d\nu$ は明らかであろう．明らかに，f の持ち上げ F_1 で $G \leq F_1$ となるものが存在する．したがって，次の式が成立する．

$$\int g\, d\nu_L = {}^\circ\!\int G\, d\nu \leq {}^\circ\!\int F_1\, d\nu = {}^\circ\!\int F\, d\nu$$

$\int g\, d\nu_L$ の上限が $\int f\, d\nu_L$ であるから $\int f\, d\nu_L \leq {}^\circ\!\int F\, d\nu$ が成立する．逆の不等号は，$-f$ と $-F$ を考えれば得られる．

定理4から f が有界という条件をとるために，次の定義をする．

定義 $(X, \mathfrak{A}, \nu)$ を internal な有限加法的測度空間で，$F: X \longrightarrow {}^*\boldsymbol{R}$ を internal とする．このとき，F が S-積分可能ということを，F が $\mathfrak{A}$-可測であって，さらにすべての無限大の自然数 N について次の条件を満たすことと定義する．

$$\int_{|F| \geq N} |F| \, d\nu \approx 0$$

もちろん F がある実数で有界で $\mathfrak{A}$-可測ならば，S-積分可能である．

定理 5 定理3と同じ状況とする．このとき，次の2つの条件は同等である．

1） f は Loeb 積分可能である．

2） f の S-積分可能な持ち上げ $F: X \longrightarrow {}^*\boldsymbol{R}$ が存在する．

ここで 2) が成立するときは $\int f d\nu_L = {}^{\circ}\!\!\int F d\nu$ となる．

証明 ${}^{\circ}\nu(X) < \infty$ を仮定して証明する．まず，f が Loeb 積分可能であるとする．一般に $f = f^+ - f^-$ と表わされるから，$f \geq 0$ としてよい．$F' \geq 0$ を f の持ち上げとして，すべての $n \in {}^*\boldsymbol{N}$ について $F_n(x) = \min(F'(x), n)$ と定義する．Nを無限大の自然数とすれば，$F_N(x)$ は f の持ち上げになっている．

いま n が自然数を走るとすれば，次の式が成立する．

$${}^{\circ}\!\!\int F_n d\nu = \int \min(f(x), n) d\nu_L \to \int f \, d\nu_L$$

いま F_N が S-積分可能であることをいうために，N_1 を無限大の自然数として，正の実数 ε に対し次の式が成立していたとする．

$$\int_{|F_N| \geq N_1} F_N d\nu > \varepsilon > 0$$

このとき，無限大の自然数 N_2 で $2N_2 \leq \min(N, N_1)$ となるものをとれば，

$$\int_{|F_N| \geq N_1} F_{N_2} d\nu \leq \frac{1}{2} \int_{|F_N| \geq N_1} F_N d\nu$$

であるから

$$\int F_{N_2} d\nu = \int_{|F_N| \geq N_1} F_{N_2} d\nu + \int_{|F_N| < N_1} F_{N_2} d\nu < \int F_N d\nu - \frac{\varepsilon}{2}$$

となって

$$\int F_{N_2} d\nu \approx \int f d\nu_L \approx \int F_N d\nu$$

に矛盾する．したがって，F は S-積分可能である．

もし自然数 n で $\int^{\circ} F_n d\nu = \int f d\nu_L$ となるものが存在すれば，$F = F_n$ とおけば F は S-積分可能で $\int F d\nu \approx \int f d\nu_L$ であるから，F が f の持ち上げであることが分かる．したがって，すべての自然数について $\int F_n d\nu < \int f d\nu_L$ と仮定する．

逆に，S-積分可能な $F \geq 0$ が f の持ち上げだったとする．このとき§2の定理4の 2) によって，すべての実数 $\varepsilon > 0$ について，ある自然数 n が存在して，すべての $m \geq n$ について次の式が成立する．

$$\int_{F \geq m} F d\nu \leq \varepsilon$$

したがって定理4によって，次の式がすべての自然数 $m \geq n$ について成立する．

$$\int \min(f(x), m) d\nu_L \approx \int \min(F(x), m) d\nu \leq \int F d\nu$$
$$\leq \int \min(F(x), m) d\nu + \varepsilon \approx \int \min(f(x), m) d\nu_L + \varepsilon$$

これから $\int^{\circ} F d\nu < \infty$ で $\int^{\circ} F d\nu = \lim_{m \to \infty} \int \min(f(x), m) d\nu_L = \int f d\nu_L$ となる．

この定理から，次の系の証明は容易であろう．証明は省略する．

系　いま $(X, \mathfrak{A}, \nu)$ は internal な有限加法的測度空間として，$F : X \longrightarrow {}^*\boldsymbol{R}$ が $\mathfrak{A}$-可測とする．このとき，次の3条件は互いに同等である．

1)　F は S-積分可能である．

2)　$\int^{\circ} |F| d\nu < \infty$ であって，すべての $\nu(A) \approx 0$ なる $A \in \mathfrak{A}$ について，$\int_A F d\nu \approx 0$ となる．

3)　$\int {}^{\circ}|F| d\nu_L = \int^{\circ} |F| d\nu < \infty$.

$(X, \mathfrak{A}, \nu)$ の最も具体的な例をあげるために，まず internal な集合 A が $*$ 有限であるということを，$n \in {}^*\boldsymbol{N}$ なる n と internal な $\{1, \cdots, n\}$ から A の上への関数 $f:\{1, \cdots, n\} \longrightarrow A$ が存在することと定義する．もちろん，すべての $n \in {}^*\boldsymbol{N}$ について $\{1, \cdots, n\}$ は $*$ 有限である．A が $*$ 有限ということは ${}^*S$ のなかでの有限集合という意味であるから，普通の有限について成立する性質をどんどん用いることが出来る．例えば A の個数を数えることが出来る．その個数を $|A|$ と書くことにする(正確には ${}^*|A|$ と書くべきである)．A が $*$ 有限ならば，$|A| \in {}^*\boldsymbol{N}$ となっている．また，${}^*S$ でのベキ集合 ${}^*\mathfrak{P}(A)$ は再び $*$ 有限になっている．

定理 6 A を S の集合とすれば，$*$ 有限の集合 F で $A \subseteq F \subseteq {}^*A$ となるものが存在する．

証明 すべての A の元 x に対して D_x を次の式で定義する．

$$D_x = \{G \mid G \text{ は有限集合で } x \in G \subseteq A\}$$

第二 $*$ 原理により，$\bigcap_{x \in A} {}^*D_x$ は空でない．その元の一つを F とすれば，F は $*$ 有限で $F \subseteq {}^*A$．さらに $x \in A$ とすれば $x \in F$ となる．

さて，X を $*$ 有限として $\mathfrak{A} = {}^*\mathfrak{P}(X)$ とする．いま任意の internal な関数 $w: X \longrightarrow {}^*\boldsymbol{R}^+$ をとって，ν を任意の internal な X の部分集合 A に対して次の式で定義する．

$$\nu(A) = \sum_{x \in A} w(x)$$

ここに，$A \in \mathfrak{A}$ となって A は $*$ 有限であるから，${}^*S$ のなかで $\sum_{x \in A}$ は有限和として定義されている．

このとき $(X, \mathfrak{A}, \nu)$ が internal な有限加法的測度空間になっていることは明らかである．このとき，ν を w を重さとする測度という．

特別な場合として $w(x) = 1$ $(x \in X)$ とすれば，$\nu(A) = |A|$ となっている．この場合は，普通 $|X|$ で割って

$$\overline{P}(A) = \frac{|A|}{|X|}$$

とする．$(X, {}^*\mathfrak{P}(X), \overline{P})$ は internal な確率空間になっている．これから得られる Loeb 測度空間を，一様 Loeb 確率空間といって，$(X, L(X), P)$ で表わす．このときは，internal な $A \subseteq X$ に対して $P(A) = {}^\circ(|A|/|X|)$ となっている．

＊有限の internal な有限加法的測度空間 $(X, {}^*\mathfrak{P}(X), \nu)$ が重さ w から作られたものとする．このとき，任意の internal な関数 $F: X \longrightarrow {}^*\boldsymbol{R}$ は ${}^*\mathfrak{P}(X)$-可測になっている．$A \subseteq X$ を internal とすれば，明らかに

$$\int_A F d\nu = \sum_{x \in A} F(x) \cdot w(x)$$

となっている．特に $\nu = \overline{P}$ のときは

$$\int_A F d\overline{P} = \sum_{x \in A} \frac{F(x)}{|X|}$$

となっている．

さらに F が f の S-積分可能な持ち上げである場合には，上の式から次の式が出る．

$$\int f d\nu_L = {}^\circ\sum_{x \in X} F(x) \cdot w(x), \qquad \int f dP = {}^\circ\sum_{x \in X} \frac{F(x)}{|X|}$$

以下 X が＊有限のときは，$\overline{P}$ と書けば，${}^*\mathfrak{P}(X)$ の上で次の式で定義されたものとする．

$$\overline{P}(A) = \frac{|A|}{|X|}$$

さらに，P と書けば，$\overline{P}$ から得られた一様 Loeb 測度とする．

いま X と Y とを共に＊有限とする．このとき $X \times Y$ はもちろん＊有限となる．X についての $\overline{P}$ と P とをそれぞれ $\overline{P}_X, P_X$ と書き，Y についての $\overline{P}$ と P とをそれぞれ $\overline{P}_Y, P_Y$ と書くことにする．最後に，$X \times Y$ は＊有限であるか

ら，$X \times Y$ からも $\overline{P}$ と P とが定義される．これを単に $\overline{P}$ と P とで表わすことにする．

ここで問題になるのは，P_X と P_Y との測度の積 $P_X \times P_Y$ と P の関係である．いま $A \subseteq X \times Y$ が $P_X \times P_Y$ で可測ならば，P でも可測でその値が一致する．即ち $(P_X \times P_Y)(A) = P(A)$ となる．しかしながら，P で可測で $P_X \times P_Y$ では可測でないものが存在することが知られている．しかし，一方，Fubini（フビニ）の定理に相当する，次の定理が Keisler（キースラー）によって得られている．

定理 7　X, Y は共に $*$ 有限で，$\overline{P}_X, P_X, \overline{P}_Y, P_Y, \overline{P}, P$ は上に述べたものとする．$f : X \times Y \longrightarrow \boldsymbol{R}$ が有界で P-可測とすれば，次の性質が成立する．

a）ほとんどすべての $x \in X$（P_X の意味で）について，$f(x, \cdot)$ は P_Y-可測である．

b）次の関数 g は P_X-可測である．

$$g(x) = \int f(x, y) dP_Y$$

c）次の式が成立する．

$$\int f(x, y) dP = \int \left(\int f(x, y) dP_Y \right) dP_X$$

証明　まず，$A \subseteq X \times Y$ を任意にとるとき，$A_x = \{y \in Y \mid \langle x, y \rangle \in A\}$ とおいて，次の 4 条件が同等であることを証明する．

1）$P(A) = 0$

2）すべての $n \in \boldsymbol{N}$ に対して，ある internal な集合 $B \supseteq A$ が存在して

$$P(B) < \frac{1}{n}$$

が成立する．

3）すべての $n \in \boldsymbol{N}$ に対して，ある internal な集合 $B \supseteq A$ が存在して

$$P_X\left(\left\{x \;\middle|\; P_Y(B_x) < \frac{1}{n}\right\}\right) \geq 1 - \frac{1}{n}.$$

4)　ほとんどすべての $x \in X$ (P_X の意味で) について，次の条件が満たされる.

$$P_Y(A_x) = 0$$

1) $\longleftrightarrow$ 2)　2) から 1) が出るのは P が完全加法的測度だから当然，1) から 2) が出るのは定理1から明らか.

2) $\longleftrightarrow$ 3)　いま $|X| = M$, $|Y| = N$ とする．もちろん $M, N \in {}^*\boldsymbol{N}$ である．2) から 3) を出すために，$n \in \boldsymbol{N}$ に対して internal な $B \supseteq A$ で $P(B) < 1/n^2$ となるものをとる．これから明らかに $\overline{P}(B) < 1/n^2$．いま，I, II を次の式で定義する.

$$\mathrm{I} = \left\{x \in X \,\middle|\, |B_x| < \frac{N}{n}\right\}, \qquad \mathrm{II} = \left\{x \in X \,\middle|\, |B_x| \geq \frac{N}{n}\right\}$$

もちろん I と II は internal である．いま B が n に対して 3) の条件を満たすことを証明する．このため，3) を満たさないとして

$$P_X\left(\left\{x \,\middle|\, P_Y(B_x) < \frac{1}{n}\right\}\right) < 1 - \frac{1}{n}$$

であったとする．このとき $\overline{P}_X(\mathrm{II}) \geq 1/n$ となるから

$$|B| \geq |\mathrm{II}| \cdot \frac{N}{n} \geq \frac{M}{n} \cdot \frac{N}{n}$$

したがって $\overline{P}(B) \geq 1/n^2$ となって，矛盾する.

次に 3) から 2) を出すために，$n \in \boldsymbol{N}$ に対して internal な $B \supseteq A$ で

$$P_X\left(\left\{x \,\middle|\, P_Y(B_x) < \frac{1}{3n}\right\}\right) \geq 1 - \frac{1}{3n}$$

となるようなものをとってくる．いま I と II を次の式で定義する.

$$\mathrm{I} = \left\{x \in X \,\middle|\, |B_x| < \frac{|N|}{3n}\right\}, \quad \mathrm{II} = \left\{x \in X \,\middle|\, |B_x| \geq \frac{|N|}{3n}\right\}.$$

I と II は internal である．$P_X(\mathrm{II}) < 2/3n$ であるから

$$\overline{P}(B) < \frac{1}{|M||N|} \frac{|N|}{3n} \cdot |M| + \frac{1}{|M||N|} |M| \cdot \frac{2|N|}{3n} = \frac{1}{n}$$

ここに，中間の式の第1項はⅠからきたものであり，第2項はⅡからきたものである．

3)⟷4)　3)から4)は普通の測度論から直ちに出る．いま一般に $C\subseteq Y$ として $P_Y^*(C)=\inf\{P_Y(D)\mid C\subseteq D$ で D は P_Y-可測$\}$ とおけば，$P_Y(C)=0$ と $P_Y^*(C)=0$ とは同等である．3)を仮定すれば，すべての $n\in\boldsymbol{N}$ について，ほとんどすべての x について $P_Y^*(A_x)<1/n$ となることが分かる．即ち，ほとんどすべての x について $P_Y^*(A_x)=0$ となる．

逆に，4)を仮定する．このとき，すべての $n\in\boldsymbol{N}$ に対して internal な集合 $D\subseteq X$ で

$$x\in D \Longrightarrow P_Y^*(A_x)<\frac{1}{n} \text{ で } P_X(D)\geq 1-\frac{1}{n}$$

を満たすものが存在する．いま internal な Y の部分集合を全部 internal にならべておく．

いま $B\subseteq X\times Y$ を $(x,y)\in B$ について，次の条件で定義する．

$x\in D$ ならば $y\in B_x$ は，$y\in C$ によって定義する．ここに C は，$A_x\subseteq C$ で $P_Y(C)<1/n$ を満たす最初の internal な Y の部分集合とする．

$x\notin D$ のときは，すべての $y\in Y$ について $y\in B_x$ と定義する．

定義から明らかなように，B は internal であり，3)の条件を満たす．

さて，この同等を用いて定理の証明をする．

a)　f は有界な Loeb 可測関数であるから，有界な f の持ち上げ F が存在する．したがって，次の集合は零集合である．

$$A=\{(x,y)\mid {}^{\circ}F(x,y)\neq f(x,y)\}$$

したがって，4)と持ち上げ定理によって，ほとんどすべての x について $F(x,\cdot)$ は $f(x,\cdot)$ の持ち上げであるから Loeb 可測である．

b)　いま $G(x)$ を次の式で定義する．

$$G(x)=\sum_{y\in Y}F(x,y)\frac{1}{|Y|}$$

$F(x,\cdot)$ が $f(x,\cdot)$ の持ち上げになっていて，x については，定理5によっ

て $°G(x)=g(x)$ となっている．したがって，$°G$ は g の持ち上げである．したがって持ち上げ定理により，g は Loeb 可測になっている．

c）定理5によって次の計算が成立し，証明される．

$$\begin{aligned}\int f(x,y)dP &= {}^{\circ}\sum_{x\in X,\, y\in Y} F(x,y)\frac{1}{|X|\cdot|Y|}\\ &= {}^{\circ}\sum_{x\in X}\frac{1}{|X|}\left(\sum_{y\in Y}F(x,y)\frac{1}{|Y|}\right)\\ &= {}^{\circ}\sum_{x\in X}\frac{1}{|X|}G(x)\\ &= \int g(x)dP_X\end{aligned}$$

次に，Lebesgue（ルベック）測度を一様 Loeb 測度で表現することにする．いま $N\in{}^*\boldsymbol{N}-\boldsymbol{N}$ として $\Delta t=N^{-1}$ とおき，＊有限な T を次で定義する．

$$T=\{0, \Delta t, 2\Delta t, \cdots, N\Delta t\}$$

T の元を $\underline{s}, \underline{t}, \underline{u}, \cdots$ で表わすことにして，$\underline{s}\in T$ のときにその standard part $\mathrm{st}(\underline{s})={}^{\circ}\underline{s}$ をここでは st によって表わして

$$\mathrm{st}: T\longrightarrow[0,1]$$

と考える．したがって $A\subseteq[0,1]$ にとって $\mathrm{st}^{-1}(A)=\{\underline{t}\in T\mid \mathrm{st}(\underline{t})\in A\}$ である．T から出来る一様 Loeb 測度を P で表わす．

定理 8　いま $A\subseteq[0,1]$ とすれば，次の2つの条件は同等である．

1）A は Lebesgue 可測である．

2）$\mathrm{st}^{-1}(A)$ は Loeb 可測な T の部分集合である．

2）が成立するときは，$m(A)=P(\mathrm{st}^{-1}(A))$ が成立する．ここに，m は Lebesgue 測度である．

証明　まず 1）を仮定する．任意の閉区間 $[a,b]\subseteq[0,1]$ について，次の式が成立する．

$$\mathrm{st}^{-1}([a,b])=\bigcap_{n\in\boldsymbol{N}}\left({}^*\!\left(a-\frac{1}{n}, b+\frac{1}{n}\right)\cap T\right)$$

ここに $\left(a-\dfrac{1}{n}, b+\dfrac{1}{n}\right)$ と $[a, b]$ を少しふくらましてとってあるのは，$a'\approx a$, $b'\approx b$ なる a' や b' をすべて取り入れるためである．いま $L(T)$ で P-可測な集合の全体を表わせば，右辺は $\sigma({}^*\mathfrak{B}(T))$ に入るからもちろん $L(T)$ に入っている．st^{-1} は共通部分，差，可付番和と交換可能であるから，すべての Borel（ボレル）集合 B に対して $\mathrm{st}^{-1}(B)\in L(T)$ となる．$L(T)$ は完備であるから，すべての Lebesgue 可測集合 A に対して $A\in L(T)$ が成立する．

逆に，$A\subseteq[0,1]$ であって $\mathrm{st}^{-1}(A)\in L(T)$ とする．したがって，任意の $\varepsilon>0$ に対して internal な D で，$D\subseteq \mathrm{st}^{-1}(A)$ で $P(D)\geq P(\mathrm{st}^{-1}(A))-\varepsilon$ となるものが存在する．さて§2の定理11により $\mathrm{st}(D)$ は閉集合である．これを $C=\mathrm{st}(D)$ とおく．明らかに $C\subseteq A$ であり，さらに

$$D\subseteq \mathrm{st}^{-1}(C)\subseteq \mathrm{st}^{-1}(A)$$

となっている．1) → 2) での証明から，次の計算が成立する．

$$m(C)=P(\mathrm{st}^{-1}(C))\geq P(D)\geq P(\mathrm{st}^{-1}(A))-\varepsilon$$

このことから，$m_*(A)\geq P(\mathrm{st}^{-1}(A))$ が出てくる．ここに $m_*(A)$ は A の内測度である．$X-A$ にこの議論を適用すれば $m^*(A)\leq P(\mathrm{st}^{-1}(A))$ が出てくる．ここに $m^*(A)$ は A の外測度である．したがって，$m(A)=P(\mathrm{st}^{-1}(A))$ となる．

さて，持ち上げの定義を少し拡大することにする．

定義 $f:[0,1]\longrightarrow \overline{\boldsymbol{R}}$ で $F:T\longrightarrow {}^*\boldsymbol{R}$ とする．F が f の持ち上げであるということを，F が internal で次の条件が成立することと定義する．

（P の意味で）ほとんどすべての $\underline{t}\in T$ について ${}^\circ F(\underline{t})=f({}^\circ\underline{t})$ となる．

即ち，$\hat{f}:T\longrightarrow\overline{\boldsymbol{R}}$ を $\hat{f}(\underline{t})=f({}^\circ\underline{t})$ と定義したときに，F が $\hat{f}$ の持ち上げになっていることである．したがって，F が f の持ち上げであるということは，右の図がほとんどすべての $\underline{t}\in T$ について交換可能，即ち $\overrightarrow{\ }\!\downarrow$ と $\downarrow_{\rightarrow}$ とが同じになることである．

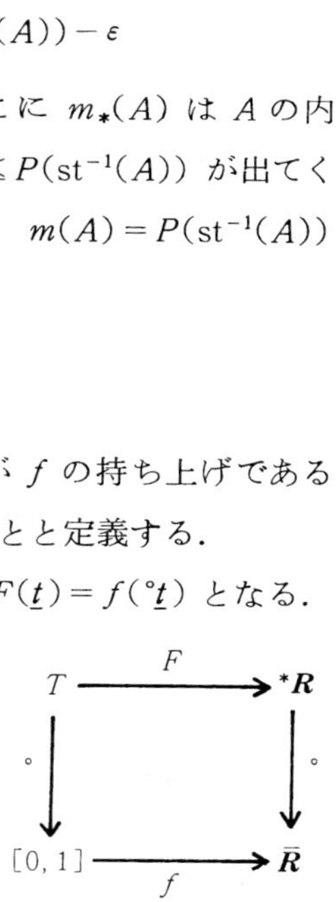

次の定理は，持ち上げ定理，定理5，定理8から直ちに得られる．

定理 9　$f:[0,1]\longrightarrow \overline{\boldsymbol{R}}$ とすれば，次の2つの性質が成立する．

1)　次の3条件は互いに同等である．

a)　f は Lebesgue 可測である．

b)　$\hat{f}$ は Loeb 可測である．

c)　f は持ち上げをもつ．

2)　f が Lebesgue 積分可能なことと，f が S-積分可能な持ち上げをもつこととは同等である．

さらに F が f の S-積分可能な持ち上げとすれば $\int f\,dm = {}^{\circ}\sum_{\underline{t}\in T} F(\underline{t})\Delta t$ が成立する．

第2章　Brown 運動と伊藤積分

§1　確率論からの準備

前に述べたように，測度空間 $(X, \mathfrak{B}, \mu)$ において $\mu(X)=1$ のとき，確率空間という．確率空間のときは $(\Omega, \mathfrak{B}, P)$ の形に書いて，Ω の元は ω などによって表わし，ω のことを Ω の標本点または見本点という．$B \in \mathfrak{B}$ のとき，$P(B)$ は B の確率という．

$\omega \in \Omega$ についての命題 φ を考えるときは，$\{\omega \mid \varphi(\omega)\} \in \mathfrak{B}$ となるようなものだけを考えることにする．このとき，この ω についての条件（または性質）φ のことを事象という．または $B=\{\omega \mid \varphi(\omega)\}$ のことを事象という．$P(B) = P(\{\omega \mid \varphi(\omega)\})$ のことを，条件 φ が起こる確率，または事象 φ が起こる確率，または事象 B が起こる確率という．

$X : \Omega \longrightarrow \boldsymbol{R}$ が $\mathfrak{B}$-可測のとき，X のことを確率変数という．いますべての $t \in [0, 1]$ について確率変数 $X_t(\omega)$ が対応しているとき，$\{X_t \mid t \in [0, 1]\}$ を確率過程または単に過程という．我々は確率過程を $X(\omega, t)$ の形に書く．即ち次の形の関数と考える．

$$X : \Omega \times [0, 1] \longrightarrow \boldsymbol{R}$$

さて，確率空間 $(\Omega, \mathfrak{B}, P)$ の確率変数 X について，X の平均または X の期待値とよばれる値 $E(X)$ を，次の式で定義する．

$$E(X) = \int_{\Omega} X(\omega)dP$$

この意味は明らかであろう．同じく $(\Omega, \mathfrak{B}, P)$ で考える．いま事象 $A \in \mathfrak{B}$

を一つ固定して $P(A)>0$ とする．事象 A が起きたときに事象 $E \in \mathfrak{B}$ が起こる条件つき確率 $P(E|A)$ を，次の式で定義する．

$$P(E|A) = \frac{P(E \cap A)}{P(A)}$$

この意味は明らかであろう．

これに関係のある，別の条件つき確率を考えることにする．いま $\mathfrak{F}$ は $\mathfrak{B}$ の部分 σ 加法族とする．即ち $\mathfrak{F} \subseteq \mathfrak{B}$ であって，$\mathfrak{F}$ は Ω の上の σ 加法族であるとする．

いま X は $(\Omega, \mathfrak{B}, P)$ の上の確率変数であって，$E(X)$ が有限であるとする．このとき，$\mathfrak{F}$ の任意の元 E に対し

$$\mu(E) = \int_E X(\omega) dP$$

とおけば，μ は P に絶対連続となり，Radon-Nikodym（ニコディム）の定理により $\mathfrak{F}$-可測関数 f で

$$\mu(E) = \int_E f(\omega) dP$$

がすべての $\mathfrak{F}$ の元 E に対して成立するようなものが，P の測度0を除いて唯一通りに定まる．このとき f のことを $E(X|\mathfrak{F})$ と書いて，X の条件つき平均という．この意味をみるために，極端な場合である $\mathfrak{F} = \{\emptyset, \Omega\}$ を考えれば，この場合 f は $\mathfrak{F}$-可測のほかに次の2つの条件を満たせばよい．

$$\int_\Omega f(\omega) dP = \int_\Omega X(\omega) dP = E(X), \quad \int_\emptyset f(\omega) dP = \int_\emptyset X(\omega) dP = 0$$

この2つの条件と f が $\{\emptyset, \Omega\}$-可測のことから，$f(\omega) = E(X)$ がほとんどすべての ω に対して成立することが分かる．即ち f は定数を表わす関数であって，その値が $E(X)$ であると思えばよい．

次に Ω が有限集合で $\mathfrak{B}$ が Ω のベキ集合である場合を考える．このときは

$$\int_E X(\omega) dP(\omega) = \sum_{\omega \in E} X(\omega) P(\omega)$$

となる．ここに $P(\omega)$ は，正確には $P(\{\omega\})$ と書くべきものである．

いま $\mathfrak{F}$ が $\mathfrak{B}$ の部分 σ 加法族とすれば，Ω が有限であることから，Ω の分割 $\Omega_1, \cdots, \Omega_n$ で $\mathfrak{F}$ のすべての元 E が $\{\Omega_1, \cdots, \Omega_n\}$ の部分集合の和集合として表わされるようなものが存在する．ここで，$\Omega_1, \cdots, \Omega_n$ が Ω の分割とは

$$i \neq j \Longrightarrow \Omega_i \cap \Omega_j = \varnothing \qquad \text{で} \qquad \bigcup_i \Omega_i = \Omega$$

が満たされていることをいう．このとき f の条件は

$$\int_{\Omega_i} f(\omega)dP = \int_{\Omega_i} X(\omega)dP = \sum_{\omega \in \Omega_i} X(\omega)P(\omega).$$

ところで，$\mathfrak{F}$ は $\Omega_1, \cdots, \Omega_n$ を含む最小の加法族であるから，f は Ω_i の上で定数である．即ち

$$\omega_0 \in \Omega_i \Longrightarrow f(\omega_0) = \frac{1}{P(\Omega_i)} \sum_{\omega \in \Omega_i} X(\omega)P(\omega)$$

と計算される．

さらに一般の場合として，$\Omega_1, \Omega_2, \Omega_3, \cdots$ が Ω の分割である場合を考える．即ち，$i \neq j$ ならば $\Omega_i \cap \Omega_j = \varnothing$ で，$\bigcup_i \Omega_i = \Omega$ とする．このとき $\mathfrak{F}$ を $\Omega_1, \Omega_2, \Omega_3, \cdots$ 全体から生成される σ 加法族とする．即ち $\mathfrak{F}$ の元は，$\Omega_1, \Omega_2, \Omega_3, \cdots$ の部分列の和集合になっている．さらに，すべての i について $P(\Omega_i) > 0$ とする．このとき $f = E(X \mid \mathfrak{F})$ とすれば，その条件は

1）f は $\mathfrak{F}$-可測関数であるから，f は Ω_i の上で定数である．これを a_i とおく．

2）$a_i P(\Omega_i) = \int_{\Omega_i} f(\omega)dP = \int_{\Omega_i} X(\omega)dP$

となるから，$f = E(X \mid \mathfrak{F})$ は次の関数になっていることが分かる．

$$\omega \in \Omega_i \quad \text{ならば} \quad f(\omega) = \frac{1}{P(\Omega_i)} \int_{\Omega_i} X(\omega)dP$$

次の性質は常用される．これは $E(X \mid \mathfrak{F})$ の一意性から明らかである．

$$X \text{ が } \mathfrak{F}\text{-可測ならば} \quad X = E(X \mid \mathfrak{F})$$

一般に，集合 E の特性関数 1_E を

$$1_E(x) = \begin{cases} 1 & x \in E \text{ のとき} \\ 0 & x \notin E \text{ のとき} \end{cases}$$

と定義する．$E \in \mathfrak{B}$ とすれば，もちろん 1_E は $\mathfrak{B}$-可測である．$E \in \mathfrak{B}$ で，X を 1_E とするときの条件つき平均 $E(1_E \mid \mathfrak{F})$ のことを，$\mathfrak{F}$ に関する条件つき確率とよんで $P(E \mid \mathfrak{F})$ と書く．即ち，$F \in \mathfrak{F}$ について

$$\int_F P(E \mid \mathfrak{F})dP = \int_F 1_E dP = P(E \cap F)$$

が成立する．

前の条件つき確率との関係は，$\mathfrak{F} = \{\Omega, F, \Omega - F, \emptyset\}$ とすれば $P(E \mid \mathfrak{F})$ は $\mathfrak{F}$-可測であるから，F の上では定数となり

$$\int_F P(E \mid \mathfrak{F})dP = P(E \mid \mathfrak{F}) \cdot P(F)$$

であるから，

$$P(E \mid \mathfrak{F}) = \frac{P(E \cap F)}{P(F)} = P(E \mid F)$$

となって，以前の条件つき確率であることが分かる．

さて，再び Ω が有限で $\mathfrak{F}$ が Ω の分割 $\Omega_1, \cdots, \Omega_n$ から生成される加法族とすれば，前の式を用いて，$\omega_0 \in \Omega_i$ のとき

$$P(E \mid \mathfrak{F})(\omega_0) = \frac{1}{P(\Omega_i)} \sum_{\omega \in \Omega_i \cap E} P(\omega) = \frac{P(\Omega_i \cap E)}{P(\Omega_i)}$$

となる．即ち $P(E \mid \mathfrak{F})$ は Ω_i の上では $P(\Omega_i \cap E)/P(\Omega_i)$ を意味している．これから直ちに $P(E \mid \mathfrak{F}) : \Omega \longrightarrow \boldsymbol{R}$ は $\mathfrak{F}$-可測であり，さらに

$$E(P(F \mid \mathfrak{F})) = \sum_i \frac{P(\Omega_i \cap F)}{P(\Omega_i)} \cdot P(\Omega_i) = \sum_i P(\Omega_i \cap F) = P(F)$$

となることが分かる．

定理 1　Ω は $*$ 有限で，$(\Omega, \mathfrak{B}, P)$ は internal な確率空間とする．さらに $F : \Omega \longrightarrow {}^*\boldsymbol{R}$ を S-積分可能とする．$\mathfrak{F}$ を internal な $\mathfrak{B}$ の部分加法族とする．

このとき $A \in \mathfrak{B}$ について，$E(A|\mathfrak{F})$ は $^*S$ のなかの条件つき平均とする．$(\Omega, \mathfrak{B}, P)$ から出来る Loeb 測度空間を $(\Omega, L(\mathfrak{B}), P_L)$ とする．いま $L(\mathfrak{F})$ は $L(\mathfrak{B})$ の部分 σ 加法族であるから，条件つき平均 $E({}^\circ F|L(\mathfrak{F}))$ が定義される．このとき，$E(F|\mathfrak{B})$ は S-積分可能であり，次の式が P_L に関してほとんどすべての意味で成立する．

$$^\circ E(F|\mathfrak{F}) = E({}^\circ F|L(\mathfrak{F}))$$

証明　いま $A \in \mathfrak{F}$ とすれば，次の式が成立する．

$$^\circ\int_A E(F|\mathfrak{F})dP = {}^\circ\int_A F dP = \int_A {}^\circ F dP_L = \int_A E({}^\circ F|L(\mathfrak{F}))dP_L$$

ここに，最初の等号と最後の等号は $A \in \mathfrak{F}$ から出る．また真中の等号は，F が S-積分可能であるから，第1章§3の定理5から出る．さらに $P(A) \approx 0$ とすれば，上述の定理5の系から $E(F|\mathfrak{F})$ が S-積分可能なことが出る．

いま $B \in L(\mathfrak{F})$ とすれば，$A \in \mathfrak{F}$ で $P_L(A-B) = P_L(B-A) = 0$ となるものが存在するから

$$\begin{aligned}\int_B {}^\circ E(F|\mathfrak{F})dP_L &= {}^\circ\int_A E(F|\mathfrak{F})dP \\ &= \int_A E({}^\circ F|L(\mathfrak{F}))dP_L \\ &= \int_B E({}^\circ F|L(\mathfrak{F}))dP_L\end{aligned}$$

が，上の計算と上述の定理5から出る．したがって定理が証明された．

いま $(\Omega, \mathfrak{B}, P)$ を確率空間とする．事象 A と B とが独立であるということを，次の式が成立することと定義する．

$$P(A \cap B) = P(A) \cdot P(B)$$

これは，条件つき確率 $P(B|A)$ を用いて書き直せば

$$P(B|A) = P(B)$$

となる．即ち B が起こる確率は，A が起きたことを仮定してもしなくても同じ値となる．その意味で，A と B とは独立なのである．

確率変数 $X_1, \cdots, X_n$ が独立であるということは，任意の n 個の実数 $a_1, \cdots, a_n$ をとったとき $\{\omega \in \Omega \mid X_1(\omega) < a_1\}, \cdots, \{\omega \in \Omega \mid X_n(\omega) < a_n\}$ が互いに独立，即ち

$$P(\{\omega \in \Omega \mid X_1(\omega) < a_1, \cdots, X_n(\omega) < a_n\}) = \prod_{i=1}^{n} P(\{\omega \in \Omega \mid X_i(\omega) < a_i\})$$

となることを意味する．これはさらに，実数の任意の Borel 集合 $B_1, \cdots, B_n$ をとったときに

$$P(\{\omega \in \Omega \mid X_1(\omega) \in B_1, \cdots, X_n(\omega) \in B_n\}) = \prod_{i=1}^{n} P(\{\omega \in \Omega \mid X_i(\omega) \in B_i\})$$

が成立することとも同等になる．

独立な確率変数についての，次の2つの性質は常用される．

1)　$1 \leq n_1 < n_2 < \cdots < n_k = n$ で $X_1, \cdots, X_n$ は独立な確率変数，$f_1, \cdots, f_k$ は Borel 可測関数とすれば，$f_1(X_1, \cdots, X_{n_1}), f_2(X_{n_1+1}, \cdots, X_{n_2}), \cdots\cdots, f_k(X_{n_{k-1}+1}, \cdots, X_{n_k})$ は独立な確率変数である．

2)　X と Y とを独立な確率変数とすれば，次の式が成立する．

$$\int_\Omega XY\,dP(\omega) = \int_\Omega X\,dP(\omega) \int_\Omega Y\,dP(\omega)$$

これはもちろん $E(XY) = E(X) \cdot E(Y)$ とも書ける．どちらにしても，独立なことが分かれば積分の計算が簡単になる．

いま $\boldsymbol{R}$ の Borel 集合の全体を $\mathfrak{B}^1$ と書くことにする．集合関数 $\Phi : \mathfrak{B}^1 \longrightarrow \boldsymbol{R}$ が与えられて，$(\boldsymbol{R}, \mathfrak{B}^1, \Phi)$ が確率空間になっているとき，Φ のことを確率分布，正確には1次元の確率分布という．

$(\Omega, \mathfrak{B}, P)$ が確率空間で，X がその確率変数のとき，Φ を次の式で定義すれば，Φ はつねに確率分布になっている．

$$\Phi(E) = P(\{\omega \in \Omega \mid X(\omega) \in E\})$$

この Φ のことを X の確率分布という．また，X は確率分布 Φ に従うともいう．

Φ が X の確率分布で，φ を実数の Borel 可測関数とするとき，積分の定義

から次のことが分かる．

$$\int_\Omega \varphi(X)dP = \int_{-\infty}^{\infty}\varphi(x)d\Phi(x)$$

同様にして，X と Y とが同じ確率分布 Φ に従う独立な確率変数とすれば，次のことが成立する．ここに φ は2変数の Borel 可測関数とする．

$$\int_\Omega \varphi(X, Y)dP = \int_{-\infty}^{\infty}\int_{-\infty}^{\infty}\varphi(x, y)d\Phi(x)d\Phi(y)$$

この特別な場合として，次の式が出る．

$$\int_\Omega X\cdot Y dP = \int_{-\infty}^{\infty}x\,d\Phi(x)\int_{-\infty}^{\infty}y\,d\Phi(y)$$

ここで，X と Y はもちろん独立な確率変数とする．この式から上に述べた 2) の式が直ちに出てくる．

一つの確率分布が与えられていて，その確率分布をもつ確率変数だけを考えることが多い．よく用いられる確率分布は数多くあるが，ここでは Gauss（ガウス）の正規分布だけを導入しておく．

まず Φ を確率分布とするとき，Φ についての重要な量として，平均 m と分散 σ^2 を次のように定義する．

$$m = \int_{-\infty}^{\infty}x\,d\Phi(x), \qquad \sigma^2 = \int_{-\infty}^{\infty}|x-m|^2 d\Phi(x)$$

確率分布 Φ が

$$\Phi(E) = \int_E p(x)dx$$

の形に書けるとき，p を Φ の分布密度という．ここに dx は Lebesgue 測度を表わすものとする．

このとき，平均 m，分散 σ^2 の Gauss の正規分布は，分布密度 $p(x)$ を

$$p(x) = \frac{1}{\sqrt{2\pi}\sigma}\exp\left\{-\frac{(x-m)^2}{2\sigma^2}\right\}$$

とすることによって定義される．もちろん $\sigma>0$ とする．この $p(x)$ から Φ の平均と分散とを計算すれば，もちろん m と σ^2 とが出てくる．特別な場合とし

て $m=0, \sigma^2=1$ の場合は，$p(x)$ が次の形となる．

$$p(x) = \frac{1}{\sqrt{2\pi}} \exp\left(-\frac{x^2}{2}\right)$$

いま Φ_1, Φ_2 を確率分布とするとき，実数の Borel 集合 E に対して

$$\Phi(E) = \int_{-\infty}^{\infty}\int_{-\infty}^{\infty} 1_E(x+y)d\Phi_1(x)d\Phi_2(y)$$

で定義される確率分布 Φ を，Φ_1 と Φ_2 とのたたみこみといって，$\Phi_1 * \Phi_2$ で表わす．ここに 1_E はもちろん E の特性関数である．

X_1, X_2 が確率空間 $(\Omega, \mathfrak{B}, P)$ の互いに独立な確率変数であるとき，X_1, X_2, X_1+X_2 の従う確率分布をそれぞれ $\Phi_{X_1}, \Phi_{X_2}, \Phi_{X_1+X_2}$ と書けば

$$\Phi_{X_1+X_2} = \Phi_{X_1} * \Phi_{X_2}$$

が成立している．

“独立な確率変数の和の極限分布が正規分布になる”という定理を中心極限定理という．ここでは，あまり一般的な形ではないが，次の形で中心極限定理を述べておく．

中心極限定理　確率空間 $(\Omega, \mathfrak{B}, P)$ の独立な確率変数列 $X_1, X_2, X_3, \cdots$ が，分散有限な同じ確率分布に従うとする．このとき，すべての実数 a とすべての正の実数 ε に対して，十分大きい自然数 n をとれば，n より大きいすべての自然数 m に対して次の式が成立する．

$$\left| P\left(\left\{\omega \in \Omega \;\middle|\; \frac{1}{\sqrt{m}} \sum_{k=1}^{m} X_k(\omega) \leq a\right\}\right) - \psi(a) \right| < \varepsilon$$

ここに，$\psi(a)$ は平均 0, 分散を 1 とする Gauss の正規分布の $(-\infty, a]$ の値である．正確に書けば，次の形となる．

$$\psi(a) = \frac{1}{\sqrt{2\pi}} \int_{-\infty}^{a} \exp\left(-\frac{x^2}{2}\right) dx$$

さて $(\Omega, \mathfrak{B}, P)$ を $*$ 有限な確率空間とする．即ち Ω は $*$ 有限であるとする．このとき $\langle X_i \mid i \in I \rangle$ を internal な確率変数の列とする．そして，この確率変

数の列が独立であるということについて，2つの概念を導入する．

まず $\langle X_i \mid i \in I \rangle$ が＊独立ということを，任意の＊有限な部分列 $\{X_1, \cdots, X_N\}$ $(N \in {}^*\boldsymbol{N})$ と internal な N 個の＊実数の列 $(a_1, \cdots, a_N) \in {}^*\boldsymbol{R}^N$ に対して，次の式が成立することと定義する．

$$P(\{\omega \in \Omega \mid X_1(\omega) < a_1, \cdots, X_N(\omega) < a_N\}) = \prod_{k=1}^{N} P(\{\omega \in \Omega \mid X_k(\omega) < a_k\})$$

次に，$\langle X_i \mid i \in I \rangle$ が S-独立であるということを，任意の有限部分列 $\{X_1, \cdots, X_m\}$ $(m \in \boldsymbol{N})$ と任意の m 個の実数列 $(a_1, \cdots, a_m) \in \boldsymbol{R}^m$ に対して，次の式が成立することと定義する．

$$P(\{\omega \in \Omega \mid X_1(\omega) < a_1, \cdots, X_m(\omega) < a_m\}) \approx \prod_{k=1}^{m} P(\{\omega \in \Omega \mid X_k(\omega) < a_k\})$$

このとき，S-独立について次の定理が成立する．

定理 2　いま $(\Omega, \mathfrak{B}, P)$ を＊有限な確率空間で，$(\Omega, L(\mathfrak{B}), P_L)$ をそれから得られる Loeb 確率空間とする．このとき，internal な $(\Omega, \mathfrak{B}, P)$ の確率変数列 $\langle X_i \mid i \in I \rangle$ が S-独立ならば $\langle {}^\circ X_i \mid i \in I \rangle$ は $(\Omega, L(\mathfrak{B}), P_L)$ で独立である．

証明　$m \in \boldsymbol{N}$, $(a_1, \cdots, a_m) \in \boldsymbol{R}^m$ として，次の計算から明らかであろう．

$$\begin{aligned}
&P_L(\{\omega \in \Omega \mid {}^\circ X_{i_1}(\omega) < a_1, \cdots, {}^\circ X_{i_m}(\omega) < a_m\}) \\
&= \lim_{n \to \infty} {}^\circ P\left(\left\{\omega \in \Omega \,\middle|\, X_{i_1}(\omega) < a_1 - \frac{1}{n}, \cdots, X_{i_m}(\omega) < a_m - \frac{1}{n}\right\}\right) \\
&= \lim_{n \to \infty} {}^\circ\left(\prod_{k=1}^{m} P\left(\left\{\omega \in \Omega \,\middle|\, X_{i_k}(\omega) < a_k - \frac{1}{n}\right\}\right)\right) \\
&= \prod_{k=1}^{m} \lim_{n \to \infty} {}^\circ P\left(\left\{\omega \in \Omega \,\middle|\, X_{i_k}(\omega) < a_k - \frac{1}{n}\right\}\right) \\
&= \prod_{k=1}^{m} P_L(\{\omega \in \Omega \mid {}^\circ X_{i_k}(\omega) < a_k\})
\end{aligned}$$

次に $\langle X_n \mid n \in {}^*\boldsymbol{N} \rangle$ についての中心極限定理を，＊独立を用いて述べることにする．

定理 3（$*$独立に関する中心極限定理）（$\Omega, \mathfrak{B}, P$）は internal な確率空間，$\langle X_n \mid n \in {}^*\boldsymbol{N} \rangle$ はその上の internal な $*$独立な確率変数列で，すべての X_n が平均0, 分散1をもつ共通の確率分布 ${}^*\Phi$ に従うものとする．ここに，Φ は普通の確率分布とする．このとき，すべての無限大の自然数 N とすべての $a \in {}^*\boldsymbol{R}$ について，次の式が成立する．

$$P\left(\left\{\omega \in \Omega \;\middle|\; \frac{1}{\sqrt{N}} \sum_{k=1}^{N} X_k(\omega) \leq a\right\}\right) \approx {}^*\psi(a)$$

ここに $\psi(a)$ は，以前と同じく次の式で定義する．

$$\psi(a) = \frac{1}{\sqrt{2\pi}} \int_{-\infty}^{a} \exp\left(-\frac{x^2}{2}\right) dx$$

証明　明らかに $\Phi = {}^\circ({}^*\Phi)$ であって，${}^\circ X_n$ の確率分布は Φ となる．さらに，${}^\circ X_n$ の平均 $E({}^\circ X_n) = 0$，${}^\circ X_n$ の分散 $E({}^\circ X_n^2) = 1$ は明らかであろう．したがって中心極限定理によって，任意の実数 a と任意の正の実数 ε に対してある自然数 n_0 が存在して，すべての自然数 $m > n_0$ について

$$\left| P_L\left(\left\{\omega \in \Omega \;\middle|\; \frac{1}{\sqrt{m}} \sum_{k=1}^{m} {}^\circ X_k(\omega) \leq a\right\}\right) - \psi(a) \right| < \varepsilon$$

が成立する．また$*$独立から S-独立が出るから，${}^\circ X_1, \cdots, {}^\circ X_m$ は定理2により独立である．即ち $\sum_{k=1}^{m} {}^\circ X_k$ の確率分布は Φ^m，即ち m 個の Φ のたたみこみ $\Phi * \cdots * \Phi$ である．いま $\Phi^m((-\infty, a])$ を $\Phi^m(a)$ と書けば，上の式は

$$|\Phi^m(\sqrt{m}\,a) - \psi(a)| < \varepsilon$$

となる．したがって無限大の自然数 N については，すべての実数 a について

$${}^*\Phi^N(\sqrt{N}\,a) \approx {}^*\psi(a)$$

が成立する．ところで，${}^*\Phi^N$ は $\sum_{k=0}^{N} X_k$ の確率分布である．したがってこれを書き直せば，次の式となる．

$$P\left(\left\{\omega \in \Omega \;\middle|\; \frac{1}{\sqrt{N}} \sum_{k=0}^{N} X_k(\omega) \leq a\right\}\right) \approx {}^*\psi(a)$$

この式から，$b \in {}^*\boldsymbol{R}$ で $a \approx b$ ($a \in \boldsymbol{R}$) のときにも

$$P\left(\left\{\omega \in \Omega \;\middle|\; \frac{1}{\sqrt{N}} \sum_{k=0}^{N} X_k(\omega) \le b\right\}\right) \approx {}^*\psi(b)$$

が成立することが直ちに分かる．また，b が負の無限大のときには $\approx$ の両辺が無限小になり，b が正の無限大のときには $\approx$ の両辺が 1 と無限小の距離にあることが分かるから，すべての $a \in {}^*\boldsymbol{R}$ について上の式が成立することが分かった．

§2 Brown 運動

いま N を無限大の自然数として，$\varDelta t = 1/N$ とおき，T を

$$T = \{0, \varDelta t, 2\cdot\varDelta t, \cdots, (N-1)\varDelta t, 1\}$$

によって定義する．$\Omega = \{-1, +1\}^T$ とおく．もちろん T が $*$ 有限であるから，Ω も $*$ 有限である．(Ω, $\mathfrak{B}$, P) は，個数を数えることによって出来る $*$ 有限な確率空間，即ち $\mathfrak{B} = {}^*\mathfrak{P}(\Omega)$ とする．ここで ${}^*\mathfrak{P}$ は ${}^*S$ でのベキ集合を意味する．(Ω, $L(\mathfrak{B})$, P_L) を (Ω, $\mathfrak{B}$, P) から出来る Loeb 確率空間とする．

いま $*$ 有限な乱歩 $B : \Omega \times T \longrightarrow {}^*\boldsymbol{R}$ を

$$B(\omega, t) = \sum_{s=0}^{t} \omega(s)\sqrt{\varDelta t}, \qquad \omega \in \Omega$$

とおく．ここで $\sum_{s=0}^{t}$ の意味を $(\omega(0) + \omega(\varDelta t) + \omega(2\varDelta t) + \cdots + \omega(t - \varDelta t))\sqrt{\varDelta t}$ とする．一般に，$u, t \in T$ ($u < t$) のときに

$$\sum_{s=u}^{t} X(\omega, s) = X(\omega, u) + \cdots + X(\omega, t - \varDelta t)$$

と定義する．

さて $*$ 有限の乱歩の意味は明らかであろう．t_0 と $t_0 + \varDelta t$ との間の $B(\omega, t)$ の値は $B(\omega, t_0 + \varDelta t) - B(\omega, t_0) = \omega(t_0)\sqrt{\varDelta t}$ である．P は個数を数える測度であるから，$\omega(t_0)$ が -1 となるか $+1$ となるかの確率は 1/2 である．-1 のときは $\sqrt{\varDelta t}$ の距離を左に動き，$+1$ のときは $\sqrt{\varDelta t}$ の距離を右に動くと考えれ

ば，$B(\omega, t)$ は“標本点 ω のときに時間 t で乱歩の結果，どこにいるかを示す値”になっている．

さて $b: \Omega\times[0, 1]\longrightarrow \boldsymbol{R}$ を

$$b(\omega, {}^\circ t) = {}^\circ B(\omega, t)$$

によって定義する．実は，この定義にはちょっと問題がある．それは，右辺の t を ${}^\circ t_1 = {}^\circ t_2$ としても，${}^\circ B(\omega, t_1) \neq {}^\circ B(\omega, t_2)$ となることがあるのである．

したがって，定義を完成するためには $s\in[0, 1]$ とするときに ${}^\circ t=s$ となるような $t\in T$ を選ぶ必要がある．そのためには $t\leq s$ となるような最大の t をとれば，$s<t+\Delta t$ であるから ${}^\circ t=s$ となってよい．以下でも，厳密にはこのようにとるものとする．

定理 1　上で定義された b は，確率空間 $(\Omega, L(\mathfrak{B}), P_L)$ に関して，次の性質を満たす．

1)　$b(\cdot, t)$ はすべての $t\in[0, 1]$ に関して ω の可測関数である．

2)　$s<t$ とすれば，$b(\omega, t)-b(\omega, s)$ は平均 0 で分散が $t-s$ である正規分布に従う．

3)　$s_1<t_1\leq s_2<t_2\leq\cdots\leq s_n<t_n$ が $[0, 1]$ 区間の実数とするとき，$b(\omega, t_1)-b(\omega, s_1), \cdots, b(\omega, t_n)-b(\omega, s_n)$ は独立な確率変数である．

一般に，任意の確率空間 $(\Omega, \mathfrak{A}, P)$ に関してこの 3 つの条件を満たす b を，Brown（ブラウン）運動という．

証明　1) は定義から明らかである．

3)　$s_1\neq s_2$ とすれば，$\omega(s_1)$ と $\omega(s_2)$ は明らかに独立である．したがって，$B(\omega, t_1)-B(\omega, s_1), \cdots, B(\omega, t_n)-B(\omega, s_n)$ は * 独立である．したがって §1 定理 2 によって，$b(\omega, t_1)-b(\omega, s_1), \cdots, b(\omega, t_n)-b(\omega, s_n)$ は独立である．

2)　次の計算が成立する．

$$\begin{aligned}
&P_L(\{\omega\in\Omega \mid b(\omega, {}^\circ t)-b(\omega, {}^\circ s)\leq a\}) \\
&= P_L(\{\omega\in\Omega \mid {}^\circ B(\omega, t)-{}^\circ B(\omega, s)\leq a\}) \\
&= P_L\left(\left\{\omega\in\Omega \;\middle|\; {}^\circ\left(\sum_s^t \omega_k\sqrt{\Delta t}\right)\leq a\right\}\right)
\end{aligned}$$

$$= \lim_{n\to\infty} {}^\circ P\left(\left\{\omega \in \Omega \;\middle|\; \sum_s^t \omega_k \sqrt{\Delta t} \le a + \frac{1}{n}\right\}\right)$$

$$= \lim_{n\to\infty} {}^\circ P\left(\left\{\omega \in \Omega \;\middle|\; \frac{1}{\sqrt{M}} \sum_{k=1}^{M} \omega_k \le \frac{a+(1/n)}{\sqrt{t-s}}\right\}\right)$$

ここに $s \le u < t$ ($u \in T$) を $u_1, \cdots, u_{M-1}$, 即ち $t-s = M\cdot\Delta u$ として，$\omega_k = \omega(u_k)$ とする．したがって，* 独立についての中心極限定理より

$$P_L(\{\omega \in \Omega \mid b(\omega, {}^\circ t) - b(\omega, {}^\circ s) \le a\})$$

$$= \lim_{n\to\infty} {}^{\circ *}\psi\left(\frac{a+(1/n)}{\sqrt{t-s}}\right) = \psi\left(\frac{a}{\sqrt{{}^\circ t - {}^\circ s}}\right)$$

したがって，$b(\omega, t) - b(\omega, s)$ ($t, s \in [0, 1]$) は，平均 0，分散 $t-s$ をもつ正規分布に従う．

この * 有限の乱歩から作られた Brown 運動 b は Anderson（アンダーソン）が考えたので，Anderson の Brown 運動という．

我々の議論のためには，N が無限大の自然数であればなんでもよい．次のことは本質的なことではないが，多少計算を簡単にするために，以下ではさらに N は $N = N_0!$（N_0 の階乗）の形に書けるものとする．N をこのようにとると，すべての正の自然数が N の約数になっている．したがって，$[0, 1]$ に属するすべての有理数が，N から定義した T の元になっている．

定理 2　ほとんどすべての ω に対して，$b(\omega, \cdot)$ は連続で有限である．即ち $b(\omega, \cdot) \in C[0, 1]$ となっている．

証明　すべての $m, n \in \boldsymbol{N}$ に対して $\Omega_{m,n}$ を次の式で定義する．

$$\Omega_{m,n} = \bigcup_{0 \le i < n} \left\{\omega \;\middle|\; \max_t B(\omega, t) - \min_t B(\omega, t) > \frac{1}{m}\right\}$$

ここで，max, min は $t \in [i/n, (i+1)/n]$ についてのものとし，t は T の元を走るものとする．

定理の証明のためには $\bigcup_m \bigcap_n \Omega_{m,n}$ の測度が 0 であり，さらに $\omega \notin \bigcup_m \bigcap_n \Omega_{m,n}$ ならば $b(\omega, \cdot) \in C[0, 1]$ をいえばよい．

まず $\omega \notin \bigcup_m \bigcap_n \Omega_{m,n}$ として，$b(\omega, \cdot) \in C[0, 1]$ をいうためには第 1 章 §2 の

定理13によって $B(\omega, \cdot)$ が S-連続であること，またそのためには $s, t \in T$ として，$s \approx t$ のとき $B(\omega, s) \approx B(\omega, t)$ をいえば十分である．ところで $\omega \notin \bigcup_m \bigcap_n \Omega_{m,n}$ から（max, min は前ページと同じ意味として）

$$\forall m \exists n \left(\max_t B(\omega, t) - \min_t B(\omega, t) \leq \frac{1}{m} \right)$$

が成立する．したがって，任意の m に対して，上の式のカッコの中が成立するような n が存在する．$s \approx t$ であるから，$s, t \in [(i-1)/n, (i+1)/n]$ となるような i が存在する．即ち $|B(\omega, s) - B(\omega, t)| \leq 2/m$．ところで m は任意であるから，$B(\omega, s) \approx B(\omega, t)$ が分かった．

次に $\bigcup_m \bigcap_n \Omega_{m,n}$ の測度が 0 であることをいうためには，すべての m に対して $\bigcap_n \Omega_{m,n}$ の測度が 0 となることをいえばよい．このためには，$n \to \infty$ のとき $\Omega_{m,n}$ の測度が 0 に近づくことをいえばよい．即ち ${}^{\circ}P(\Omega_{m,n}) \to 0$ をいえば十分である．まず，次の計算が成立する．（ただし，max, min は $t \in [0, 1/n]$ についてのものとする.）

$$\begin{aligned}
P(\Omega_{m,n}) &\leq nP\left(\left\{\omega \;\middle|\; \max_t B(\omega, t) - \min_t B(\omega, t) > \frac{1}{m}\right\}\right) \\
&\leq nP\left(\left\{\omega \;\middle|\; \max_t |B(\omega, t)| > \frac{1}{2m}\right\}\right) \\
&\leq 2nP\left(\left\{\omega \;\middle|\; \max_t B(\omega, t) > \frac{1}{2m}\right\}\right) \\
&\leq 4nP\left(\left\{\omega \;\middle|\; B\left(\omega, \frac{1}{n}\right) > \frac{1}{2m}\right\}\right)
\end{aligned}$$

最初の $\leq$ は，$B(\omega, \cdot)$ の定義が $[0, 1/n]$ と $[i/n, (i+1)/n]$ との間では全く同じ状態であることによる．第2の $\leq$ は明らかである．第3の $\leq$ は，

$$\max |B(\omega, t)| > \frac{1}{2m}$$

を二つに分けて

$$\max B(\omega, t) > \frac{1}{2m} \qquad と \qquad \max(-B(\omega, t)) > \frac{1}{2m}$$

とする．後者の場合は $\omega'(t)=-\omega(t)$ とおけば

$$\max B(\omega', t) > \frac{1}{2m}$$

となる．このことから明らかであろう．最後の $\leq$ を得るためには次のようにすればよい．もし $B(\omega, 1/n)\leq 1/2m$ のときには $t\in[0, 1/n]$ の中で $B(\omega, t) > 1/2m$ となるような最初の t を t_ω と書くことにする．このとき $\omega'\in\Omega$ を

$$\omega'(t) = \begin{cases} \omega(t) & t<t_\omega \text{ のとき} \\ -\omega(t) & t\geq t_\omega \text{ のとき} \end{cases}$$

と定義する．明らかに $B(\omega', 1/n)>1/2m$ となる．明らかに ω と ω' との対応は 1 対 1 であるから，最後の $\leq$ が得られた．

ここで＊独立についての中心極限定理を用いれば

$$4nP\left(\left\{\omega \,\middle|\, B\left(\omega, \frac{1}{n}\right) > \frac{1}{2m}\right\}\right) \approx 4n\left(1-\psi\left(\frac{\sqrt{n}}{2m}\right)\right)$$

これから $n\to\infty$ のときは ${}^\circ P(\Omega_{m,n})\to 0$ が得られて，証明が終わった．

$C[0, 1]$ は完備可分距離空間である．その Borel 集合全体に次の条件を満たす測度が一意的に定義される．これを Wiener（ウィーナー）測度という．

1） $\{f \mid f(t)<a\}=\psi(a/\sqrt{t})$．ここに $a>0$ とする．

2） $s_1<t_1\leq\cdots\leq s_n<t_n\in[0, 1]$ とすれば，$f(t_1)-f(s_1), \cdots, f(t_n)-f(s_n)$ は n 個の確率変数として独立である．

$C[0, 1]$ の Borel 集合全体を $\mathfrak{E}$ とするとき，$(C[0, 1], \mathfrak{E}, P')$ を Wiener 測度空間にするには，$E\in\mathfrak{E}$ に対して P' を次のように定義すればよい．

$$P'(E) = P(\{\omega \mid b(\cdot, \omega)\in E\})$$

§3 Loeb 測度の standard part

まず，測度論の概念の定義から始める．

いま X は Hausdorff 空間として，$\mathfrak{F}$ を X の部分集合の族とする．そして，$\nu:\mathfrak{F}\longrightarrow \boldsymbol{R}_+$（ここで $\boldsymbol{R}_+=[0,\infty)$）が正規であるということを，すべての $A\in\mathfrak{F}$ について次の条件が満たされていることと定義する．

$$\nu(A) = \sup\{\nu(F) \mid F\subseteq A \text{ で } F\in\mathfrak{F} \text{ で } F \text{ は閉集合}\}$$
$$= \inf\{\nu(G) \mid A\subseteq G \text{ で } G\in\mathfrak{F} \text{ で } G \text{ は開集合}\}$$

X の上の測度 ν が Radon（ラドン）測度であるということを，ν が X の上の Borel 集合の上に定義された測度から完備化によって得られた測度であり，その上すべての ν-可測集合 A に対して次の条件が満たされていることと定義する．

$$\nu(A) = \sup\{\nu(K) \mid K\subseteq A \text{ で } K \text{ はコンパクト}\}$$
$$= \inf\{\nu(G) \mid A\subseteq G \text{ で } G \text{ は開集合}\}$$

ν が有限の測度の場合は $\nu(A)=\nu(X)-\nu(X-A)$ となるから，正規測度および Radon 測度についての開集合に関する条件は，閉集合またはコンパクト集合についての条件から出てくるので不必要になる．

定理 1　X は Hausdorff 空間で，$({}^*X,\mathfrak{B},P)$ は internal な有限加法的な確率空間で，すべての閉集合 F について $\mathrm{st}^{-1}(F)\in L(\mathfrak{B})$ を満たすものとする．さらに $P_L(\mathrm{Ns}({}^*X))=1$ が満たされているとする．このとき $\mathfrak{F}=\{\mathrm{st}^{-1}(A) \mid A \text{ は } P_L\text{-可測}\}$ として，$A\in\mathfrak{F}$ について $\mu(A)=P_L(\mathrm{st}(A))$ とすれば，μ は X の Borel 集合全体の上に定義された確率測度の完備化になっており，さらに正規である．

証明　すべての閉集合 F について $\mathrm{st}^{-1}(F)$ は μ-可測であり，P_L が完備な測度であるから，μ は Borel 集合の上で定義されている完備な測度である．したがって，μ が正規の閉集合について条件を満たすことを証明すればよい．

いま A を μ-可測で，$\varepsilon>0$ とする．$\mathrm{st}^{-1}(A)\in L(\mathfrak{B})$ であるから，$B\in\mathfrak{B}$，$B\subseteq \mathrm{st}^{-1}(A)$ で次の条件を満たすものが存在する．

$$P_L(B) > P_L(\mathrm{st}^{-1}(A))-\varepsilon = \mu(A)-\varepsilon$$

B は internal だから，第1章§2の定理11により，$\mathrm{st}(B)$ は A の閉部分集合である．一方，$\mathrm{st}^{-1}\mathrm{st}(B)\supseteq B\cap \mathrm{Ns}({}^*X)$ であるから

$$\mu(\mathrm{st}(B)) = P_L(\mathrm{st}^{-1}\mathrm{st}(B)) \geq P_L(B) \geq \mu(A) - \varepsilon$$

したがって，μ が正規であることが証明された．

定理で定義された μ のことを，今後 $\mathrm{st}(P_L)$ によって表わす．

系　X は Hausdorff 空間で，$(^*X, \mathfrak{B}, P)$ は internal な有限加法的確率空間で，すべてのコンパクトな集合 K に対して $\mathrm{st}^{-1}(K) \in L(\mathfrak{B})$ が成立しているものとする．さらに，すべての $\varepsilon > 0$ に対してコンパクトな集合 K_ε で，$P_L(\mathrm{st}^{-1}(K_\varepsilon)) > 1 - \varepsilon$ となるものが存在するとする．このとき，$\mathrm{st}(P_L)$ は X の上の Radon 測度である．

証明　定理 1 により，任意の閉集合 F について $\mathrm{st}^{-1}(F) \in L(\mathfrak{B})$ をいえばよい．ところで

$$F = \bigcup_{n \in \boldsymbol{N}} (F \cap K_{1/n}) \cup (F - \bigcup_{n \in \boldsymbol{N}} K_{1/n})$$

であり，右辺の第 2 項が測度 0 であることは明らかであるから，$\mathrm{st}^{-1}(F)$ は可付番個の可測集合の和になっている．したがって，可測である．

補題 2　X は Hausdorff 空間で，$\mathfrak{T}$ は開集合全体の基，即ち開集合の族であって，すべての開集合はそれに含まれる $\mathfrak{T}$ の元の和集合になっているとする．さらに，$\mathfrak{T}$ は有限和について閉じているものとする．このとき K が X のコンパクトな集合とすれば，次の式が成立する．

$$\mathrm{st}^{-1}(K) = \bigcap \{^*G \mid K \subseteq G \text{ で } G \in \mathfrak{T}\}$$

証明　st の定義から，$K \subseteq G$ で G が開集合ならば，$\mathrm{st}^{-1}(K) \subseteq {}^*G$ である．したがって，$\mathrm{st}^{-1}(K) \subseteq \bigcap \{^*G \mid K \subseteq G \text{ で } G \in \mathfrak{T}\}$ は明らかである．いま $\supseteq$ を証明するために $y \notin \mathrm{st}^{-1}(K)$ とする．このとき，すべての $x \in K$ について $y \notin \mathrm{monad}(x)$ であるから，$G_x \in \mathfrak{T}$ で $x \in G_x$ で $y \notin {}^*G_x$ となるものが存在する．$\bigcup \{G_x \mid x \in K\}$ は K を覆い，K がコンパクトであるから，次を満たす $G_{x_1}, \cdots, G_{x_n}$ が存在する．

$$K \subseteq G_{x_1} \cup \cdots \cup G_{x_n}$$

ゆえに ${}^*K \subseteq {}^*(G_{x_1} \cup \cdots \cup G_{x_n})$．ところで，$G_{x_1} \cup \cdots \cup G_{x_n} \in \mathfrak{T}$ であるから，$y \notin {}^*(G_{x_1} \cup \cdots \cup G_{x_n})$ から補題が証明された．

定理 3　X は Hausdorff 空間，$\mathfrak{T}$ は有限和で閉じた開集合全体の基とする．$(^*X, \mathfrak{B}, P)$ は internal な有限加法的確率空間で，すべての $G \in \mathfrak{T}$ について，$^*G \in L(\mathfrak{B})$ が満たされているものとする．このとき $\mathrm{st}^{-1}(K) \in L(\mathfrak{B})$ がすべてのコンパクト集合 K について成立し，さらに

$$P_L(\mathrm{st}^{-1}(K)) = \inf\{P_L(^*G) \mid K \subseteq G \text{ で } G \in \mathfrak{T}\}$$

が成立する．

証明　K をコンパクトとして，α_K を次の式で定義する．

$$\alpha_K = \inf\{P_L(^*G) \mid K \subseteq G \text{ で } G \in \mathfrak{T}\}$$

いま $G_1, \cdots, G_n \in \mathfrak{T}$ で $K \subseteq G_1 \cap \cdots \cap G_n$ とする．$\mathfrak{T}$ は開集合全体の基であるから，$G_1 \cap \cdots \cap G_n$ は $\mathfrak{T}$ の元の和集合である．K がコンパクトで $\mathfrak{T}$ は有限和で閉じているから，$K \subseteq G \subseteq G_1 \cap \cdots \cap G_n$ で $G \in \mathfrak{T}$ となる G が存在する．したがって $^*G_1 \cap \cdots \cap {}^*G_n$ は Loeb 可測で，$P_L(^*G_1 \cap \cdots \cap {}^*G_n) \geq \alpha_K$ となる．

いま，任意の正の自然数 m に対して $A(G_1, \cdots, G_n, m)$ を次の式で定義する．

$$A(G_1, \cdots, G_n, m) = \left\{ B \in \mathfrak{B} \;\middle|\; B \subseteq {}^*G_1 \cap \cdots \cap {}^*G_n \text{ で } P(B) > \alpha_K - \frac{1}{m} \right\}$$

明らかに $A(G_1, \cdots, G_n, m)$ は internal であって空でない．したがって第三 * 原理により，$A(G_1, \cdots, G_n, m)$ 全体に共通の元 $B \in \mathfrak{B}$ が存在する．即ち，$^\circ P(B) \geq \alpha_K$ で，すべての $G \supseteq K$ なる $G \in \mathfrak{T}$ については $B \subseteq {}^*G$ となっている．補題2により $B \subseteq \mathrm{st}^{-1}(K)$ となる．これと P_L が完備なことから

$$P_L(\mathrm{st}^{-1}(K)) = P_L(B) = \alpha_K$$

が出て，$\mathrm{st}^{-1}(K) \in L(\mathfrak{B})$ が分かった．

定理1と定理3を一緒にして，次の定理を得る．

定理 4　X は Hausdorff 空間で，$\mathfrak{T}$ は有限和で閉じている開集合全体の基とする．さらに，$(^*X, \mathfrak{B}, P)$ は internal な有限加法的確率空間で，すべての $G \in \mathfrak{T}$ について $^*G \in L(\mathfrak{B})$ が満たされており，任意の正の実数 ε に対してコンパクト集合 K_ε で，次の式で α_K を定義するとき

$$\alpha_K = \inf\{P_L(^*G) \mid K \subseteq G \text{ で } G \in \mathfrak{T}\}$$

$\alpha_{K_\varepsilon} > 1 - \varepsilon$ となるものが存在するとする．このとき，$\mu = \mathrm{st}(P_L)$ は X の上の

Radon 確率測度であり，X のすべてのコンパクトな集合 K に対して $\mu(K)=\alpha_K$ が成立する．

次の定理の準備として，ほとんど明らかな次の補題を証明しておく．

補題 5　X は局所コンパクトな Hausdorff 空間とする．このとき $x\in{}^*X$ が nearstandard である必要十分条件は，あるコンパクトな X の部分集合 K が存在して $x\in{}^*K$ となることである．

証明　K がコンパクトならば ${}^*K$ の点がすべて nearstandard なことは，第1章§2の定理10の 4) によって明らか．逆に，$x\in{}^*X$ が nearstandard ならば，$a\in X$ で $x\in\mathrm{monad}(a)$ となるような a が存在する．K をコンパクトな a の近傍とすれば $x\in\mathrm{monad}(a)\subseteq{}^*K$ となる．

定理 6　X は Hausdorff 空間で，$({}^*X, \mathfrak{B}, P)$ は internal な有限加法的確率空間で，すべての開集合 G に対して ${}^*G\in L(\mathfrak{B})$ が成立していて，$P_L(\mathrm{Ns}({}^*X))=1$ となっているとする．さらに，次の 2 つの条件のうちいずれかが成立しているものとする．

i)　X は局所コンパクトである．

ii)　X は可分完備距離空間である．

このとき，すべての $\varepsilon>0$ に対してコンパクトな $K_\varepsilon\subseteq X$ で，次の条件を満たすものが存在する．

$$P_L(\mathrm{st}^{-1}(K_\varepsilon)) > 1-\varepsilon$$

証明　i)　α を次の式で定義して $\alpha=1$ を証明すればよい．

$$\alpha = \sup\{P_L(\mathrm{st}^{-1}(K)) \mid K \text{ はコンパクトな } X \text{ の部分集合}\}$$

いま $K_1, \cdots, K_n$ が X のコンパクトな部分集合で m を正の自然数として

$$A(K_1, \cdots, K_n, m) = \left\{B\in\mathfrak{B} \;\middle|\; B\supseteq{}^*K_1\cup\cdots\cup{}^*K_n \text{ で } P(B)<\alpha+\frac{1}{m}\right\}$$

とおけば，${}^*K_1\cup\cdots\cup{}^*K_n\in L(\mathfrak{B})$ で $L(\mathfrak{B})$ の測度は外側から $\mathfrak{B}$ の元で近似できるから，$A(K_1, \cdots, K_n, m)$ は空集合ではない．もちろん $A(K_1, \cdots, K_n, m)$ は internal であるから，第三 * 原理によって $A(K_1, \cdots, K_n, m)$ 全体に共通

な元 B が存在する．即ち $B\in\mathfrak{B}$ で ${}^{\circ}P(B)\leq\alpha$ で，X のすべてのコンパクトな部分集合 K に対して ${}^{*}K\subseteq B$ が成立している．X は局所コンパクトであるから，補題5によって $\mathrm{Ns}({}^{*}X)\subseteq B$ となる．これから $\alpha\geq P_L(\mathrm{Ns}({}^{*}X))=1$ が出る．

ii）X は可分であるから，$\{x_0, x_1, x_2, \cdots\}$ という可付番の稠密集合が存在する．いま一般に $x\in X, \varepsilon>0$ のとき

$$U(x,\varepsilon)=\{y\in X\mid d(y,x)<\varepsilon\}$$

と定義する．このとき，正の実数 ε を固定して $x\in\mathrm{Ns}({}^{*}X)$ とすれば，$x\in\mathrm{monad}(y)$ となる $y\in X$ が存在する．したがって $d(y,x_n)<\varepsilon/2$ となる x_n が存在する．これから $d(x,x_n)\leq d(x,y)+d(y,x_n)<\varepsilon/2+\varepsilon/2=\varepsilon$ となるから，$x\in{}^{*}U(x_n,\varepsilon)$ となる．これから，任意の正の自然数 m に対して

$$\mathrm{Ns}({}^{*}X)\subseteq\bigcup_{n\in\boldsymbol{N}}{}^{*}U\left(x_n,\frac{1}{m}\right)$$

が成立する．いま $\varepsilon>0$ とすれば，すべての正の自然数 m に対して $P_L(\mathrm{Ns}({}^{*}X))=1$ から，$n_m\in\boldsymbol{N}$ で次の式を満たすものが存在する．

$$P_L\left(\bigcup_{n=0}^{n_m}{}^{*}U\left(x_n,\frac{1}{m}\right)\right)>1-\frac{\varepsilon}{2^m}$$

したがって，次の式が成立する．

$$P_L\left(\bigcap_m\bigcup_{n=0}^{n_m}{}^{*}U\left(x_n,\frac{1}{m}\right)\right)>1-\varepsilon$$

さて $\bigcap_m\bigcup_{n=0}^{n_m}U\left(x_n,\frac{2}{m}\right)$ は，すべての m について $U\left(x_0,\frac{2}{m}\right),\cdots,U\left(x_{n_m},\frac{2}{m}\right)$ によって覆われているから，全有界である．したがって，K_ε を次の式で定義すれば K_ε は全有界で完備，したがってコンパクトになっている．

$$K_\varepsilon=\overline{\bigcap_m\bigcup_{n=0}^{n_m}U\left(x_n,\frac{2}{m}\right)}$$

したがって，次の式を証明すれば定理の証明は終わる．

$$\mathrm{st}^{-1}(K_\varepsilon)\supseteq\bigcap_m\bigcup_{n=0}^{n_m}{}^{*}U\left(x_n,\frac{1}{m}\right)\cap\mathrm{Ns}({}^{*}X)$$

それには，⊇ の右辺の集合の元 y をとって $x=\mathrm{st}(y)$ として $x\in K_\varepsilon$ を証明すればよい．m を正の自然数とすれば，$0\le n\le n_m$ で $y\in {}^*U\left(x_n, \dfrac{1}{m}\right)$ となるような n が存在する．このとき

$$d(x, x_n) \le d(x,y)+d(y, x_n) < \frac{2}{m}$$

となるから，$x\in U\left(x_n, \dfrac{2}{m}\right)$ となる．これがすべての m に対して成立するから，$x\in K_\varepsilon$ となって証明が終わった．

定理 7 X は Hausdorff 空間で，$({}^*X, \mathfrak{B}, P)$ は internal な有限加法的確率空間で $P_L(\mathrm{Ns}({}^*X))=1$ とする．$\mathfrak{F}$ は X の部分集合の族で $\nu:\mathfrak{F}\longrightarrow \boldsymbol{R}_+$ は正規であって，次の条件が満たされているとする．

$$A\in\mathfrak{F} \quad ならば \quad \nu(A) = P_L({}^*A)$$

このとき，$\mu=\mathrm{st}(P_L)$ は ν の拡大になっている．

証明 $A\in\mathfrak{F}$ と $\varepsilon>0$ が与えられたとする．ν は正規であるから，$F\subseteq A\subseteq G$ で次の式を満たす閉集合 F と開集合 G とが存在する．

$$\nu(G)-\nu(F) < \varepsilon$$

明らかに ${}^*F\subseteq{}^*A\subseteq{}^*G$ であり，第1章§2の定理10により

$${}^*F\cap\mathrm{Ns}({}^*X) \subseteq \mathrm{st}^{-1}(F) \subseteq \mathrm{st}^{-1}(A) \subseteq \mathrm{st}^{-1}(G) \subseteq {}^*G$$

が成立する．$P_L(\mathrm{Ns}({}^*X))=1$ で $\nu(F)=P_L({}^*F)$, $\nu(G)=P_L({}^*G)$ であるから，次の式が得られる．

$$P_L({}^*G)-P_L({}^*F\cap\mathrm{Ns}({}^*X)) < \varepsilon$$

$\varepsilon>0$ は任意であり，${}^*A\cap\mathrm{Ns}({}^*X)$ も $\mathrm{st}^{-1}(A)$ も共に ${}^*F\cap\mathrm{Ns}({}^*X)$ と ${}^*G$ との間に入っているから，次の式が成立する．

$$P_L(\mathrm{st}^{-1}(A)-{}^*A) = P_L({}^*A-\mathrm{st}^{-1}(A)) = 0$$

したがって，次の式が得られて証明が完了する．

$$\mu(A) = P_L(\mathrm{st}^{-1}(A)) = P_L({}^*A) = \nu(A)$$

系 $(X, \mathfrak{F}, \nu)$ は Radon 確率空間とし，Y は可付番の基をもった Hausdorff 空間で，$f:X\longrightarrow Y$ は可測関数とする．このとき，${}^*\nu_L$ に関するすべての $x\in{}^*X$ について，次の式が成立する．

$$°(^*f(x)) = f(°x)$$

証明　$\{U_n\}_n$ が Y の可付番の基とする．このとき，$°(^*f(x))=f(°x)$ は $^*f(x)\in \mathrm{monad}(f(°x))$ のことだから，$°(^*f(x))\neq f(°x)$ は $^*f(x)\notin \mathrm{monad}(f(°x))$，即ち $\exists U_n \ni f(°x)(^*f(x)\notin {}^*U_n)$ となる．$f(°x)\in U_n$ は $x\in \mathrm{st}^{-1}(f^{-1}(U_n))$ であり，$^*f(x)\in {}^*U_n$ は $x\in {}^*f^{-1}({}^*U_n)={}^*f^{-1}(U_n)$ であるから，全体として $°(^*f(x))\neq f(°x)$ は

$$x\in \bigcup_n (\mathrm{st}^{-1}(f^{-1}(U_n))-{}^*(f^{-1}(U_n)))$$

となっている．いま前定理の証明において $A=f^{-1}(U_n)$, $P={}^*\nu$ とおけば，$P_L(\mathrm{st}^{-1}(f^{-1}(U_n))-(f^{-1}(U_n)))=0$ で $P_L={}^*\nu_L$ だから，証明が完了した．

定理 8　X は Hausdorff 空間で，$\mathfrak{T}$ は X の開集合の基であって，有限和に関して閉じているとする．$\mathfrak{F}$ は $\mathfrak{T}$ を含む有限加法族で，ν は $\mathfrak{F}$ の上に定義された正規の有限加法的確率測度とする．さらに，任意の $\varepsilon>0$ に対してコンパクト集合 K_ε で，β_K を

$$\beta_K = \inf\{\nu(G) \mid G\in\mathfrak{T} \text{ で } K\subseteq G\}$$

で定義するとき，$\beta_{K_\varepsilon}>1-\varepsilon$ となるものが存在するとする．このとき ν は X の上の Radon 測度 μ に一意的に拡張され，すべてのコンパクト集合 K に対して $\mu(K)=\beta_K$ が成立している．

証明　定理 4 を $({}^*X, {}^*\mathfrak{F}, {}^*\nu)$ に適用して $\mu=\mathrm{st}({}^*\nu_L)$ とおけば，定理 7 から μ が ν の拡大であることが分かる．

次に一意性を証明するために，$\bar{\mu}$ が任意の Radon 測度で ν の拡大になっているものとすれば，$\mu(K)=\beta_K$ となるから $\mu(K)\geq\bar{\mu}(K)$ がすべてのコンパクトな集合 K に対して成立することが分かる．もし $\bar{\mu}\neq\mu$ とすれば，$\mu(B)\neq\bar{\mu}(B)$ となる B が存在する．B か $X-B$ の一方をとることによって，$\mu(B)<\bar{\mu}(B)$ としてよい．$\bar{\mu}$ は Radon 測度であるから，$K\subseteq B$ となるコンパクト集合 K で $\bar{\mu}(K)>\mu(B)$ となるものがある．ところで $\mu(B)\geq\mu(K)$ であるから，$\bar{\mu}(K)>\mu(K)$ となって，矛盾が生じた．

いま I が有向集合であるということを，I に順序 $\leq$ が定義されていて，任意の $i, j \in I$ に対して $i \leq k, j \leq k$ となる $k \in I$ が存在することとする．

I が有向集合のとき，$(X_i, \pi_{ij})_{i,j\in I}$ $(i \leq j)$ が Hausdorff 空間の射影的系であるということは，X_i が Hausdorff 空間で $\pi_{ij}: X_j \longrightarrow X_i$ $(i \leq j)$ が連続写像であって，次の条件を満たすことをいう．

1） π_{ii} は X_i の恒等写像

2） $i \leq j \leq k$ ならば $\pi_{ik} = \pi_{ij} \circ \pi_{jk}$

このとき (X_i, π_{ij}) の射影的極限 X は，集合としては

$$X = \{(x_i)_{i\in I} \mid \forall i < j(x_i = \pi_{ij}(x_j))\}$$

であり，$X \subseteq \prod_i X_i$ と考えて X に直積位相空間の部分空間としての位相を導入する．$\pi_j((x_i)_{i\in I}) = x_j$ によって π_j を定義すれば，$\pi_j : X \longrightarrow X_j$ は連続となる．明らかに X は Hausdorff 空間であり，X の位相はすべての π_j を連続とする X の位相のなかで最も弱いものである．

いま，(X_i, π_{ij}) は Hausdorff 空間の射影的系で，(X, π_i) がその射影的極限とする．さらに $\{\mu_i\}_i$ が与えられていて，μ_i は X_i の Radon 確率測度とする．$i \leq j$ のとき $\mu_i = \pi_{ij}(\mu_j)$，即ち

$$\mu_i(B) = \mu_j({\pi_{ij}}^{-1}(B))$$

が成立しているとする．このとき X の Radon 確率測度 μ で，$\mu_i = \pi_i(\mu)$ となるような μ が存在するであろうか？　この状況において次の定理が成立する．

定理 9　上に述べた条件を満たす μ の存在の必要十分条件は次のものである．

すべての $\varepsilon > 0$ について，X のコンパクトな部分集合 K_ε で，次の条件を満たすようなものが存在する．

$$\forall i(\mu_i(\pi_i(K_\varepsilon)) > 1 - \varepsilon)$$

この条件が満たされるとき，求める μ は唯一通りに定まり，$\{\mu_i\}_i$ の射影的極限といわれる．

証明　まず，求める Radon 確率測度 μ が存在したとする．したがって，$\varepsilon > 0$ に対して X のコンパクトな部分集合 K_ε で $\mu(K_\varepsilon) > 1 - \varepsilon$ となるものが存在する．したがって，μ が定理で述べた条件を満たすことは，次の式から明

らかである．

$$\mu_i(\pi_i(K_\varepsilon)) = \mu(\pi_i^{-1}\pi_i(K_\varepsilon)) \geq \mu(K_\varepsilon) > 1-\varepsilon$$

さて次に，定理で述べた条件が満たされているとして，求める μ が存在することを証明しよう．いま X の開集合の基 $\mathfrak{T}$ を

$$\mathfrak{T} = \{\pi_i^{-1}(G) \mid G \text{ は } X_i \text{ の開集合}\}$$

によって定義し，$\mathfrak{F}$ を $\mathfrak{T}$ から生成される有限加法族で ν を

$$\nu(\pi_i^{-1}(B)) = \mu_i(B) \qquad (B' = \pi_{ij}^{-1}(B) \text{ とすれば } \nu(\pi_j^{-1}(B')) = \mu_j(B'))$$

で定義される $\mathfrak{F}$ の上の有限加法的測度とする．このとき定理8の条件“$\beta_{K_\varepsilon} > 1-\varepsilon$ となる K_ε の存在”は，定理で述べた条件から明らかである．B がコンパクトなとき $\pi_i^{-1}(B)$ は閉集合であり，ν が正規であることは直ちに出るから定理8により ν の唯一通りの Radon 測度への拡大が証明される．

前に述べたように，可分完備距離空間 $C[0,1]$ の Borel 集合全体の上で定義された測度が，次の条件を満たすとき Wiener 測度という．明らかに Wiener 測度は唯一通りに定まる．

1)　$\{f \in C[0,1] \mid f(t) < a\}$ の測度は $\psi(a/\sqrt{t})$ である．

2)　$s_1 < t_1 \leq s_2 < \cdots \leq s_n < t_n$ を $[0,1]$ の元とすれば，$f(t_1)-f(s_1)$, ……, $f(t_n)-f(s_n)$ は同じ確率分布に従う独立な確率変数である．

もう少し詳しくいえば，Wiener 測度を W としたとき，2) の条件は $B_1, \cdots, B_n$ を実数の Borel 集合として

$$\begin{aligned} &W(\{f \in C[0,1] \mid f(t_1)-f(s_1) \in A_1, \cdots, f(t_n)-f(s_n) \in A_n\}) \\ &\quad = \prod_{i=1}^{n} W(\{f \in C[0,1] \mid f(t_i)-f(s_i) \in A_i\}) \end{aligned}$$

となり，1) の条件は 2) を用いれば次のやや一般の形となる．

$$W(\{f \in C[0,1] \mid f(t)-f(s) \in A\}) = \int_A \frac{1}{\sqrt{2\pi(t-s)}} \exp\left(-\frac{x^2}{t-s}\right) dx$$

ここに A は実数の Borel 集合であり，$0 < s < t$ とする．

次に，Wiener 測度の存在を証明する．まず $C[0,1]$ の柱集合とは，次の形

の集合を意味するものとする．

$$\mathscr{C} = \{\omega \in C[0,1] \mid \omega(t_1) \in B_1, \cdots, \omega(t_n) \in B_n\}$$

ここに $0<t_1<t_2<\cdots<t_n$ は $[0,1]$ の元で，$B_1, \cdots, B_n$ は実数の Borel 集合とする．

いま ν は，柱集合の上に次の式で定義された有限加法的測度とする．

$$\nu(\mathscr{C}) = \int_{B_n} \cdots \int_{B_1} \prod_{i=1}^{n} \frac{1}{\sqrt{2\pi(t_i - t_{i-1})}} \exp\left(-\frac{(y_i - y_{i-1})^2}{2(t_i - t_{i-1})}\right) dy_1 \cdots dy_n$$

ここに $t_0 = 0$ とする．

定理 10 ν は $C[0,1]$ の上の Wiener 測度 W に唯一通りに拡大される．さらに，次の Lévy（レヴィ）の公式が成立する．

$$W\left(\left\{\omega \in C[0,1] \,\middle|\, \overline{\lim_{\substack{0 \le t_1 < t_2 \le 1 \\ t = t_2 - t_1 \downarrow 0}}} \frac{|\omega(t_2) - \omega(t_1)|}{(2t\log(1/t))^{1/2}} = 1\right\}\right) = 1$$

証明 いま $C[0,1]$ の可分完備距離空間としての位相を $\mathfrak{T}$，$C[0,1]$ に属す関数の点別収束によって出来る位相を $\mathfrak{T}'$ とする．さらに $\mathfrak{T}_0$ を，$B_1, \cdots, B_n$ を開集合としたときに出来る柱集合の全体とすれば，$\mathfrak{T}_0$ は有限和で閉じていて，$\mathfrak{T}'$ の開集合の基になっている．

いま $\mathfrak{T}'$ の位相について $C[0,1]$ に定理 8 を適用する．ν が正規であることは，定義から明らかである．したがって，$\varepsilon > 0$ に対して定理 8 の条件を満たすような K_ε が存在することをいえばよい．$K_n{}^C$ を次の式で定義する．

$$K_n{}^C = \left\{\omega \,\middle|\, \forall t_1, t_2 \in [0,1]\left(0 < t_2 - t_1 \le \frac{1}{n} \right.\right.$$
$$\left.\left.\Longrightarrow \frac{|\omega(t_2) - \omega(t_1)|}{(2C(t_2 - t_1)\log(1/(t_2 - t_1)))^{1/2}} \le 1\right)\right\}$$

ここで C は正の実数で，n は正の自然数とする．${}^*K_n{}^C$ に属す関数の standard part をとれば，$\mathfrak{T}$ の位相でも $\mathfrak{T}'$ の位相でもやはり $K_n{}^C$ になっている．したがって，$K_n{}^C$ は $\mathfrak{T}$ の位相でも $\mathfrak{T}'$ の位相でもコンパクトであることが分かる．いま定理 8 と同じく，β_K を次の式で定義する．

$$\beta_K = \inf\{\nu(G) \mid G \in \mathfrak{T}_0 \text{ で } G \supseteq K\}$$

いま柱集合 $\mathscr{D}$ が，$t_1, \cdots, t_n$ と開集合 $B_1, \cdots, B_n$ で定義されたとする．このとき，$\nu(\mathscr{D})$ は次の式となる．

$$\nu(\mathscr{D}) = \int_{A_n} \cdots \int_{A_1} \prod_{i=1}^{n} \frac{1}{\sqrt{2\pi(t_i - t_{i-1})}} \exp\left(-\frac{(y_i - y_{i-1})^2}{2(t_i - t_{i-1})}\right) dy_1 \cdots dy_n$$

いま，最後の積分

$$\int_{A_n} \exp\left(-\frac{(y_n - y_{n-1})^2}{2(t_n - t_{n-1})}\right) dy_n = \int_B \exp\left(-\frac{x^2}{2\Delta t}\right) dx$$

を考える．ここに $\Delta t = t_n - t_{n-1}$ とし，B は次の集合とする．

$$B = \{y - y_{i+1} \mid y \in A_n\}$$

ところで，いま $\Delta t \leq 1/n$ とすれば，$K_n{}^C \subseteq \mathscr{D}$ の条件は，t_n と t_{n-1} とに関する限りは

$$|\omega(t_n) - \omega(t_{n-1})| \leq \left(2C\Delta t \log \frac{1}{\Delta t}\right)^{\frac{1}{2}}$$

となる．柱集合 $\mathscr{D}$ が $K_n{}^C$ を覆うことは，ここでは

$$|y_n - y_{n-1}| < \left(2C\Delta t \log \frac{1}{\Delta t}\right)^{\frac{1}{2}}$$

したがって，上の B で翻訳すれば，$x \in B$ として

$$-\left(2C\Delta t \log \frac{1}{\Delta t}\right)^{\frac{1}{2}} < x < \left(2C\Delta t \log \frac{1}{\Delta t}\right)^{\frac{1}{2}}$$

となっている．これを順々に $y_n, y_{n-1}, \cdots, y_1$ と考えていけば，$K = K_n{}^C$ として

$$\beta_K = \inf\left(\prod_{i=0}^{m-1} \int_{-(2C\Delta t_i \log(1/\Delta t_i))^{1/2}}^{(2C\Delta t_i \log(1/\Delta t_i))^{1/2}} \frac{1}{\sqrt{2\pi\Delta t_i}} \exp\left(-\frac{x^2}{2\Delta t_i}\right) dx\right)$$

で，ここで $0 = t_0 < t_1 < t_2 < \cdots < t_m \leq 1$, $\Delta t_i = t_{i+1} - t_i$，すべての $i < m$ について $\Delta t_i \leq 1/n$ が満たされているすべての分割についての下限を inf が意味するものとする．いま $z = x/\sqrt{\Delta t_i}$ という変数を導入して変数変換をすれば，β_K が次の式で表わされることが分かる．

$$\beta_K = \inf\left(\prod_{i=0}^{m-1} \int_{-(2C\log(1/\Delta t_i))^{1/2}}^{(2C\log(1/\Delta t_i))^{1/2}} \frac{1}{\sqrt{2\pi}} \exp\left(-\frac{z^2}{2}\right) dz\right)$$

まず $C>1$ の場合を考えて，微積分で常用の計算をすれば

$$\lim_{x\to\infty}\frac{\displaystyle\int_x^\infty\frac{2}{\sqrt{2\pi}}\exp\left(-\frac{y^2}{2}\right)dy}{\exp\left(-\dfrac{x^2}{2}\right)}=\lim_{x\to\infty}\frac{-\dfrac{2}{\sqrt{2\pi}}\exp\left(-\dfrac{x^2}{2}\right)}{-x\exp\left(-\dfrac{x^2}{2}\right)}=0$$

したがって n が十分大きい所では，次の計算が成立する．

$$\begin{aligned}\beta_K &\geq \inf\left(\prod_{i=0}^{m-1}\left(1-\exp\left(-\frac{2C\log(1/\varDelta t_i)}{2}\right)\right)\right)\\ &= \inf\left(\prod_{i=0}^{m-1}(1-\varDelta t_i{}^C)\right)\\ &= \inf\left(\exp\left(\sum_{i=0}^{m-1}\log(1-\varDelta t_i{}^C)\right)\right)\\ &\geq \inf\left(\exp\left(-2\sum_{i=0}^{m-1}\varDelta t_i{}^C\right)\right)\\ &\geq 2^{-2(1/n)^{C-1}}\end{aligned}$$

したがって定理 8 の条件が満たされていることが分かり，さらに ν の拡大となる $C[0,1]$ の $\mathfrak{T}'$ 位相の Radon 測度 W が存在することが分かる．しかし，$K_n{}^C$ は $\mathfrak{T}$ 位相でもコンパクトであるから，W は $C[0,1]$ の $\mathfrak{T}$ 位相でも Radon 測度になっている．ν の Radon 測度として唯一通りの拡大であることは，定理 8 の一意性と全く同じように分かる．可分完備距離空間上の Borel 測度はすべて Radon 測度であるから，W はまた $\mathfrak{T}$ 位相の $C[0,1]$ の上の唯一通りの Borel 測度である．あとは Lévy の公式を証明すればよい．いま K^C を次の式で定義する．

$$K^C=\left\{\omega\in C[0,1]\;\middle|\;\overline{\lim_{\substack{0\leq t_1<t_2\leq 1\\ t=t_2-t_1\downarrow 0}}}\frac{|\omega(t_1)-\omega(t_2)|}{(2Ct\log(1/t))^{1/2}}\leq 1\right\}$$

明らかに $K^C\supseteq\bigcup_n K_n{}^C$ であり，$C'>C$ ならば $K^C\subseteq\bigcup_n K_n{}^{C'}$ となる．また，$W(K_n{}^C)=\beta_{K_n{}^C}$ であり，$C>1$ のときは $\beta_{K_n{}^C}$ は 1 にいくらでも近くなるから，$W(K^C)=1$ が証明される．

いま K^C のカッコの中の式を書き直せば，

$$\overline{\lim_{\substack{0\le t_1<t_2\le 1\\ t=t_2-t_1\downarrow 0}}}\frac{|\omega(t_1)-\omega(t_2)|}{(2t\log(1/t))^{1/2}}\le\sqrt{C}$$

となる．したがって，$C>1$ のとき $W(K^C)=1$ で，$C<1$ のとき $W(K^C)=0$ であることがいえれば，

$$\overline{\lim_{\substack{0\le t_1<t_2\le 1\\ t=t_2-t_1\downarrow 0}}}\frac{|\omega(t_1)-\omega(t_2)|}{(2t\log(1/t))^{1/2}}=1$$

となる ω の測度がちょうど1になることがいえる．即ち $C<1$ として $W(K^C)=0$ をいえば十分である．このためには，$C<1$ のときすべての正の自然数 n について $\beta_{K_n^C}=0$ をいえばよい．いま $\alpha>1$ で $\alpha C<1$ なる α をとってくれば，

$$\lim_{x\to\infty}\frac{\displaystyle\int_x^\infty\frac{2}{\sqrt{2\pi}}\exp\left(-\frac{y^2}{2}\right)dy}{\exp\left(-\alpha\dfrac{x^2}{2}\right)}=\lim_{x\to\infty}\frac{\dfrac{1}{\sqrt{2\pi}}\exp\left(-\dfrac{x^2}{2}\right)}{-\alpha x\exp\left(-\alpha\dfrac{x^2}{2}\right)}=\infty$$

となる．したがって，m が十分大きいとすれば，$K=K_n^C$ として

$$\beta_K\le\prod_{i=0}^{m-1}\left(1-\exp\left(-\alpha\frac{2C\log(1/m)}{2}\right)\right)=\left(1-\left(\frac{1}{m}\right)^{\alpha C}\right)^m$$

ここで，以前の式に $t_i=i/m$ という分割を用いている．ところで $m\to\infty$ のとき，$\alpha C<1$ であるから，次の計算が成立する．

$$\left(1-\left(\frac{1}{m}\right)^{\alpha C}\right)^m=\left(\left(1-\frac{1}{m^{\alpha C}}\right)^{m^{\alpha C}}\right)^{m^{(1-\alpha C)}}$$

$$\to\left(\frac{1}{e}\right)^{m^{(1-\alpha C)}}\to 0$$

したがって，$C<1$ として $K=K_n^C$ とすれば，$\beta_K=0$ となって証明が終わった．

§4　伊藤積分

いま $(\Omega, \mathfrak{B}, P)$ を確率空間とする．このとき $\{\mathfrak{F}_t\}_{0\le t\le\infty}$ が次の条件を満たすとき，$\{\mathfrak{F}_t\}_t$ は Ω または $(\Omega, \mathfrak{B}, P)$ のフィルターづけであるという．

1）　$\mathfrak{F}_t = \bigcap_{s>t} \mathfrak{F}_s \qquad (0 \le t < \infty)$

2）　$\mathfrak{B} = \mathfrak{F}_\infty$

このとき，単に $(\Omega, \mathfrak{F}_t, P)_{0\le t\le\infty}$ と書いて，フィルターつき確率空間という．いま M を測度空間として，確率過程 $x : \Omega\times[0, \infty) \longrightarrow M$ がフィルターつき確率空間 $(\Omega, \mathfrak{F}_t, P)$ に適合しているということを，$x(\cdot\,, t)$ がすべての t について $\mathfrak{F}_t$-可測であることと定義する．

いまフィルターつき確率空間 $(\Omega, \mathfrak{F}_t, P)$ が与えられたとき，$F : \Omega \longrightarrow \boldsymbol{R}$ を確率変数とすれば，これから条件つき平均 $E(F \mid \mathfrak{F}_t)$ を用いて，新しい確率過程 $G(\omega, t)$ を次の式で定義することが出来る．

$$G(\omega, t) = E(F \mid \mathfrak{F}_t)(\omega)$$

この操作は F が F_t の形の確率過程のときにも拡張されて，確率過程にとって大切な概念になっている．

上の x が適合している確率過程であることは，この概念を用いれば

“すべての $t \in \boldsymbol{R}$ について，$x(\omega, t) = E(x(\cdot\,, t) \mid \mathfrak{F}_t)(\omega)$ が成立する”

と表わすことが出来る．さらに，将来必要なときに再び厳密な定義を与えるが，マルチンゲールと Markov（マルコフ）過程という概念もこの方法を用いて次のように表わすことが出来る．

$x(\omega, t)$ がマルチンゲールであるとは，次の条件を満たすことである．

$$\forall s\ \forall t > s\,(x(\omega, s) = E(x(\cdot, t) \mid \mathfrak{F}_s)(\omega))$$

$x(\omega, t)$ が Markov 過程であるとは，次の条件を満たすことである．

“すべての連続関数 φ について，f_φ が存在して，次の条件が成立する．

$$\forall s\ \forall t > s\,(E(\varphi(x(\cdot\,, t)) \mid \mathfrak{F}_s) = f_\varphi(s, t, x(\omega, s)))\text{”}$$

ここで，いままでと同じく N は無限大の自然数で，

$$\Delta t = \frac{1}{N}, \qquad T = \{0, \Delta t, 2\Delta t, \cdots, 1\}$$

として，Ω は $\omega : T \longrightarrow \{-1, 1\}$ となるすべての internal な関数の全体とする．もちろん Ω も internal で $*$ 有限である．$\mathfrak{B}$ を Ω のすべての internal な部分集合の全体として，P は前と同じく個数を数えることによって出来る測度とする．（もちろん $P(\Omega)=1$ とするために Ω の個数で割ってある．）

x が Ω の上の確率過程ということを，x が次の形の関数で

$$x : \Omega \times [0, 1] \longrightarrow M$$

M が測度空間で，すべての $t \in [0, 1]$ について $x(\cdot, t)$ が $L(\mathfrak{B})$ で可測であることとする．

X が Ω の上の $*$ 有限の確率過程ということを，X が次の形の関数で

$$X : \Omega \times T \longrightarrow M$$

X は internal，M も internal とする．ここでは M が測度空間という条件は必要がない．

いま $\omega \in \Omega$, $t \in T$ とするとき，$\omega \restriction t$ を次の式で定義する．

$$\omega \restriction t = \langle \omega(s) \mid s \leq t \rangle$$

さらに，$(\omega \restriction t)$ を次の式で定義する．

$$(\omega \restriction t) = \{\omega' \in \Omega \mid \omega' \restriction t = \omega \restriction t\}$$

$\mathfrak{B}_t$ を $(\omega \restriction t)$ の全体で生成された internal な有限加法族（即ち $*$ 有限加法族）とする．このとき，次のものを internal なフィルターづけという．

$$(\Omega, \{\mathfrak{B}_t\}_{t \in T}, P)$$

これに対応する確率過程についてのフィルターづけは，次のように定義される．$\mathfrak{N}$ を $L(\mathfrak{B})$ の測度 0 の集合の全体として，すべての $t \in [0, 1]$ について

$$\mathfrak{A}_t = \sigma\Bigl(\bigcup_{s \approx t} L(\mathfrak{B}_s) \cup \mathfrak{N}\Bigr)$$

ここで σ は第1章§2と同じく σ 加法族を生成する操作である．このとき（Ω, $\{\mathfrak{B}_t\}$, P）から生成されたフィルターづけを，次のものとする．

$$(\Omega, \{\mathfrak{A}_t\}_{t\in[0,1]}, P_L)$$

＊有限の確率過程 $X:\Omega\times T\longrightarrow M$ が不分岐であるということを，任意の $t\in T$ について $X(\omega,t)$ が ω の関数として $\mathfrak{B}_t$-可測なこと，即ち $\omega\upharpoonright t=\omega'\upharpoonright t$ ならば $X(\omega,t)=X(\omega',t)$ であることと定義する．確率過程 $x:\Omega\times[0,1]\longrightarrow M$ が可測であるとは，$x(\omega,t)$ が ω と t との 2 変数の関数として可測，即ち $L(\mathfrak{B})$ と $[0,1]$ の上の Lebesgue 測度との直積の測度について可測のことを意味する．x が適合しているとは，x が可測で $x(\cdot,t)$ がすべての $t\in[0,1]$ について $\mathfrak{A}_t$-可測であることを意味する．

確率過程 $x:\Omega\times[0,1]\longrightarrow M$ と＊有限な確率過程 X とは，次の定義の持ち上げの概念で関連している．

定義 1 $x:\Omega\times[0,1]\longrightarrow \boldsymbol{R}$ を確率過程で，$X:\Omega\times T\longrightarrow {}^*\boldsymbol{R}$ を＊有限な確率過程とする．このとき，X が x の持ち上げであるということを

$$°X(\omega,t) = x(\omega, °t)$$

がほとんどすべての (ω,t) について成立していることと定義する．ここで，(ω,t) の測度は $\tilde{P}_L$ 即ち $\tilde{P}$ の Loeb 測度で，$\tilde{P}$ は $\Omega\times T$ の個数を数える確率測度とする．$\tilde{P}$ は $P\times P'$ としてよい．ここに P' は T の個数を数える確率測度である．

いま確率過程 x がほとんど到るところ適合しているということを，適合している過程 y が存在して $x(\omega,s)=y(\omega,s)$ がほとんどすべての (ω,s) に対して成立することと定義する．この定義の上で次の定理が成立するが，証明は省略する．

定理 1 確率過程 $x:\Omega\times[0,1]\longrightarrow\boldsymbol{R}$ がほとんど到るところ適合しているための必要十分条件は，x が不分岐な＊有限の確率過程をその持ち上げとしてもつことである．

さて b を§2 で定義した Brown 運動として，$x:\Omega\times[0,1]\longrightarrow\boldsymbol{R}$ を適合した確率過程とする．このとき，伊藤積分 $\int x\,db$ を次のように定義する．

まず g を適合した階段関数の確率過程とする．即ち，$[0, 1]$ の分割 $0=t_0<t_1<\cdots<t_k=1$ で，$g(\omega, s)=g(\omega, t_i)$ が $s\in[t_i, t_{i+1})$ について成立していて，$g(\cdot, t_i)$ はすべての i について $\mathfrak{A}_{t_i}$-可測になっている．

このときの伊藤積分を次の式で定義する．

$$\int_0^1 g(\omega, s)db(\omega, s) = \sum_{j=0}^{k-1} g(\omega, t_j)(b(\omega, t_{j+1})-b(\omega, t_j))$$

いま $[0, 1]$ の上の Lebesgue 測度を m で表わせば，$g(\omega, s)$ は Hilbert（ヒルベルト）空間 $L^2(P_L\times m)$ の元になっており，そのノルム $\|g\|$ は次の式で表わされる．

$$\begin{aligned}\|g\|^2 &= \int_{\Omega\times[0,1]} g^2(\omega, s)dP_L(\omega)dm(s)\\ &= \sum_{j=0}^{k-1}\left(\int_\Omega g^2(\omega, t_j)dP_L(\omega)\right)(t_{j+1}-t_j)\end{aligned}$$

一方，次の計算でみるように $\int_0^1 g(\omega, s)db(\omega, s)$ は Hilbert 空間 $L^2(P_L)$ の元になっていて，そのノルムは $\|g\|$ と相等しい．

$$\begin{aligned}&\left\|\int_0^1 g(\omega, s)db(\omega, s)\right\|^2\\ &= \int_\Omega\left(\sum_{j=0}^{k-1} g(\omega, t_j)(b(\omega, t_{j+1})-b(\omega, t_j))\right)^2 dP_L(\omega)\\ &= \sum_{j=0}^{k-1}\int_\Omega g^2(\omega, t_j)(b(\omega, t_{j+1})-b(\omega, t_j))^2 dP_L(\omega)\\ &\quad +2\sum_{i<j}\int_\Omega g(\omega, t_i)g(\omega, t_j)(b(\omega, t_{i+1})-b(\omega, t_i))(b(\omega, t_{j+1})-b(\omega, t_j))dP_L(\omega)\end{aligned}$$

ところで，g は適合しているから，第1項において $g^2(\omega, t_j)$ と $(b(\omega, t_{j+1})-b(\omega, t_j))^2$ とは独立である．また第2項では同様の理由で，$g(\omega, t_i)g(\omega, t_j)\cdot(b(\omega, t_{i+1})-b(\omega, t_i))$ と $b(\omega, t_{j+1})-b(\omega, t_j)$ とは独立である．したがって，いずれの場合も積分を別々に行なって積を作ればよい．また次の式が成立する．

$$\int_\Omega (b(\omega, t_{j+1})-b(\omega, t_j))^2 dP_L(\omega) = t_{j+1}-t_j$$

$$\int_{\Omega}(b(\omega, t_{j+1})-b(\omega, t_j))dP_L(\omega) = 0$$

したがって，全体として次の式を得る．

$$\left\|\int_0^1 g(\omega, s)db(\omega, s)\right\|^2 = \sum_{j=0}^{k-1}\left(\int_{\Omega} g^2(\omega, t_j)dP_L(\omega)\right)(t_{j+1}-t_j)$$
$$= \|g\|^2$$

即ち g を $\int gdb$ にうつす対応は，$L^2(P_L\times m)$ から $L^2(P_L)$ へのノルムを変えない対応になっている．ところで適合した階段関数の確率空間は，$L^2(P_L\times m)$ に入る適合した確率過程のなかに稠密に入っている．したがって，この対応を $L^2(P_L\times m)$ のなかに入っている適合した確率過程全体に拡大することが出来る．この拡大によって g から定義される関数もやはり $\int_0^1 gdb$ で表わす．

いま $[0, t]$ の特性関数を 1_t とおくとき

$$\int_0^t gdb = \int_0^1 1_t gdb$$

によって $\int_0^t gdb$ を定義する．

次に，$X: \Omega\times T \longrightarrow {}^*\boldsymbol{R}$ と $M: \Omega\times T \longrightarrow {}^*\boldsymbol{R}$ を共に $*$ 有限な確率過程とする．このとき，一般に次の記号を用いる．

$$\Delta X(\omega, t) = X(\omega, t+\Delta t)-X(\omega, t)$$

$$\sum_{r=s}^{t} X(\omega, r) = X(\omega, s)+\cdots+X(\omega, t-\Delta t) \qquad (s<t)$$

このとき $\int XdM$ を次の式で定義する．

$$\int_0^t XdM(\omega, t) = \sum_0^t X(\omega, s)\Delta M(\omega, s)$$

この定義が意味のある場合として，§2 で定義された $*$ 有限の乱歩を $B(\omega,t)$ とし，X をその平方が $\Omega\times T$ の個数を数えて出来る確率測度 $\tilde{P}$ について S-積分可能となる不分岐な確率過程とする．ここで $E(Y)$ は $\tilde{P}$ による Y の期待値として，次の計算が成立する．

$$E\left(\left(\int_0^t XdB\right)^2\right) = E\left(\left(\sum_0^t X\Delta B\right)^2\right)$$

$$= E\left(\sum_0^t X(s)^2(\Delta B(s))^2\right) + 2\sum_{r<s} E(X(s)X(r)\Delta B(s)\Delta B(r))$$

ここに $\Delta B(\omega, s) = \omega(s+\Delta t)\sqrt{\Delta t}$ で $\omega(s+\Delta t) = \pm 1$ であるから，$(\Delta B(s))^2 = \Delta t$ である．また X は不分岐であるから，$\Delta B(s)$ と $X(s)X(r)\Delta B(r)$ とは独立である．したがって，上の等号の最後の第2項は $E(\omega(s+\Delta t)\sqrt{\Delta t}) = 0$ となる．これから次の式が成立する．

$$E\left(\left(\int_0^t XdB\right)^2\right) = E\left(\sum_0^t X(s)^2\Delta t\right)$$

$$= \int_{\Omega\times[0,t]} X^2 d\tilde{P} < \infty$$

したがって $\int_0^t XdB$ は P_L の意味でほとんど到るところ有限であり，standard part が存在する．

いま g は $L^2(P_L\times m)$ に属す適合した確率過程で，G_i $(i=1,2)$ は不分岐でその平方が S-積分可能となる g の持ち上げとする．このとき $G = G_1 - G_2$ とすれば，前と同じ計算で次の式が成立する．

$$E\left(\left(\int_0^t GdB\right)^2\right) = \int_{\Omega\times[0,t]} G^2 d\tilde{P} \approx 0$$

したがって，${}^{\circ}\!\int_0^{t_1} G_1 dB$ は P_L の意味でほとんど到るところ一通りに定まる．次の定理が成立するが，証明は省略する．

定理 2　g は $L^2(P_L\times m)$ に属す適合した確率過程で，G は不分岐でその平方が S-積分可能となる g の持ち上げとする．このとき次の式が成立する．

$$\int_0^t g(\omega, s)db(\omega, s) = {}^{\circ}\!\int_0^t G(\omega, s)dB(\omega, s)$$

この定理の応用として，伊藤のレンマを証明することにする．

いま $\varphi: \boldsymbol{R}\times[0,1] \longrightarrow \boldsymbol{R}$ で $\varphi(x,t)$ の形とする．φ の偏微分は第3階までは存在するものとし，それらは $\varphi_x, \varphi_t, \varphi_{xx}, \cdots$ などで表わすことにする．この

状況において，次の補題が成立する．

補題 3（伊藤のレンマ）

$$\varphi(b(t),t)-\varphi(b(0),0)=\int_0^t\varphi_x(b(s),s)db(s)$$
$$+\int_0^t\left(\frac{1}{2}\varphi_{xx}(b(s),s)+\varphi_t(b(s),s)\right)ds$$

ここに $b(t)$ は $b(\omega,t)$ の略とする．

証明　$\varphi:{}^*\boldsymbol{R}\times T\longrightarrow{}^*\boldsymbol{R}$ が internal で，偏微分が第 3 階まで存在し S-連続とする．次の式を証明すれば，補題は定理 2 から出る．

$$\varphi(B(t),t)-\varphi(B(0),0)\approx\int_0^t\varphi_x(B(s),s)dB(s)$$
$$+\frac{1}{2}\int_0^t\varphi_{xx}(B(s),s)dB(s)+\int_0^t\varphi_t(B(s),s)ds$$

ここに $B(t)$ は $B(\omega,t)$ の略である．

明らかに，次の式が成立する．

$$\varphi(B(t),t)-\varphi(B(0),0)=\sum_0^t(\varphi(B(s+\Delta t),s+\Delta t)-\varphi(B(s),s))$$
$$=\sum_0^t\varphi_x(B(s),s)\Delta B(s)$$
$$+\sum_0^t(\varphi(B(s+\Delta t),s)-\varphi(B(s),s)-\varphi_x(B(s),s)\Delta B(s))$$
$$+\sum_0^t(\varphi(B(s+\Delta t),s+\Delta t)-\varphi(B(s+\Delta t),s))$$

$\varphi(x,t)$ を x について Taylor（テイラー）展開すれば，

$$\left|\varphi(x,t)-\varphi(y,t)-\varphi_x(y,t)(x-y)-\frac{1}{2}\varphi_{xx}(y,t)(x-y)^2\right|\leq C|x-y|^3$$

となる．したがって，最後の等号の右辺は $\approx$ の意味で次の式におきかえてよい．

$$\frac{1}{2}\sum\varphi_{xx}(B(s),s)(\Delta B(s))^2$$

ところで $(\Delta B(s))^2=\Delta t$ であるから，結局，次の式でおきかえてよい．

$$\frac{1}{2}\int_0^t \varphi_{xx}(B(s), s)ds$$

同様にして，$\varphi(x, t)$ の t についての Taylor 展開を考えれば，

$$|\varphi(x, t)-\varphi(x, s)-\varphi_t(x, s)(t-s)| \leq C(t-s)^2$$

となるから，最後の等号の右辺の第3項は $\approx$ の意味で次の式でおきかえてよい．

$$\int_0^t \varphi_t(B(s), s)ds$$

したがって，定理2により補題が証明された．

いままでの所を整理した形で述べておこう．

確率空間 $(\Omega, \mathfrak{B}, P)$ を以前のとおりとする．$1 \leq p < \infty$ に対して $SL^p(\Omega, \mathfrak{B}, P)$ を，次の条件を満たす $f : \Omega \longrightarrow {}^*\boldsymbol{R}$ の全体と定義する．

f は $L(\mathfrak{B})$-可測であって，$|f|^p$ が S-積分可能である．$f_1 \sim f_2$ を $\left(\int |f_1-f_2|^p dP_L\right)^{1/p} \approx 0$ で定義して，$\|f\|_p = {}^\circ\left(\int |f|^p dP_L\right)^{1/p}$ で定義する．

次の定理が成立する．

定理 4　1)　$f : \Omega \longrightarrow {}^*\boldsymbol{R}$ が $\mathfrak{B}$-可測とするとき，次の同等が成立する．

$$f \in SL^p(\Omega, \mathfrak{B}, P) \iff {}^\circ f \in L^p(\Omega, L(\mathfrak{B}), P_L) \text{ で } \|f\|_p = \|{}^\circ f\|_p$$
$$\iff {}^\circ f \in L^p(\Omega, L(\mathfrak{B}), P_L) \text{ で } \|f\|_p \leq \|{}^\circ f\|_p$$

2)　$g : \Omega \longrightarrow \boldsymbol{R}$ が $L^p(\Omega, L(\mathfrak{B}), P_L)$ に入っているならば，$f \in SL^p(\Omega, \mathfrak{B}, P)$ で次の条件を満たすものが唯一通り存在する．

$${}^\circ f = g \quad (P_L \text{ の意味でほとんどすべてで成立する})$$

3)　$SL^p(X, \mathfrak{B}, P)$ と $L^p(\Omega, L(\mathfrak{B}), P_L)$ とは，$f \longrightarrow {}^\circ f$ という対応によってノルムを含めて同型である．

4)　$f \in SL^p(\Omega, \mathfrak{B}, P)$ で $1 \leq q \leq p$ とすれば，$f \in SL^q(\Omega, \mathfrak{B}, P)$ である．

いま $f : \Omega \times [0, 1] \longrightarrow \boldsymbol{R} \cup \{+\infty, -\infty\}$ として，g が f の p-持ち上げであるということを次の条件を満たすものと定義する．

1）　$g \in SL^p(\Omega \times {}^*[0,1])$

2）　${}^\circ g(\omega, t) = f(\omega, {}^\circ t)$ がほとんどすべての (ω, t) について成立する．

3）　すべての t について $g(\cdot, t)$ は $\mathfrak{A}_t$-可測である．

次の定理が成立する．

定理 5　$f \in L^p(\Omega \times [0,1])$ であって，すべての $t \in [0,1]$ について $f(\cdot, t)$ は $\mathfrak{A}_t$-可測であったとする．このとき，f は p-持ち上げをもつ．

定理 6　この準備の上で $f \in L^2(\Omega \times [0,1])$ のとき，その 2-持ち上げを g とすると，次の性質が成立する．

$$\int_0^t f(\omega, t)\,db(\omega, t) = {}^\circ\!\int_0^t g(\omega, t)\,dB(\omega, t)$$

ここで g が f の 2-持ち上げならば，この式はつねに成立する．即ち g のとり方によらない．

以下にもう少し一般的な状況で考えることにする．即ち $X: \Omega \times T \longrightarrow {}^*\boldsymbol{R}$ を＊有限な確率過程というとき，$T = \{t_0, t_1, \cdots, t_N\}$ は＊有限な集合で $0 = t_0 < t_1 < \cdots < t_N = 1$ とし，$t_{i+1} \approx t_i$ がすべての i に対し成立するものとし，$(\Omega, \mathfrak{B}, P)$ は＊有限の確率空間とするが，それ以上の仮定はおかないものとする．$\Delta X(\omega, t_i) = X(\omega, t_{i+1}) - X(\omega, t_i)$ とおき，$\sum_0^t$ についてはいままでどおりの規約を用いることにする．

定義 2　$X: \Omega \times T \longrightarrow {}^*\boldsymbol{R}$ の平方変動 $[X]: \Omega \times T \longrightarrow {}^*\boldsymbol{R}$ を，次の式で定義する．

$$[X](\omega, t) = \sum_0^t (\Delta X(\omega, s))^2$$

平方変動は，単調増加なので扱いよい．以下，しばしば $X(\omega, t)$ を $X(t)$ と略す．

補題 7　$X: \Omega \times T \longrightarrow {}^*\boldsymbol{R}$ を＊有限の確率過程とするとき次の式が成立する．

$$[X](t) = X(t)^2 - X(0)^2 - 2\int_0^t X\,dX$$

証明　次の計算が成立することから明らかである．

$$\begin{aligned}\varDelta[X](t_i) &= (X(t_{i+1})-X(t_i))^2\\ &= X(t_{i+1})^2-X(t_i)^2-2X(t_i)(X(t_{i+1})-X(t_i))\\ &= X(t_{i+1})^2-X(t_i)^2-2\int_{t_i}^{t_{i+1}}XdX\end{aligned}$$

定義 3　いま $\mathfrak{B}_t$ $(t\in T)$ を＊有限な Ω の internal な有限加法族で，t に関して増大列，即ち $t<s\Longrightarrow\mathfrak{B}_t\subseteq\mathfrak{B}_s$ が満たされているものとする．P は $\mathfrak{B}_1$（1は T の最大元になっている）の上の internal な確率測度とする．もちろん $(\Omega,\{\mathfrak{B}_t\}_{t\in T},P)$ 全体が internal として，この体系を internal なフィルターづけという．

$X:\Omega\times T\longrightarrow{}^*\boldsymbol{R}$ が $(\Omega,\{\mathfrak{B}_t\}_{t\in T},P)$ に関して不分岐であるということを，すべての $t\in T$ について，t を固定して ω の関数と考えたとき $X(\omega,t)$ が $\mathfrak{B}_t$-可測になっていることと定義する．

多くの場合 $\mathfrak{A}_1$ は Ω の internal な集合全体から出来ているものと仮定する．

定義 4　＊有限な確率過程 $X:\Omega\times T\longrightarrow{}^*\boldsymbol{R}$ が $(\Omega,\{\mathfrak{B}_t\}_{t\in T},P)$ に関して適合したマルチンゲールであるということを，X が不分岐であって次の条件を満たすことと定義する．

$$s<t\quad\text{ならば}\quad X_s=E(X_t\,|\,\mathfrak{B}_s)$$

この式の＝を $\geq$ に変えたとき優マルチンゲールといい，$\leq$ に変えたとき劣マルチンゲールという．

上の条件は，$A\in\mathfrak{B}_s$ のとき

$$\int_A X_t\,dP=\int_A X_s\,dP\qquad\text{即ち}\qquad E(1_A\cdot(X_t-X_s))=0$$

と書いてもよい．

Ω は＊有限であるから，上の式は次の形で表わされる．

$$\sum_{\omega\in\Omega}1_A(\omega)\cdot(M(\omega,t)-M(\omega,s))\cdot P(\omega)=0$$

もし M がマルチンゲールで X が不分岐とすれば，

$$\int_0^t XdM = \sum_0^t X(\omega, t_i)(M(\omega, t_{i+1}) - M(\omega, t_i))$$

ですべての $X(\omega, t_i)$, $M(\omega, t_{i+1})$, $M(\omega, t_i)$ は $\mathfrak{B}_t$-可測関数であるから $\int_0^t XdM$ 自身が $\mathfrak{B}_t$-可測関数，即ち不分岐になっている．

さらに $s<t$ とすれば，$A \in \mathfrak{B}_s$ として

$$E\left(1_A \cdot \left(\int_0^t XdM - \int_0^s XdM\right)\right)$$
$$= \sum_\omega \sum_s^t 1_A(\omega) X(\omega, t_i)(M(\omega, t_{i+1}) - M(\omega, t_i))P(\omega)$$

となっている．ところで $X(\omega, t_i) = \sum_j a_j 1_{B_j}(\omega)$, $B_j \in \mathfrak{B}_{t_i}$ の形になるから，上の式の等号の右辺は次の形の和となって 0 となる．

$$a_j \sum_\omega 1_{A \cap B_j}(\omega)(M(\omega, t_{i+1}) - M(\omega, t_i))P(\omega) = 0$$

したがって $\int_0^t XdM$ もマルチンゲールになっている．まったく同様にして $E\left(\int_0^t XdM\right) = 0$ も出る．これらの式に補題 7 を用いれば，すべての ＊有限のマルチンゲール M について次の式が成立することが分かる．

$$E(M_t{}^2) = E(M_0{}^2 + [M]_t)$$

定義 5　internal な写像 $\tau: \Omega \longrightarrow T$ が internal なフィルターづけ $(\Omega, \{\mathfrak{B}_t\}, P)$ に適合した internal な停止時刻であるということを，すべての $t \in T$ について次の式が成立することと定義する．

$$\{\omega \in \Omega \mid \tau(\omega) \leq t\} \in \mathfrak{B}_t$$

いま M を ＊有限なマルチンゲール，τ を internal な停止時刻とするとき，τ で停止した過程 M_τ を次の式で定義する．

$$M_\tau(\omega, t) = M(\omega, \min(t, \tau(\omega)))$$

このとき次の式によって，$M_\tau(\omega, t)$ は不分岐であることが分かる．

$$\{\omega \mid M_\tau(\omega, t) < a\} = \{\omega \mid M(\omega, \min(t, \tau(\omega))) < a\}$$

$$= \bigcup_{r \le t} \{\omega \mid M(\omega, r) < a \wedge \tau(\omega) = r\}$$
$$\cup \{\omega \mid M(\omega, t) < a \wedge \tau(\omega) > t\}$$

さらに次の式によって，マルチンゲールであることも分かる．ここに $s<t$ とする．

$$M(\omega, \min(t, \tau(\omega))) - M(\omega, \min(s, \tau(\omega)))$$
$$= \sum_{s<r\le t} 1_{B_r}(\omega)(M(\omega, r) - M(\omega, s)) + 1_C(\omega)(M(\omega, t) - M(\omega, s))$$

ここに $B_r = \{\omega | T(\omega) = r\}$ とする．

定義 6　$M: \Omega \times T \longrightarrow {}^*\boldsymbol{R}$ を $(\Omega, \{\mathfrak{B}_t\}_{t\in T}, P)$ に適合した $*$ 有限のマルチンゲールとする．このとき M が λ^2-マルチンゲールということを，すべての $t \in T$ について ${}^\circ E(M_t{}^2) < \infty$ が成立することと定義する．さらに M が局所的に λ^2-マルチンゲールであるということを，internal な増大する停止時刻の列 $\{T_n\}_{n\in\boldsymbol{N}}$ が存在して，P_L の意味でほとんどすべての ω について，ある $n \in \boldsymbol{N}$ が存在して $\tau_n(\omega) = 1$ となり，停止過程 M_{τ_n} が λ^2-マルチンゲールになることと定義する．このとき $\{\tau_n\}$ のことを M の局所化列という．

定義4のあとに述べたように $E(M_t{}^2) = E(M_0{}^2 + [M]_t)$ であるから，マルチンゲール M が λ^2-マルチンゲールであることをいうためには ${}^\circ E(M_1{}^2) < \infty$ をいえば十分である．

ここで S の世界におけるマルチンゲールの定義をあげることにする．

定義 7　いま $(\Omega, \mathfrak{F}, P)$ が確率空間で，$\mathfrak{F}_t \subseteq \mathfrak{F}$ を増大 σ 加法族とする．ここに，普通は $t \in [0, \infty)$ と考えるが，ここでは $J \subseteq [0, \infty)$ として，$t \in J$ と考えることにする．このとき $\{X_t, \mathfrak{F}_t\}$ がマルチンゲールであるということを，次の2つの条件が満たされていることと定義する．

1)　すべての t について，X_t は積分可能な確率変数である．

2)　$s<t$ ならば，次の式が成立する．

$$X_s = E(X_t \mid \mathfrak{F}_s)$$

この $=$ を $\ge$ に変えたとき優マルチンゲールといい，$\le$ に変えたとき劣マルチンゲールという．

この場合にも Ω の上の確率変数 τ が，すべての $t \in J$ について

$$\{\omega \mid \tau(\omega) \leq t\} \in \mathfrak{F}_t$$

を満たすときに，停止時刻であるという．

§5　確率微分方程式，白色雑音，その他

いま η は無限大の自然数，$T = \{0, 1/\eta, 2/\eta, \cdots, 1\}$，$H \in {}^*\boldsymbol{N}$ のとき，Ω を次で定義する．

$$\Omega = \{-1, 1\}^{T \times \{1, 2, \cdots, H\}}$$

さらに n を自然数として $n \leq H$ とする．このとき $\{\vec{e_1}, \cdots, \vec{e_n}\}$ を $\boldsymbol{R}^n$ の基底として，n 次元の $*$ 有限の乱歩を

$$B(\omega, t) = \sum_{i=1}^{n} \sum_{s=0}^{t} \frac{\omega_i(s)}{\sqrt{\eta}} \vec{e_i}$$

で定義する．ここに $\omega_i(s)$ は $\omega(s, i)$ のことである．B の成分 $B_1, \cdots, B_n$ は，互いに直交する方向への互いに独立な 1 次元の乱歩になっている．

P を Ω の個数を数える確率測度，P_L をその Loeb 測度とする．§4 と同じように，internal なフィルターづけ $\{\mathfrak{B}_t\}_{t \in L}$ を定義するために，まず $(\omega \upharpoonright t)$ を

$$(\omega \upharpoonright t) = \{\omega' \in \Omega \mid \forall s \leq t \, \forall i \leq H(\omega_i(s) = \omega_i'(s))\}$$

によって定義する．そして，$\mathfrak{B}_t$ をこの $(\omega \upharpoonright t)$ 全体から生成された σ 加法族と定義し，$\{\mathfrak{A}_s\}_{s \in [0, 1]}$ を §4 と同様に $\{\mathfrak{B}_t\}_{t \in T}$ から定義する．

T の上で個数を数えて定義される確率測度を P' とする．

すべての $i, j \leq n$ について，$X_{ij} \in SL^2(P \times P')$ を不分岐な確率過程とする．$n \times n$ 行列の全体を $\boldsymbol{R}^n \otimes \boldsymbol{R}^n$ で表わすことにすれば，

$$X(\omega, t) = (X_{ij}(\omega, t))_{i, j \leq n}$$

は ${}^*\boldsymbol{R}^n \otimes {}^*\boldsymbol{R}^n$-値の確率過程になっている．このような X を $SL^2(B)$ に入っているということにする．

$X(\omega,t)\in SL^2(B)$ のとき，X の確率積分を次の式で定義する．

$$\left(\int XdB\right)(\omega,t) = \sum_{s=0}^{t} X(\omega,s)\cdot\varDelta B(\omega,s) = \sum_{s=0}^{t} X(\omega,s)\cdot\sum_{i=1}^{n}\frac{\omega_i(s+\eta)}{\sqrt{\eta}}\vec{e_i}$$

ここに・は，行列の掛け算を意味する．

$\int XdB$ は ${}^*\boldsymbol{R}^n$-値の確率過程であり，その i 成分は次の形となる．

$$\left(\int XdB\right)_i(\omega,t) = \sum_{j=1}^{n}\left(\int X_{ij}dB_j\right)(\omega,t)$$

したがって $\int XdB$ は1次元の確率積分に還元されるから，いままでの1次元の場合の結果を用いることが出来る．

ここでは，次の形の確率微分方程式を考える．

$$x(\omega,t) = x_0(\omega)+\int_0^t f(s,x(\omega,s))ds+\int_0^t g(s,x(\omega,s))db(\omega,s) \quad (1)$$

ここで，b は Ω の上の Loeb 確率空間の Brown 運動である．f と g とは次の形をしているものとする．

$$f:[0,1]\times\boldsymbol{R}^n\longrightarrow\boldsymbol{R}^n, \qquad g:[0,1]\times\boldsymbol{R}^n\longrightarrow\boldsymbol{R}^n\otimes\boldsymbol{R}^n$$

定義1　いま $(\Omega,\{\mathfrak{F}_t\}_{t\in[0,1]},P)$ がフィルターつき確率空間として，b をそれに適合した Brown 運動とする．このとき，x がこのフィルターづけに適合した (1) の解であるということを，$x:\Omega\times[0,1]\longrightarrow\boldsymbol{R}$ がこのフィルターづけに適合しており，$f(s,x(\omega,s))\in L^1(\Omega\times[0,1])$, $g(s,x(\omega,s))\in L^2(\Omega\times[0,1])$ が成立していて，すべての $t\in[0,1]$ についてほとんどすべての意味で (1) が成立していることと定義する．

いま $f\in\mathfrak{F}$, $g\in\mathfrak{G}$ のように，f と g とが一定の関数族に属す場合を考える．我々は (1) を満たす x の存在定理を考える．この存在定理が，弱い解決，強い解決，または厳密な解決であるということを，次のように定義する．

弱い解決　すべての $f\in\mathfrak{F}$, $g\in\mathfrak{G}$ について $(\Omega,\{\mathfrak{F}_t\},P,b)$ をうまく選べば，(1) の $(\Omega,\{\mathfrak{F}_t\},P,b)$ に適合した解 x が存在する．

強い解決　ある $(\Omega,\{\mathfrak{F}_t\},P,b)$ をうまく選べば，すべての $f\in\mathfrak{F}$, $g\in\mathfrak{G}$

について $(\Omega, \{\mathfrak{F}_t\}, P, b)$ に適合した (1) の解 x が存在する．

厳密な解決　$\Omega = C([0,1])$，P を Wiener 測度，$\mathfrak{F}_t$ を $C([0,t])$ で生成される σ 加法族，b を $b(\omega,t)=\omega(t)$ で定義するとき，すべての $f \in \mathfrak{F}$, $g \in \mathfrak{G}$ について $(\Omega, \{\mathfrak{F}_t\}, P, b)$ について適合している (1) の解 x が存在する．

証明は省略するが，次の定理が成立する．

定理 1　$f:[0,1]\times \boldsymbol{R}^n \longrightarrow \boldsymbol{R}^n$, $g:[0,1]\times \boldsymbol{R}^n \longrightarrow \boldsymbol{R}^n \otimes \boldsymbol{R}^n$ が有界な可測関数で，すべての $(t,y) \in [0,1]\times \boldsymbol{R}^n$ について $|\det g(t,y)| > \varepsilon$ となるような $\varepsilon > 0$ が存在するとする．このとき，すべての $\mathfrak{A}_0$-可測確率変数 x_0 と $(\Omega, \{\mathfrak{A}_t\}, P_L)$ に適合したすべての Brown 運動 b について，次の条件を満たす x が存在する．

$$x(\omega,t) = x_0(\omega) + \int_0^t f(s, x(\omega,s))ds + \int_0^t g(s, x(\omega,s))db(\omega,s)$$

ここで，n 次元の確率変数についての用語を説明しておく．確率空間 $(\Omega, \mathfrak{B}, P)$ の上の n 次元確率変数 $X=(X_1, \cdots, X_n)$ は 1 次元の確率変数 $X_1, \cdots, X_n$ の組と考えてよい．$\boldsymbol{R}^n$ の Borel 集合を $\mathfrak{B}^n$ と書けば，n 次元の確率分布 Φ を，任意の $E \in \mathfrak{B}^n$ に対して

$$\Phi(E) = P(\{\omega \mid X(\omega) \in E\})$$

と定義する．

X の平均値ベクトルは $(m_1, \cdots, m_n)$ で m_i が X_i の平均として定義される．X の共分散行列 (σ_{ij}) は，次の式で定義される．

$$\sigma_{ij} = \int (x_i - m_i)(x_j - m_j)d\Phi(x)$$

n 次元の正規分布は，平均値ベクトル $(m_1, \cdots, m_n)$，共分散行列 $\Sigma = (\sigma_{ij})$ によって定まり，その分布密度は次の形で与えられる．

$$\frac{1}{(2\pi)^{n/2}} \frac{1}{|\Sigma|^{1/2}} \exp\left(\frac{-(x-m)\Sigma^{-1}(x-m)'}{2}\right)$$

ここに Σ は，正の定符号の対称行列とする．$|\Sigma|$ は Σ の行列式で，Σ^{-1} は行列としての Σ の逆行列であり，$(x-m)$ は $x_i - m_i$ を成分とする横ベクトル，

$(x-m)'$ はそれを縦ベクトルに直したものとする．

いま $(E, \mathfrak{E}, m)$ を測度空間として，$\mathfrak{E}_m$ を次の式で定義する．

$$\mathfrak{E}_m = \{A \in \mathfrak{E} \mid m(A) < \infty\}$$

さらに $(\Omega, \mathfrak{B}, P)$ を確率空間とする．このとき，$(\Omega, \mathfrak{B}, P)$ に関する $(E, \mathfrak{E}, m)$ の上の n 次元の白色雑音とは，確率変数 $X(A): \Omega \longrightarrow \boldsymbol{R}^n$ の族

$$X = \{X(A)\}_{A \in \mathfrak{E}_m}$$

であって，次の条件を満たすものとする．

1)　$X(A)$ は，平均0で共分散行列 $m(A)\cdot I$ の正規 Gauss 分布に従う．ここに I は単位行列である．

2)　もし $A \cap B = \varnothing$ ならば，$X(A)$ と $X(B)$ とは独立であり，P に関してほとんどすべての意味で，次の式が成立する．

$$X(A) + X(B) = X(A \cup B)$$

$X(A)$ の分布の密度関数は，次の形になっている．

$$\frac{1}{(2\pi m(A))^{n/2}} \exp\left[-\frac{(m(A))^n \sum_{i=1}^{n} x_i{}^2}{2}\right]$$

例　$(E, \mathfrak{E}, m)$ を $E=[0, 1]$，$\mathfrak{E} = \mathfrak{B}^1$，$m$: Lebesgue 測度，で定まるものとし，$b: \Omega \times [0, 1] \longrightarrow \boldsymbol{R}^n$ を n 次元の Brown 運動とする．このとき，$X = \{X(A)\}$ を次の式で定義すれば，X は白色雑音である．

$$X(A) = \int 1_A db$$

ここに 1_A は A の特性関数である．

＊有限な白色雑音を考えるために，$(Y, \mathfrak{D}, \mu)$ を＊有限な測度空間として，$\mathfrak{D}$ は Y のすべての internal な集合全体の集合とし，すべての $y \in Y$ について $\mu(\{y\}) \approx 0$ とする．（今後は $\mu(\{y\})$ を $\mu(y)$ と書くことにする．）Ω を Y から $\{-1, 1\}$ へのすべての internal な写像全体の集合とし，$\mathfrak{B}$ を Ω の internal な集合の全体，P は Ω の個数を数えて出来る確率測度とする．このとき，すべ

ての $A \in \mathfrak{D}$ について $\chi(A)$ を次の式で定義する．

$$\chi(A) = \sum_{a \in A} \omega(a)\sqrt{\mu(a)}$$

このとき，A の関数としての $\chi(A)$ を，Y の上の S-白色雑音という．

この式は $*$ 有限の乱歩

$$B(\omega, t) = \sum_{0}^{t} \omega(s)\sqrt{\Delta t}$$

の拡張になっており，χ は B の役割を果たすことになる．

まず $A, B \in \mathfrak{D}$ のとき，$\varepsilon : (A-B) \cup (B-A) \longrightarrow \{-1, 1\}$ を次の式によって定義する．

$$\varepsilon(a) = \begin{cases} 1 & a \in A - B \text{ のとき} \\ -1 & a \in B - A \text{ のとき} \end{cases}$$

このとき，次の計算が成立する．

$$\begin{aligned} E((\chi(A) - \chi(B))^2) &= E\left(\left(\sum_{a \in (A-B) \cup (B-A)} \varepsilon(a)\omega(a)\sqrt{\mu(a)}\right)^2\right) \\ &= E\left(\sum_{a, b \in (A-B) \cup (B-A)} \varepsilon(a)\varepsilon(b)\omega(a)\omega(b)\sqrt{\mu(a)\mu(b)}\right) \end{aligned}$$

ここで $a = b$ のときは

$$E(\varepsilon(a)\varepsilon(b)\omega(a)\omega(b)\sqrt{\mu(a)\mu(b)}) = E(\mu(a)) = \mu(a)$$

となり，$a \neq b$ のときは $\varepsilon(a)\omega(a)\sqrt{\mu(a)}$ と $\varepsilon(b)\omega(b)\sqrt{\mu(b)}$ とは独立だから

$$E(\varepsilon(a)\omega(a)\sqrt{\mu(a)}) = 0$$

から $E(\varepsilon(a)\varepsilon(b)\omega(a)\omega(b)\sqrt{\mu(a)\mu(b)}) = 0$ が出て，結局

$$E((\chi(A) - \chi(B))^2) = \sum_{a \in (A-B) \cup (B-A)} \mu(a) = \mu((A-B) \cup (B-A))$$

が出てくる．

したがって，A と B とが μ_L の意味でほとんど到るところ等しいとすれば，$\chi(A)$ と $\chi(B)$ とは P_L の意味でほとんど到るところ等しいことが分かる．

任意の Loeb 可測集合 $A \subseteq Y$ に対して $A' \in \mathfrak{D}$ を

$$P_L(A-A')=P_L(A'-A)=0$$

となるように選んで，χ の standard part を，まず $X(A)$ を

$$X(A)(\omega)={}^\circ\chi(A')(\omega)$$

で定義した上で，次の確率変数の族とする．

$$\{X(A)\mid A\in L(\mathfrak{D})\text{ で }\mu_L(A)<\infty\}$$

この $\{X(A)\}$ は Loeb 空間 $(Y,L(\mathfrak{D}),\mu_L)$ の上に定義された白色雑音になっている．

さて E は Hausdorff 空間で，m は E の σ 有限の Radon 測度とする．ここに σ 有限というのは，$E_1\subseteq E_2\subseteq\cdots$ で $\bigcup_n E_n=E$ で $m(E_n)<\infty$ となる E_n が存在することを意味する．さらに1点だけからなる集合の測度はすべて0とする．正確には $m(\{x\})=0$ であるが，$m(x)=0$ とも書くことにする．いま $Y\subseteq{}^*E$ が豊富であるということを $\mathrm{st}(Y)=E$ と定義して，Y が $*$ 有限で豊富であり μ は Y の上の internal な測度で $\forall y\in Y(\mu(y)\approx 0)$ で $m=\mu_L\circ\mathrm{st}^{-1}$ を満たすとする．このとき X が $(Y,L(\mathfrak{D}),\mu_L)$ の上の白色雑音ならば，

$$\tilde{X}(A)=X(\mathrm{st}^{-1}(A))$$

で定義される $\tilde{X}$ は $(E,\mathfrak{E},m)$ の上の白色雑音になっている．

前と同じく Y は $*$ 有限，$\mathfrak{D}$ は Y の internal な部分集合全体の集合，μ は Y の上の internal な測度ですべての $y\in Y$ について $\mu(y)\approx 0$ であり，$\Omega=\{-1,1\}^Y$ (internal) で P は Ω の上の個数を数える確率測度として，S-白色雑音 χ を次の式で定義する．

$$\chi(A)=\sum_{a\in A}\omega(a)\sqrt{\mu(a)}$$

いま $F:Y\longrightarrow{}^*\boldsymbol{R}$ を internal な関数とする．このとき，F の χ に関する確率積分を次の式で定義する．

$$\left(\int F d\chi\right)(\omega)=\sum_{a\in Y}F(a)\chi(a)(\omega)=\sum_{a\in Y}F(a)\omega(a)\sqrt{\mu(a)}$$

このとき，$a \neq b$ ならば $\omega(a)$ と $\omega(b)$ とは独立であるから，次の計算が成立する．

$$E\left(\left(\int F d\chi\right)^2\right) = E\left(\left(\sum_{a\in Y} F(a)\omega(a)\sqrt{\mu(a)}\right)^2\right)$$
$$= E\left(\sum_{a,b\in Y} F(a)F(b)\omega(a)\omega(b)\sqrt{\mu(a)\mu(b)}\right)$$
$$= \sum_{a\in Y} F(a)^2\mu(a)$$
$$= \int F(a)^2 d\mu(a)$$

$\mu(y) \approx 0$ がすべての $y \in Y$ で成立しており，$F \in SL^2(\mu)$ とすれば $\mu_F(A) = \int_A F^2 d\mu$ もやはりすべての $y \in Y$ について $(\mu_F(A))(y) \approx 0$ となる．

$(Y, \mathfrak{D}, \mu_F)$ の上の S-白色雑音を作れば

$$\sum_{a\in A} \omega(a)F(a)\sqrt{\mu(a)} = \int 1_A F d\chi$$

となるから，$\int 1_A F d\chi$ は $(Y, \mathfrak{D}, \mu_F)$ の上の S-白色雑音で，${}^\circ\left(\int 1_A F d\chi\right)$ は平均 0 で分散が ${}^\circ\left(\int_A F^2 d\mu\right)$ の正規分布に従う．

いま $(E, \mathfrak{E}, m)$ を Radon 測度空間，$\tilde{X}$ を χ から定義された白色雑音，即ち次のものとする．

$$\tilde{X}(A) = \chi(\mathrm{st}^{-1}(A))$$

このとき，$f \in L^2(m)$ について確率積分を次の式で定義する．

$$\int f d\tilde{X} = {}^\circ\left(\int F d\chi\right)$$

ここで $F \in SL^2(\mu)$ は f の持ち上げとする．$E\left(\left(\int F d\chi\right)^2\right) = \int F(a)^2 d\mu(a)$ が成立するから，この定義は F のとり方にはよらない．

以上のことを n 次元に拡張するためには，χ を n 次元の S-白色雑音とするとき $F: Y \longrightarrow {}^*\boldsymbol{R}^m \otimes {}^*\boldsymbol{R}^n$ を internal として，次のように定義すればよい．以下に · は行列の積である．

$$\int F d\chi = \sum_{a\in Y} F(a)\cdot\chi(a)$$

例　F が1変数でなく2変数で $\int F(x,y)d\chi(y)$ の形を考えるのが有効である．ここでその例を考えることにする．$T=\{0, \varDelta t, 2\varDelta t, \cdots, 1\}$ を＊有限として μ を T の上の個数を数えることによって出来る確率測度とする．Ω は T から $\{-1, 1\}$ への internal な写像の全体として，P を Ω の上の個数を数える確率測度とする．

このとき $\chi(A)$ を次の式で定義すれば，χ は T の上の S-白色雑音である．

$$\chi(A) = \sum_{a\in A} \omega(a)\sqrt{\mu(a)} = \sum_{a\in A}\omega(a)\sqrt{\varDelta t}$$

ここで $F(t,a)$ を次の式で定義する．

$$F(t,a) = \frac{1}{2}\operatorname{sgn}(t-a)+\frac{1}{2} = \begin{cases} 1 & t>a \text{ のとき} \\ 0 & t\leq a \text{ のとき}\end{cases}$$

いま $\hat{\chi}$ を次の式で定義する．

$$\hat{\chi}(t) = \int F(t,a)d\chi(a)$$

このとき次の計算で，$\hat{\chi}(t)$ は§2の乱歩であることが分かる．

$$\left(\int F(t,a)d\chi(a)\right)(\omega) = \sum_{a\in Y} F(t,a)\chi(a)(\omega) = \sum_0^t \omega(a)\sqrt{\varDelta t}$$

即ち，Brown 運動が $[0,1]$ の上の白色雑音の確率積分によって得られることが分かる．次の形は将来用いることになる．

$$\hat{\chi}(t)-\hat{\chi}(s) = \frac{1}{2}\int(\operatorname{sgn}(t-a)-\operatorname{sgn}(s-a))d\chi(a)$$

以下において，上の例にならって Lévy の Brown 運動といわれるものを構成することにする．

まず，$\boldsymbol{R}^d$ の＊有限の格子とは，次の形の internal な集合をいう．

$$\Gamma = \left\{(k_1\Delta t, \cdots, k_d\Delta t) \,\middle|\, (k_1, \cdots, k_d)\in {}^*\boldsymbol{Z}^d,\ \max_{1\le i\le d}|k_i| \le N\right\}$$

ここに $\Delta t\approx 0$ で N は $N\cdot\Delta t$ が無限大となるような無限大の自然数とする．Γ の上の測度 μ を，各点の測度 $(\Delta t)^d$ によって定義する．即ち

$$\mu(\{(k_1\Delta t, \cdots, k_d\Delta t)\}) = (\Delta t)^d$$

Ω は Γ から $\{-1, 1\}$ への internal な写像の全体とし，P は Ω の上の個数を数える確率測度とする．$\chi(A)$ を次の式で定義すれば，$\chi(A)$ は Γ の上の S-白色雑音になっている．

$$\chi(A) = \sum_{a\in A}\omega(a)\sqrt{\mu(a)} = \sum_{a\in A}\omega(a)(\Delta t)^{d/2}$$

我々は $I(x)=\int F(x, y)d\chi(y)$ で定義される internal な確率過程 $I:\Omega\times\Gamma\longrightarrow{}^*\boldsymbol{R}$ を考えることにする．

定義 2　internal な確率過程 $Z:\Omega\times\Gamma\longrightarrow{}^*\boldsymbol{R}$ が S-連続であるということを，ほとんどすべての ω に対して，どんな nearstandard な x と y をとっても $x\approx y$ ならば $Z(\omega, x)\approx Z(\omega, y)$ となることと定義する．

次の定理は S-連続について有用である．証明は省略する．

定理 2　Γ は ${}^*\boldsymbol{R}^d$ のなかの $*$ 有限の格子として，$F:\Gamma\times\Gamma\longrightarrow{}^*\boldsymbol{R}$ が internal な関数とする．さらに実数 $\alpha>0$ と $C>0$ とが存在して，すべての $x, y\in\Gamma$ について次の式が成立しているとする．

$$\int|F(x, a)-F(y, a)|^2 d\mu(a) \le C\,\|x-y\|^\alpha$$

このとき，確率積分 $\int F(x, a)d\chi(a)$ は ω と x の関数とみたとき S-連続である．

定義 3　$\boldsymbol{R}^d$ の上の Lévy の Brown 運動とは，次の条件を満たす確率過程 $L:\Omega\times\boldsymbol{R}^d\longrightarrow\boldsymbol{R}$ のことである．

1)　ほとんどすべての点で $L(0)=0$.

2)　$x_1, \cdots, x_n\in\boldsymbol{R}^d$ とすれば，確率変数のベクトル $(L_{x_1}, \cdots, L_{x_n})$ は平均 0 の Gauss の正規分布に従う．

3)　すべての $x, y \in \boldsymbol{R}^d$ について，次の式が成立する．

$$E((L_x - L_y)^2) = \|x - y\|$$

ここで $\|x\|$ は x と原点との距離である．

4)　ほとんどすべての ω について，$L(\omega, x)$ は x の連続関数である．

L の共分散は 1), 2), 3) から計算できる．まず 3) から，$y=0$ とおいて $E((L_x)^2) = \|x\|$ となるから

$$\begin{aligned} E(L_x L_y) &= \frac{1}{2}(E((L_x)^2) + E((L_y)^2) - E((L_x - L_y)^2)) \\ &= \frac{1}{2}(\|x\| + \|y\| - \|x-y\|) \end{aligned}$$

いま $d>1$ として，$1/0=0$ と規約する．m を $\boldsymbol{R}^d$ の上の Lebesgue 測度で，e を長さが1の任意のベクトルとして，$k_d>0$ を次の式で定義する．

$$k_d{}^{-2} = \int\left(\|z\|^{-\frac{d-1}{2}} - \|z+e\|^{-\frac{d-1}{2}}\right)^2 dm(z)$$

この上で $\lambda: \Omega \times \Gamma \longrightarrow {}^*\boldsymbol{R}$ を次の式で定義する．

$$\begin{aligned} \lambda(\omega, x) &= k_d \int\left(\|x-a\|^{-\frac{d-1}{2}} - \|a\|^{-\frac{d-1}{2}}\right) d\chi(a) \\ &= k_d \sum_a \left(\|x-a\|^{-\frac{d-1}{2}} - \|a\|^{-\frac{d-1}{2}}\right)\omega(a)(\Delta t)^{\frac{d}{2}} \end{aligned}$$

この λ は S-連続になっている．この λ の standard part として L を定義する．即ち，$L: \Omega \times \boldsymbol{R}^d \longrightarrow \boldsymbol{R}$ であって，すべての $x \in \Gamma$ について次の式が満たされている．

$$L(\omega, {}^\circ x) = {}^\circ\lambda(\omega, x)$$

このとき，L は $\boldsymbol{R}^d$ の上の Lévy の Brown 運動になっている．さらに $\tilde{X}$ を $\boldsymbol{R}^d$ の上の χ から作られた白色雑音とする．即ち，まず X を次の式で定義する．

$$X(A)(\omega) = {}^\circ\chi(A')(\omega)$$

ここに A は Loeb 可測で，A' は Loeb 測度の意味で A とほとんど等しいも

のをとる．

次に，$\tilde{X}$ を次の式で定義する．

$$\tilde{X}(A) = X(\mathrm{st}^{-1}(A))$$

このとき L は，$\tilde{X}$ から次の確率積分で表わされる．

$$L(x) = \int \left(\|x-a\|^{-\frac{d-1}{2}} - \|a\|^{-\frac{d-1}{2}} \right) d\tilde{X}(a)$$

定義 4　$\boldsymbol{R}^d$ の上の Yeh（イェー）-Wiener 過程というものを，次の条件を満たす確率過程 $W:\Omega\times\boldsymbol{R}^d \longrightarrow \boldsymbol{R}$ のことと定義する．

1）　$z_1, \cdots, z_n \in \boldsymbol{R}^d$ とすれば，$(W_{z_1}, \cdots, W_{z_n})$ は平均 0 の正規分布に従う．

2）　$x=(x_1, \cdots, x_d)$，$y=(y_1, \cdots, y_d) \in \boldsymbol{R}^d$ とすれば

$$E(W_x W_y) = \prod_{i=1}^{d} \min(|x_i|, |y_i|)$$

3）　ほとんどすべての ω について，$W(\omega, x)$ は x の関数として連続である．

いま Γ を $*$ 有限の $^*\boldsymbol{R}^d$ の上の格子として，$F:\Gamma\times\Gamma \longrightarrow {}^*\boldsymbol{R}$ を次の式で定義する．

$$F(x,a) = \begin{cases} 2^{-d} & \text{すべての } i \text{ について } a_i < |x_i| \text{ が成立しているとき} \\ 0 & \text{それ以外のとき} \end{cases}$$

ここに $x=(x_1, \cdots, x_d)$ で $a=(a_1, \cdots, a_d)$ とする．

χ を Γ の上の S-白色雑音として，Y を次で定義される過程とする．

$$Y(x) = \int F(x,a)d\chi(a)$$

このとき，$x=(x_1, \cdots, x_d)$，$y=(y_1, \cdots, y_d) \in \Gamma$ とすれば

$$\begin{aligned} E(Y(x)Y(y)) &= E\left(\sum_{a,b\in\Gamma} F(x,a)F(y,a)\omega(a)\omega(b)\sqrt{\mu(a)\mu(b)} \right) \\ &= \sum_{a\in\Gamma} F(x,a)F(y,a)\mu(a) \\ &\approx \prod_{i=1}^{d} \min(|x_i|, |y_i|) \end{aligned}$$

となるから，Y は 3) の共変分散をもつことが分かる．さらに

$$E\left(\int (F(x,a)-F(y,a))^2 d\mu(a)\right) \le \max_{1\le i\le d} ||y_i|-|x_i||(\|x\|+\|y\|)^{d-1}$$

となるから，すべての自然数 K に対して，定数 C_K で，すべての $x, y \in \Gamma$ について，$\|x\|, \|y\| \le K$ が成立すれば

$$E\left(\int (F(x,a)-F(y,a))^2 d\mu(a)\right) \le C_K \|x-y\|$$

となるものが存在する．Y の standard part を W とおけば，W は Yeh-Wiener 過程になっている．

定義 5　Y を Hausdorff 空間，X を $^*Y$ の internal な部分空間とする．X が $^*Y$ で S-稠密ということを，どんな $y \in Y$ をとっても $x \approx y$ となるような $x \in X$ が存在することと定義する．

いま $Q=\{q_{ij} \mid 0 \le i \le N, 0 \le j \le N\}$ は internal な負でない $^*\boldsymbol{R}$ の元の集合とする．ここに N は無限大の自然数とする．さらに，すべての $0 \le i \le N$ について，次の条件が満たされているものとする．

$$\sum_{j=0}^{N} q_{ij} = 1$$

いま m は $S=\{s_0, s_1, \cdots, s_N\}$ の上の $*$ 有限の測度で，$m(s_i)$ のことを m_i と書くことにする．また，q_{ij} を $q_{s_i s_j}$ とも書くことにする．$T=\{k\Delta t \mid k \in {}^*\boldsymbol{N}\}$ で $\Delta t \approx 0$ とする．

いま (Ω, P) を internal な測度空間として，$X : \Omega \times T \longrightarrow S$ を internal な確率過程とする．まず $[\omega]_t^X$ を次の式で定義する．

$[\omega]_t^X = \{\omega' \in \Omega \mid X(\omega', s) = X(\omega, s)$ がすべての $s \le t$ に対して成立する$\}$

この上で，X が初期分布 m，推移行列 Q をもった Markov 過程であるということを，次の条件が満たされていることと定義する．

1)　$P([\omega]_0^X) = m(X(\omega, 0))$

2)　$X(\omega, t) = s_i$ ならば，次の条件が成立する．

$$P(\{\omega' \in [\omega]_t^X \mid X(t+\Delta t, \omega') = s_j\}) = q_{ij} P([\omega]_t^X)$$

ここに m と P は確率測度とは仮定していない．したがって，$P(\Omega)$ は無限大の実数かもしれない．

Q と m が与えられたときに，m と Q とをもった Markov 過程 X を簡単に作ることが出来る．まず Ω を $\omega : T \longrightarrow S$ なるすべての internal な ω の全体とし，X を

$$X(\omega, t) = \omega(t)$$

で定義して，P を次の式で定義される測度とすればよい．

$$P([\omega]_{k\Delta t}^X) = m(\omega(0)) \cdot \prod_{m=0}^{k-1} q_{\omega(n\Delta t), \omega((n+1)\Delta t)}$$

特別な場合として，初期分布が一点 s_i に集中しているとき，即ち $m_j = \delta_{ij}$ のときの測度を P_i とすれば，次の式が成立する．

$$P_i([\omega]_{k\Delta t}^X) = \delta_{i\omega(0)} \prod_{n=0}^{k-1} q_{\omega(n\Delta t), \omega((n+1)\Delta t)}$$

定義 6　m と Q とをもった Markov 過程 X が対称であるということを，次の条件を満たすことと定義する．

1)　s_0 はわなである．即ち，次の条件が成立している．

$$i \neq 0 \quad \text{ならば} \quad q_{0i} = 0$$

2)　$i \neq 0, j \neq 0$ ならば，次の条件が成立している．

$$m_i q_{ij} = m_j q_{ji}$$

3)　少なくとも一つの $i \neq 0$ について $m_i \neq 0$ が成立している．

いま $S_0 = \{s_1, s_2, \cdots, s_N\}$ をわな s_0 のない場合とするとき，H を $u : S_0 \longrightarrow {}^*\boldsymbol{R}$ という internal な関数全体の作る線型空間に，次の内積が定義されているものとする．

$$\langle u, v \rangle = \sum_{i=1}^{N} u(s_i) v(s_i) m(s_i)$$

もし S がわな s_0 を含むときは，H は $u : S \longrightarrow {}^*\boldsymbol{R}$ で $u(s_0) = 0$ となるも

のの全体とする．

いま $t\in T$, $u\in H$ のとき，$Q^t u\in H$ を次の式で定義する．

$$Q^t u(i) = E_i(u(X(t)))$$

ここに E_i は，定義6の直前に定義した P_i による期待値である．$Q^t u(i)$ の意味は，s_i から出発したものの $u(X(t))$ の期待値である．

明らかに次の式が成立する．

$$Q^{\Delta t} u = Q\cdot u$$

ここに・は行列の掛け算である．この上，次の式が成立する．

$$q_{ij}^{(t+s)} = \sum q_{ik}^{(t)} q_{kj}^{(s)}$$

ここに $q_{ik}^{(t)}$ は，推移行列 Q^t の ij 成分のことである．これから次の式

$$Q^{t+s} = Q^t\cdot Q^s$$

が分かる．したがって，$\{Q^t\}_{t\in T}$ は H の作用素の半群になっており，

$$Q^{\Delta t}u(i) = \sum_{j=1}^{N} u(j) q_{ij}$$

となる．次の式で定義される A を，この半群の生成作用素という．

$$A = \frac{1}{\Delta t}(I - Q^{\Delta t})$$

即ち，次の式が成立する．

$$Au(i) = \frac{1}{\Delta t}\left(u(i) - \sum_{j=1}^{N} u(j) q_{ij}\right)$$

また，Q と m とに関連した Dirichlet（ディリクレ）形式 $\mathscr{E}$ を，次の式で定義する．

$$\mathscr{E}(u, v) = \langle Au, v\rangle = \sum_{i=1}^{N} Au(i) v(i) m_i$$

ここに $m_i = m(i)$ である．

A の定義を入れて計算すると，次の式を得る．

$$\mathscr{E}(u, v) = \frac{1}{\Delta t}\sum_{i=1}^{N}\left(u(i)v(i)m_i - \sum_{j=1}^{N} u(j)v(i)q_{ij}m_i\right)$$

このとき，$\mathscr{E}$ は次の２つの性質を満たす．

$$\mathscr{E}(u, v) = \mathscr{E}(v, u), \qquad \mathscr{E}(u, u) \geq 0$$

この最初の性質は対称とよばれ，第２の性質は負でないとよばれる．

次の定理が成立する．

定理 3　$\mathscr{E}$ は，次の形の対称で，かつ負でない形式とする．

$$\mathscr{E}(u, v) = \sum_{i,j=1}^{N} b_{ij} u(i) v(j)$$

このとき，$\mathscr{E}$ があるＱと m から得られる Dirichlet 形式であるための必要十分条件は，すべての $i \neq j$ について $b_{ij} < 0$ であって，すべての i について次の式が成立することである．

$$b_{ii} \geq -\sum_{j \neq i} b_{ij}$$

例　N を無限大の自然数，$\Delta t = N^{-2}$ として，$S_0 = \{s_1, \cdots, s_N\}$ は円周が１である円の上に一様に分布しているものとする．$1 \leq i, j \leq N$ として，q_{ij} を次の式で定義する．

$$q_{ij} = \begin{cases} \dfrac{1}{2} & s_i \text{ と } s_j \text{ とが隣り合せのとき} \\ 0 & \text{それ以外のとき} \end{cases}$$

このとき半群 Q^t は，次の式で与えられる．

$$Q^{\Delta t} u(i) = \frac{1}{2} u(i+1) + \frac{1}{2} u(i-1)$$

ここで $N+1$ は１のこととする．生成作用素は，次の形になる．

$$Au(i) = -\frac{u(i+1) - 2u(i) + u(i-1)}{2\Delta t}$$

もしもすべての i について $m_i = 1/N$ とすれば，Dirichlet 形式 $\mathscr{E}$ は次の形で与えられる．

$$\mathscr{E}(u, v) = -\frac{N}{2} \sum_{i=1}^{N} (u(i+1) - 2u(i) + u(i-1)) v(i)$$

いま $\mathscr{E}$ を対称な Markov 過程 X に関連した（即ち X の m と Q とに関連した）Dirichlet 形式とする．

$\alpha \in {}^*\boldsymbol{R}$ で $\alpha > 0$ のとき，$\mathscr{E}_\alpha$ を次の式で定義する．

$$\mathscr{E}_\alpha(u, v) = \mathscr{E}(u, v) + \alpha \int u^2 dm$$

いま次の問題を考える．f を ${}^*\boldsymbol{R}$ への internal な関数で，その定義域を D_f で表わす．即ち

$$f : D_f \longrightarrow {}^*\boldsymbol{R}.$$

さらに，D_f は S_0 の部分集合とする．

このとき f の拡大で，$\mathscr{E}_\alpha(e_\alpha(f), e_\alpha(f))$ を最小にするような $e_\alpha(f)$ を求めるという問題である．

この $e_\alpha(f)$ を求めるためには，D_f の上ですべて 0 である u に対して

$$\mathscr{E}_\alpha(e_\alpha(f), u) = 0 \tag{1}$$

となるような $e_\alpha(f)$ を求めればよい．これは次のようにして分かる．w を f の任意の拡大として $u = w - e_\alpha(f)$ とおけば，u は D_f の上で 0 であるから，$\mathscr{E}_\alpha(e_\alpha(f), u) = 0$．したがって，次の計算が成立する．

$$\begin{aligned}\mathscr{E}_\alpha(w, w) &= \mathscr{E}_\alpha(e_\alpha(f) + u, e_\alpha(f) + u)\\ &= \mathscr{E}_\alpha(e_\alpha(f), e_\alpha(f)) + \mathscr{E}_\alpha(u, u)\\ &\geq \mathscr{E}_\alpha(e_\alpha(f), e_\alpha(f))\end{aligned}$$

したがって，(1) を満たす $e_\alpha(f)$ を求めればよい．このため到達時刻 σ_f を，次の式で定義する．

$$\sigma_f(w) = \min\{t \in T \mid X(\omega, t) \in D_f\}$$

その上で，$e_\alpha(f)$ を次の式によって定義する．

$$e_\alpha(f)(i) = E_i((1 + \alpha \Delta t)^{-\sigma_f/\Delta t} f(X(\sigma_f)))$$

ここで E_i は，P_i による期待値である．

もし $X(\omega, \cdot)$ が D_f に到達しないときは，次のようにおくものとする．

$$(1 + \alpha \Delta t)^{-\sigma_f/\Delta t} = 0$$

簡単な計算により，次の定理が得られる．

定理 4 $\mathscr{E}$ が $*$ 有限の Dirichlet 形式で，$f: D_f \longrightarrow {}^*\boldsymbol{R}$ が S_0 の部分集合の上で定義された internal な関数とする．このとき，f の拡大で $\mathscr{E}_\alpha$ の値を最小にするものは，次のように定義された $e_\alpha(f)$ である．

$$e_\alpha(f)(i) = E_i((1+\alpha\Delta t)^{-\sigma_f/\Delta t} f(X(\sigma_f)))$$

もし $D_f = A$ で f が A の上では 1 をとる関数のときは，$e_\alpha(f)$ を $e_\alpha(A)$ で表わすことにする．このとき $\mathscr{E}_\alpha(e_\alpha(A), 1-e_\alpha(A)) = 0$ から

$$\mathscr{E}_\alpha(e_\alpha(A), e_\alpha(A)) = \mathscr{E}_\alpha(e_\alpha(A), 1)$$

が出てくる．ここで $\mathscr{E}$ の定義からの計算をすれば，次の式が得られる．

$$\mathscr{E}_\alpha(e_\alpha(A), e_\alpha(A)) = \alpha \sum_{i=1}^{N} e_\alpha(A)(i) m_i + \sum_{i=1}^{N} e_\alpha(A)(i) \frac{q_{i0}}{\Delta t} m_i$$

$\alpha = 1$ のとき，$e_1(A)$ と $e_1(f)$ のことを e_A および e_f と表わすことにする．

いままでどおり，$S = \{s_0, \cdots, s_N\}$ で $S_0 = S - \{s_0\}$，s_0 はわなとする．ここでさらに Hausdorff 空間 Y が与えられて，$S_0 \subseteq {}^*Y$ となっているものとする．$\boldsymbol{R}_+ = \{a \in \boldsymbol{R} \mid a \geq 0\}$ とすれば，Markov 過程 $X: \Omega \times T \longrightarrow S$ の standard part x が存在するときは $x: \Omega \times \boldsymbol{R}_+ \longrightarrow Y$ となる．これが存在して Markov 過程になる条件を調べることにする．

当分の間，$*$ 有限な Markov 過程には対称の条件 $m_i q_{ij} = m_j q_{ji}$ はつけないことにする．しかし $i \in S_0$ のときには，t の関数として

$$P(\{\omega \mid X(\omega, t) = s_i\})$$

が減少関数であることを仮定する．

定義 7 Hausdorff 空間 Y がほとんど σ-コンパクトであるということを，${}^*Y$ の $*$ 有限の部分集合 S_0 とその上の確率測度 P をとるとき $\overline{S_0} = S_0 \cap$ Ns$({}^*Y)$ が Loeb 可測であり，次の式が成立することと定義する．

$$P_L(\overline{S_0}) = \sup\{P_L(S_0 \cap \mathrm{st}^{-1}(K)) \mid K \text{ はコンパクト}\}$$

Y がほとんど σ-コンパクトならば，S_0 の上の確率測度は standard part $P_L \circ \mathrm{st}^{-1}$ をもっている．この standard part は Radon 測度になっているが，確率測度とは限らない．さらに次の定理が成立する．

定理 5　すべての局所コンパクト空間および完備距離空間は，ほとんど σ-コンパクトである．

今後 Y はほとんど σ-コンパクトであるものとする．$\bar{\Omega}$ を次の式で定義する．

$$\bar{\Omega} = \{\omega \in \Omega \mid X(\omega, 0) \in \bar{S}_0\}$$

$\bar{S}_0$ と $\bar{\Omega}$ とがそれぞれ m_L-可測，P_L-可測であると仮定して，新しい測度 $\bar{m}$ と $\bar{P}$ とを次の式で定義する．

$$\bar{m}(A) = m_L(A \cap \bar{S}_0), \qquad \bar{P}(B) = P_L(B \cap \bar{\Omega})$$

さらに，$\delta \in T$ のとき $T_\delta, T_\delta{}^r, T_\delta{}^{\mathrm{fin}}, X^{(\delta)}$ を次の式で定義する．

$$T_\delta = \{0, \delta, 2\delta, \cdots\}, \qquad T_\delta{}^r = \{t \in T_\delta \mid t \leq r\}$$

$$T_\delta{}^{\mathrm{fin}} = \{t \in T_\delta \mid t \text{ は有限}\}, \qquad X^{(\delta)} = X \restriction T_\delta$$

定義 8　$\delta \in {}^*\boldsymbol{R}$ が正として，S_0 の部分集合 A が δ-例外的ということを，すべての $\varepsilon \in \boldsymbol{R}_+$ について internal な集合 $B \supseteq A$ が存在して，次の条件を満たすことと定義する．

$$\bar{P}(\{\omega \mid \exists t \in T_\delta{}^1(X(\omega, t) \in B)\}) < \varepsilon$$

A が例外的ということを，ある無限小の δ について δ-例外的になることと定義する．我々は $P(\{\omega \mid X(\omega, t) = s_i\})$ が t の減少関数と仮定しているから，A が δ-例外的とすれば，次の式が成立する．

$$\bar{P}\{\omega \mid \exists t \in T_\delta{}^{\mathrm{fin}}(X(\omega, t) \in A)\} = 0$$

定義 9　A は S_0 の δ-例外的な部分集合とするとき，A が固有に δ-例外的であるということを，internal な集合 $B_{m,n}$ の族 $\{B_{m,n}\}_{m \in \boldsymbol{N}, n \in \boldsymbol{N}}$ で次の条件を満たすものが存在することと定義する．

$$A = \bigcup_{m \in \boldsymbol{N}} \bigcap_{n \in \boldsymbol{N}} B_{m,n} \quad \text{で}$$

$$s_i \notin A \text{ ならば } (P_i)_L(\{\omega \mid \exists t \in T_\delta{}^{\mathrm{fin}}(X(\omega, t) \in A)\}) = 0$$

A が固有に例外的ということを，ある $\delta \approx 0$ に対して，固有に δ-例外的であることと定義する．

固有に δ-例外的な集合も，固有に例外的な集合も，可付番個の和について閉じている．

いま $A \subseteq S$ とする．すでに ${}^{\circ}A$ は次の式で定義されている．

$$ {}^{\circ}A = \mathrm{st}(A) = \{y \in Y \mid \exists s \in A(\mathrm{st}(s) = y)\} $$

さらに，$A^{\square}$ を次の式で定義する．

$$ A^{\square} = \{y \in Y \mid \mathrm{st}^{-1}(y) \cap S_0 \subseteq A\} $$

$A^{\square}$ は A の内部 standard part とよばれる．明らかに次の式が成立する．

$$ A^{\square} = Y - (\mathrm{st}(S_0 - A)) $$

定理 6　A を S_0 の固有に例外的な部分集合とし，μ を Y の上の完備 Borel 確率測度で $\mu(A^{\square}) = 0$ とする．このとき，S_0 の上の internal な確率測度 ν で，次の式を満足するものが存在する．

$$ \mu = \nu_L \circ \mathrm{st}^{-1} \qquad \text{で} \qquad \nu_L(A) = 0 $$

Y を位相空間とするとき，新しい点 $\triangle$ を Y につけ加えて $Y_{\triangle}$ を作る．即ち $Y_{\triangle} = Y \cup \{\triangle\}$，$\triangle$ をわなとし，$Y_{\triangle}$ の集合の σ-加法族 $B_{\triangle}$ を Y の Borel 集合と $\{\triangle\}$ とから生成された σ-加法族とする．以下で $Y_{\triangle}$ のなかへの確率過程を考えることにする．

いま $\{F_t\}_{t \in \boldsymbol{R}_+}$ を σ-加法族によるフィルターづけとするとき，このフィルターづけ σ-右連続ということを，次の条件が満たされていることと定義する．

$$ t \in \boldsymbol{R}_+ \quad \text{ならば} \quad F_t = \bigcap_{s>t} F_s $$

さらに，$\sigma : \Omega \longrightarrow [0, \infty]$ が $\{F_t\}$ に関する停止時刻であるということを，すべての t について次の条件が満たされていることと定義する．

$$ \{\omega \mid \sigma(\omega) \leq t\} \in F_t $$

$\bigcup_t F_t$ から生成される σ 加法族を F_∞ として，停止時刻 σ は σ 加法族 F_σ を次のように定める．

$$ F_\sigma = \{A \in F_\infty \mid \forall t(A \cap \{\omega \mid \sigma(\omega) \leq t\} \in F_t)\} $$

$M(Y)$ を Y の上の Radon 測度 μ で $\mu(Y) < \infty$ となるものの全体とし，Y の部分集合または Y の上の関数が普遍的に可測ということを，すべての $\mu \in$

$M(Y)$ について可測であることと定義する．

もし，すべての $y \in Y$ について，Ω の上の確率測度 $\bar{P}_y$ が与えられているときには，すべての $\mu \in M(Y)$ について $\bar{P}_\mu$ を次の式で定義する．

$$\bar{P}_\mu(A) = \int \bar{P}_y(A) d\mu(y)$$

$x: \Omega \times \boldsymbol{R}_+ \longrightarrow Y_\triangle$ が確率過程のとき，x の生存時間 ζ を次の式で定義された停止時刻のことと定義する．

$$\zeta(\omega) = \inf\{t \in \boldsymbol{R}_+ \mid x(\omega, t) = \triangle\}$$

定義 10　強 Markov 過程とは $\langle \Omega, \{F_t\}_{t \in \boldsymbol{R}_+}, \{\bar{P}_y\}_{y \in Y_\triangle}, x \rangle$ の形で，$\{F_t\}$ は右連続な Ω のフィルターづけ，$\bar{P}_y$ はすべて F_∞ の上の確率測度，$x: \Omega \times \boldsymbol{R}_+ \longrightarrow Y_\triangle$ はすべての y について $\langle \Omega, F_\infty, \bar{P}_y \rangle$ の上の確率測度として，さらに次の条件が満たされているものである．

1）すべての $t > 0$ と，すべての可測集合 $E \subseteq Y \cup \{\triangle\}$ について，y に $\bar{P}_y(\{\omega \mid X(\omega, t) \in E\})$ は普遍的に可測である．

2）すべての $t > \zeta(\omega)$ について $x(\omega, t) = \triangle$ である．

3）すべての $y \in Y_\triangle$ について，x は $(\Omega, \{F_t\}, \bar{P}_y)$ について適合しており，右連続であり，$\bar{P}_y$ の意味でほとんどすべての ω に対して左側からの極限をもっている．

4）σ を $\{F_t\}$ に関する停止時刻，$E \subseteq Y_\triangle$ を可測集合，$\mu \in M(Y)$，$s \in \boldsymbol{R}_+$ とすれば，次の式が $\bar{P}_\mu$ についてほとんどすべての意味で成立する．

$$\bar{P}_\mu\{x_{\sigma+s} \in E \mid F_\sigma\} = \bar{P}_{x_\sigma}\{x_s \in E\}$$

前に定義したように $\bar{S}_0 = S_0 \cap \mathrm{Ns}({}^*Y)$，$X^{(\delta)} = X \restriction T_\delta$ で $X^{(\delta)}$ の生存時間 ζ_δ は，次によって定義する．

$$\zeta_\delta(\omega) = \inf\{{}^\circ t \mid X^{(\delta)}(\omega, t) \notin \bar{S}_0\}$$

さらに，$X^{(\delta)}$ の右側 standard part ${}^\circ X^{(\delta)+}$ を次のように定義する．

もし $t < \zeta_\delta(\omega)$ ならば，

$$
{}^{\circ}X^{(\delta)+}(\omega,t)=\begin{cases} S-\lim\limits_{\substack{s\downarrow t\\ s\approx t}} X^{(\delta)}(\omega,s) & （極限が存在するとき）\\ \triangle & （極限が存在しないとき）\end{cases}
$$

$t\geq\zeta_\delta(\omega)$ のときは

$$
{}^{\circ}X^{(\delta)+}(\omega,t)=\triangle.
$$

定義 11　S_0 の部分集合 A が X の不正則集合であるということを，ある無限小の δ_0 があって，$\delta\geq\delta_0$ となる無限小の δ について次の条件が満たされることと定義する．

1)　すべての $s_i\in\overline{S}_0-A$ について，$(P_i)_L$ の意味でほとんどすべての点について，$X^{(\delta)}(\omega,\cdot)$ は S-右極限と S-左極限をすべての $t<\zeta_\delta(\omega)$ についてもっている．

2)　すべての $s_i\in\overline{S}_0-A$ について，次の集合は $(P_i)_L$ の測度 0 である．

$$
\{\omega\mid\exists t\in T_\delta{}^{\mathrm{fin}}({}^{\circ}t>\zeta_\delta(\omega)\wedge X(\omega,t)\in\overline{S_0})\}
$$

3)　$s_i,s_j\in\overline{S}_0-A$ が $s_i\approx s_j$ とすれば，すべての有限の $t\in T_\delta$ について，またすべての Borel 集合 B について，次の式が成立する．

$$
(P_i)_L(\{\omega\mid{}^{\circ}X^{(\delta)+}(\omega,t)\in B\})=(P_j)_L(\{\omega\mid{}^{\circ}X^{(\delta)+}(\omega,t)\in B\})
$$

$s_i\in S-\overline{S}_0$ のとき $\mathrm{st}(s_i)=\triangle$ とおくことにして，次の定義をする．

定義 12　X は例外的不正則集合をもち，$\delta_0\approx 0$ で A は固有に δ_0-例外的不正則集合とするとき，$x:\Omega\times\boldsymbol{R}_+\longrightarrow Y_\triangle$ を次の条件で定義する．

$X(\omega,0)\notin A$　ならば　$x(\omega)={}^{\circ}X^{(\delta)+}(\omega)$

$X(\omega,0)\in A$　ならば　すべての $t\in\boldsymbol{R}_+$ について $x(\omega,t)=\mathrm{st}(X(\omega,0))$

このとき x を，X の変形 standard part という．

定理 7　Y はほとんど σ-コンパクトな空間で，S_0 は ${}^*Y$ の $*$ 有限な部分集合で，$X:\Omega\times T\longrightarrow S$ は例外的不正則集合をもった $*$ 有限な Markov 過程とする．このとき，x を X の変形 standard part とすると，$\langle\Omega,\{F_t\}_{t\in\boldsymbol{R}_+},\{\overline{P}_y\}_{y\in Y_\triangle},x\rangle$ は強 Markov 過程である．

第3章　物理数学への応用

§1　スターの世界と伊藤のレンマ

ここでのスターの世界は，第1章と同じく $^*S$ の $*$ からきているが，その意味は大分ちがっている．このスターの世界は夢の世界である．現実（数学）の束縛から離れて，自由自在に空翔ける天上の世界である．そこには地上（厳密な数学）の煩わしさはない．我々のモットーは次のものである．

“物理的な現象の記述は，スターの世界によって行なわれる．”

もう少し詳しくいうと次のようになる．いま物理的な Brown 運動 $b(\omega, t)$ を考える．これは，スターの世界の有限の乱歩 $B(\omega, t)$ から，$^\circ$ をつけて，$^\circ B(\omega, t)$ によって表わされる．同じように，物理的な関数その他はすべて，スターの世界への持ち上げがあって，それに $^\circ$ をつけたものとして実現されると考える．即ち，物理現象はスターの（しかも有限の）世界で行なわれているのだが，我々人間にとっては $^\circ$ をつけたものとして観察されるものと考える．

この操作によって，物理現象は連続の世界から離散的有限の世界へと還元される．これは物理学者の実際の思考と類似している．しかし物理学者の場合は，大きな連続を小さな有限によって下から近似するのである．我々の場合は，大きな有限のなかに小さな連続を埋めこむのである．しかしながら，我々の計算は，物理学者が実際にする計算と意外に似ているのである．このことは，スターの世界が物理的直観にマッチしているのではないかと思わせる．

この章では数学的に厳密な形式では行なわない．即ち，つねに適当なスターの世界での都合のよい持ち上げがあるという仮定のもとに議論が行なわれる．どのような数学的な条件のもとで，その状況が実現されるかについての議論はしない．多くの場合には数学的に厳密にすることは可能であり，そのいくつかは第2章でなされているが，ここではそれを詳しく取り上げない．そのことについての気分は，次のように言えるであろう．

物理数学の厳密さは，対応する物理理論の厳密さに，だいたいにおいて対応するものと考えるべきだと思う．粗い理論に厳密な数学理論をつけることは，かなりの浪費のように思われる．物理理論と数学的厳密さとは並行して行なわれて，物理理論が完成したときに数学理論も並行して完成してゆけばよい．中途の段階では，細かい数学的厳密性にこだわるよりは，だいたいのプログラムを作ってそれをチェックすることが必要なことがある．

以下に，第2章で取り上げたこともそのいくつかを重複を厭わず取り上げることにする．

まず Brown 運動の定義を思いだせば，N は無限大の自然数で，$\varDelta t=1/N$ で $T=\{0, \varDelta t, \cdots, (N-1)\varDelta t, 1\}$ であって，$\Omega=\{-1, +1\}^T$ である．そして，$\mathfrak{B}={}^*\mathfrak{P}(\Omega)$ として，Ω の個数を数える確率測度を P として，その Loeb 確率空間を $(\Omega, L(\mathfrak{B}), P_L)$ とした上で，$B:\Omega\times T\longrightarrow {}^*\boldsymbol{R}$ を $\omega\in\Omega$ として次の式で定義し

$$B(\omega, t)=\sum_{s=0}^{t}\omega(s)\sqrt{\varDelta t}$$

Brown 運動 $b:\Omega\times[0, 1]\longrightarrow\boldsymbol{R}$ を次の式で定義するのである．

$$b(\omega, {}^\circ t)={}^\circ B(\omega, t)$$

同じことであるから，この章では $t\in[0, \infty)$ と考える．

一般に n 個の独立な Brown 運動 $b_1, b_2, \cdots, b_n$ を考える．実際には $b(\omega_1, t), \cdots, b(\omega_n, t)$ で $(\omega_1, \cdots, \omega_n)$ が $\Omega\times\cdots\times\Omega$ を動くものと考えればよい．したがって $b_1, \cdots, b_n$ は互いに独立である．$b_1, \cdots, b_n$ の組を $\vec{b}$ で表わす．

一般に $(x_1, \cdots, x_n)\in\boldsymbol{R}^n$ を $\vec{x}$ で表わす．$\vec{x}$ は ${}^*\boldsymbol{R}^n$ の元に ${}^\circ$ をつけて表わされるものと考えればよい．もちろん ${}^*\boldsymbol{R}^n$ 自身を考えてもよいし，無限大の自然

数 M をとって n/M ($n \in {}^*\boldsymbol{Z}$) に ° をつけたものと考えてもよい．もちろん，M を上の N と同じにとってもよい．

先に進む前に Brown 運動についての粗い議論をしておこう．B の定義において，右辺が Δt でなくて $\sqrt{\Delta t}$ であることが最も大切である．$\sum_{s=0}^{t}$ はだいたいにおいて N の大きさであるから，右辺は普通 $N\sqrt{\Delta t}=\sqrt{N}$ の大きさになり得る．即ち，無限大（発散）の可能性がある．しかしながら，実際には $\omega(s)$ は s が変われば独立であるから，右辺の $\sum\omega(s)\sqrt{\Delta t}$ は大幅に打ち消しあって有限の値になる．これが Brown 運動の意味である．

次に，$X: \Omega\times T \longrightarrow {}^*\boldsymbol{R}$ と $M: \Omega\times T \longrightarrow {}^*\boldsymbol{R}$ とを共に $*$ 有限の確率過程とする．このとき前と同じく，$\Delta X(\omega, t)$, $\sum_{r=s}^{t} X(\omega, r)$ を次の式で定義する．

$$\Delta X(\omega, t) = X(\omega, t+\Delta t) - X(\omega, t)$$

$$\sum_{r=s}^{t} X(\omega, r) = X(\omega, s) + \cdots + X(\omega, t-\Delta t) \qquad (s<t)$$

この上で $\int_0^t XdM(\omega, t)$ を次の式で定義する．

$$\int_0^t XdM(\omega, t) = \sum_0^t X(\omega, s)\Delta M(\omega, s)$$

我々が実際に用いるのは $M=B$ のときである．この場合 $\Delta B(\omega, t)=\omega(t)\sqrt{\Delta t}$ であるから，上の式は次のようになる．

$$\int_0^t XdB = \sum_0^t X(\omega, s)\omega(s)\sqrt{\Delta t}$$

実際の確率積分 $\int_0^t g(\omega, s)db(\omega, s)$ は，次の式で定義する．

$$\int_0^t g(\omega, s)db(\omega, s) = {}^\circ\!\!\int_0^t G(\omega, s)dB(\omega, s)$$

ここに $G(\omega, s)$ は $g(\omega, s)$ の適当な持ち上げとする．

以下では確率論の慣習に従って，多くの場合 ω を省略することにする．

もちろん普通の積分はもっと簡単に出来て

$$\int_0^t X(t)dt = \sum_0^t X(s)\Delta t$$

として，$\int_0^t x(t)dt$ は ${}^{\circ}\!\left(\int_0^t X(t)dt\right)$ で X は適当な x の持ち上げとする．

第2章§5の定理1が保証するように，多くの f と g に対して，確率過程 $c(t)$ を次の式で定義することが出来る．

$$c(t) = c(0) + \int_0^t \vec{f}(\vec{b}(t), t)\cdot d\vec{b}(t) + \int_0^t g(\vec{b}(t), t)dt$$

ここで ω は省略されており，$c(0), f, g$ が与えられている．このとき

$$dc = \vec{f}\cdot d\vec{b} + gdt$$

と略記する．ここで・はベクトルの内積である．我々はこの式を用いるときは，このような $c(t)$ が存在するのみならず，$\vec{f}, c, g$ の適当な持ち上げ $\vec{F}, C, G$ が存在して，そこで上の式に対応する式が成立し，その上で $c({}^{\circ}t) = {}^{\circ}C(t)$ と表わされるものとする．

ここで前にいったように，$d\vec{b}(t)$ は $\sqrt{\Delta t}$ の大きさである．一方，dt は Δt の大きさである．したがって，$dc = \vec{f}\cdot d\vec{b} + gdt$ と書いたとき dt は $d\vec{b}$ の2乗に相当する．即ち，$d\vec{b}$ が1位の無限小とすれば dt は2位の無限小になっている．即ち無限小解析をするときは，つねに2位の無限小まで考えなければならない．即ち，$db_i, db_i db_j, dt$ を考えなければならない．

伊藤積分は前にいったように，$b(s)$ のなかの $\omega(s)$ が独立ということによって打ち消しあうことから定義されるから，普通の積分と異なる性質が多い．例をあげれば

$$\int_0^1 b(s)db = \frac{1}{2}(b(1)^2 - 1) \quad \text{であって} \quad \neq \frac{1}{2}b(1)^2$$

である．これをみるために，I, I′ を次の式で定義する．

$$\mathrm{I} = \sum_0^1 B(t)(B(t+\Delta t) - B(t))$$

$$\mathrm{I}' = \sum_0^1 B(t+\Delta t)(B(t+\Delta t) - B(t))$$

$B(0)=0$ であるから，次の式が成立する．

$$\mathrm{I}+\mathrm{I}' = B(1)^2$$

さらに次の式が成立する．

$$\begin{aligned}\mathrm{I}'-\mathrm{I} &= \sum_0^1 (B(t+\Delta t)-B(t))^2 \\ &= \sum_0^1 (\omega(t)\sqrt{\Delta t})^2 = \sum_0^1 \Delta t = 1\end{aligned}$$

これから次の式が出る．

$$\mathrm{I} = \frac{1}{2}(B(1)^2-1), \qquad \mathrm{I}' = \frac{1}{2}(B(1)^2+1)$$

最初の式は $b(t)={}^\circ B(t)$ から出てくる．

第2章で取り扱った伊藤のレンマは，次の形であった．

$$\begin{aligned}f(b(t),t)-f(b(0),0) &= \int_0^t f'(b(s),s)db(s)+\frac{1}{2}\int_0^t f''(b(s),s)ds \\ &\quad +\int_0^t \dot{f}(b(s),s)ds\end{aligned}$$

いま，さらに $\dfrac{1}{2}f''+\dot{f}=0$ を f が満たしているとすれば，次の形となる．

$$f(b(t),t)-f(0,0) = \int_0^t f'(b(s),s)db(s)$$

特別な場合として，$f(x,t)$ を次の形とする．

$$f(x,t) = \exp\left(\alpha x-\frac{1}{2}\alpha^2 t\right)$$

この場合は

$$\exp\left(\alpha b(t)-\frac{1}{2}\alpha^2 t\right)-1 = \alpha\int_0^t \exp\left(\alpha b(s)-\frac{1}{2}\alpha^2 s\right)db(s)$$

となる．いま Wick（ウィック）の順序ベキ $:e^{\alpha b(s)}:$ を

$$:e^{\alpha b(s)}: = \exp\left(\alpha b(s)-\frac{1}{2}\alpha^2 s\right)$$

とおけば，次の式が成立する．

$$\int_0^t :e^{\alpha b(s)}: db = \frac{1}{\alpha} :e^{\alpha b(s)}: - \frac{1}{\alpha}$$

したがって，Wick の順序ベキの方が伊藤積分ではベキの性質をもつことが分かる．

次に，一般の伊藤のレンマを考えることにする．以下，ds は dt と同じく時間を表わす変数として用いられる．

定理 1（伊藤のレンマ）　いま $c_1, \cdots, c_m$ が確率積分

$$c_i(t) = c_i(0) + \int_0^t \vec{f}_i(\vec{b}(s), s) \cdot d\vec{b}(s) + \int_0^t g_i(\vec{b}(s), s) ds$$

を満たし，x が 2 回連続微分可能で ∞ であまり急に増加しない関数 u によって

$$x = u(c_1, c_2, \cdots, c_m, t)$$

と表わされたとする．このとき次の式が成立する．

$$dx = \sum_{i=1}^m \frac{\partial u}{\partial y_i} dc_i + \frac{\partial u}{\partial t} ds + \frac{1}{2} \sum_{i,j=1}^m \frac{\partial^2 u}{\partial y_i \partial y_j} dc_i dc_j$$

ここに $dc_i dc_j = \vec{f}_i \cdot \vec{f}_j ds$ である．即ち $dc_i = \vec{f}_i \cdot d\vec{b} + g_i ds$ であるから，$db_k db_l = \delta_{kl} ds$ である．

証明　$dc = \vec{f} \cdot d\vec{b} + g ds$ の意味は

$$c(t) = c(0) + \int_0^t \vec{f}(\vec{b}(s), s) \cdot d\vec{b}(s) + \int_0^t g(\vec{b}(s), s) ds$$

である．$\Delta t = 1/N$ で $d\vec{b}$ は $\sqrt{\Delta t}$ の大きさで $\int_0^t$ は N 程度の和であることを思いだせば，ds（即ち dt）の程度まで計算すればよい．即ち $d\vec{b}$ については $d\vec{b}_i d\vec{b}_j$ まで計算すればよい．dc は db を含むから，dc については $dc_i dc_j$ まで計算すべきである．即ち

$$dx = \sum_{i=1}^m \frac{\partial u}{\partial y_i} dc_i + \frac{\partial u}{\partial t} ds + \frac{1}{2} \sum_{i,j=1}^m \frac{\partial^2 u}{\partial y_i \partial y_j} dc_i dc_j$$

を得る．ここで $dc_i dc_j$ を計算すれば

$$dc_i dc_j = \left(\sum_k f_{ik} db_k + g_i ds\right)\left(\sum_l f_{jl} db_l + g_j ds\right)$$
$$\fallingdotseq \sum_{l,k} f_{ik} f_{jl} db_k db_l$$

ここで ≒ は Δt の大きさに比べて無限小しか違わないという意味である．したがって，次のことを証明すればよい．

$$db_l db_k = \delta_{lk} ds$$

いま $l=k$ とすれば，前と同じく

$$\Delta B_k(t)\Delta B_k(t) = \omega_k(t)\omega_k(t)\Delta t = \Delta t$$

である．これから $db_k db_k = ds$ は明らかである．

次に $l \neq k$ とする．この場合に証明したいことは，

$$\sum_0^t F_{ik}(\vec{B}(s), s) F_{jl}(\vec{B}(s), s) \Delta B_k(s) \Delta B_l(s)$$

が無限小になることである．ところで

$$\Delta B_k(s)\Delta B_l(s) = \omega_k(s)\omega_l(s)\Delta t$$

である．いま新しい ω' を

$$\omega'(s) = \omega_k(s)\omega_l(s)$$

によって定義すれば，ω' もやはり Ω の一つの元となっている．上の和は次の形となる．

$$\sum_0^t \left(F_{ik}(\vec{B}(s), s) F_{jl}(\vec{B}(s), s)\sqrt{\Delta t}\right)\omega'(s)\sqrt{\Delta t}$$

ここで $(F_{ik}(\vec{B}(s), s) F_{jl}(\vec{B}(s), s)\sqrt{\Delta t})$ は無限小である．したがって第２章§4の定理６によって，ほとんどすべての ω' についてこの値は

$$\sum_0^t 0 \cdot \omega'(s)\sqrt{\Delta t} = 0$$

と無限小の差しかない．これで証明が完成した．

伊藤のレンマで $c_i(t) = b_i(t)$, $f = u$ とすれば，次の特別な形を得る．これも伊藤のレンマとよばれる．

伊藤のレンマ（特別な形）

$$f(\vec{b}(t),t)-f(\vec{b}(0),0)=\int_0^t(\nabla f)(\vec{b}(s),s)\cdot d\vec{b}$$
$$+\frac{1}{2}\int_0^t(\Delta f)(\vec{b}(s),s)ds+\int_0^t\dot{f}(\vec{b}(s),s)ds$$

ここで式の意味は，もちろん，ほとんどすべての ω についてということであり，$\dot{f}$ は f の t による偏微分，∇ は $x_1,\cdots,x_n$ についての偏微分である．

系1　$dc_i=\vec{f}_i\cdot d\vec{b}+g_i ds$ $(i=1,2)$ とすれば，次の式が成立する．

$$d(c_1c_2)=c_1dc_2+c_2dc_1+\vec{f}_1\cdot\vec{f}_2ds$$

さて再び n 次元の場合にもどって，$H_0=-\frac{1}{2}\Delta$ とおき，$f(\vec{x},s)$ を

$$f(\vec{x},s)=(e^{-(t-s)H_0}g)(\vec{x})$$

と定義する．ここでは s が時間を表わす変数であるから $\dot{f}=H_0f$ で $\dot{f}+\frac{1}{2}\Delta f=0$ が成立する．したがって，伊藤のレンマから

$$f(\vec{b}(t),t)=f(\vec{b}(0),0)+\int_0^t(\nabla f)(\vec{b}(u),u)\cdot d\vec{b}(u)$$

が出てくる．さて，この式の両辺の期待値 E をとることにする．

$\vec{b}(u)$ と $d\vec{b}(u)$ とは独立（$\vec{B}(u)$ と $\Delta\vec{B}(u)$ が独立なことは明らか）であるから，$\int_0^t$ が和であることを思いだせば

$$E((\nabla f)(\vec{b}(u),u)\cdot d\vec{b}(u))=E((\nabla f)(\vec{b}(u),u))\cdot E(d\vec{b}(u))$$
$$=0$$

ここで，最後の等号は $E(d\vec{b}(u))=0$ から出てくる．（$E(\Delta B(u))=0$ は明らかであろう．）したがって，次の式が成立する．

$$E(f(\vec{b}(t),t))=E(f(\vec{b}(0),0))$$

明らかに $f(\vec{b}(t),t)=g(\vec{b}(t))$ であり $f(\vec{b}(0),0)=(e^{-tH_0}g)(\vec{0})$ であるから，次の式が成立する．

$$E(g(\vec{b}(t)))=(e^{-tH_0}g)(\vec{0})$$

次に $H=H_0+V$ の場合を考える．H_0 は前と同じく $H_0=-\frac{1}{2}\Delta$ であり，V は $V(\vec{x})$ の形の無限回微分可能な関数とする．

次の式で f を定義する．

$$f(\vec{x},s) = (e^{-(t-s)H}g)(\vec{x})$$

いま $s<t$ として $\dot{f}+\frac{1}{2}\Delta f=Vf$ となるから，伊藤のレンマより

$$f(\vec{b}(s),s) = f(\vec{b}(t),t)-\int_s^t V(\vec{b}(u))f(\vec{b}(u),u)du$$
$$-\int_s^t (\nabla f)(\vec{b}(u),u)\cdot d\vec{b}(u)$$

ここで前と同じ理由で，最後の項の期待値は 0 である．

いま第 2 項の $f(\vec{b}(u),u)$ は次の形に書ける．

$$f(\vec{b}(u),u) = f(\vec{b}(t),t)-\int_u^t V(\vec{b}(s))f(\vec{b}(s),s)ds+G'$$

ここに G' は期待値が 0 となる．

したがって次の式を得る．

$$f(\vec{b}(0),0) = f(\vec{b}(t),t)-\int_0^t V(\vec{b}(u))f(\vec{b}(t),t)du$$
$$+\int_0^t V(\vec{b}(u))\int_u^t V(\vec{b}(s))f(\vec{b}(s),s)dsdu+G$$

ここに G は期待値が 0 である．

これを繰り返せば，次の式を得る．

$$E(f(\vec{b}(0),0)) = E\left(\left[\sum_{n=0}^{\infty}(-1)^n\int_{0<s_1<\cdots<s_n<t}\prod V(\vec{b}(s_i))ds_i\right]f(\vec{b}(t),t)\right)$$
$$= E\left(\exp\left(-\int_0^t V(\vec{b}(s))ds\right)f(\vec{b}(t),t)\right)$$

$f(\vec{b}(0),0)=(e^{-tH}g)(\vec{0})$ で $f(\vec{b}(t),t)=g(\vec{b}(t))$ であるから

$$(e^{-tH}g)(\vec{0}) = E\left(\exp\left(-\int_0^t V(\vec{b}(s))ds\right)g(\vec{b}(t))\right)$$

を得る．これは Feynman（ファインマン）-Kac（カッツ）の式とよばれるも

のであるが，次にもっと正確な証明を与えることにする．

系 2（Feynman-Kac の公式）

$$(e^{-tH}f)(\vec{x}) = E\left(\exp\left(-\int_0^t V(\vec{x}+\vec{b}(s))ds\right)f(\vec{x}+\vec{b}(s))\right)$$

ここに $H=-\dfrac{1}{2}\Delta+V$ とする．また，V も f もコンパクトな台をもつ無限回微分可能な関数とする．

証明　$f(\vec{b}(t))$ のことを単に f と書けば，伊藤のレンマより

$$df = \nabla f\cdot d\vec{b} + \frac{1}{2}(\Delta f)ds$$

さらに，確率積分の意味で z を次の式で定義する．

$$z = \int_0^t V(\vec{b}(s))ds$$

このとき，もちろん $dz=Vds$ となる．$(ds)^2=0$ となるから次の式が成立する．

$$d(e^{-z}) = -e^{-z}V$$

いま c を次の式で定義する．

$$c = \exp\left(-\int_0^t V(\vec{b}(s))ds\right)f(\vec{b}(t))$$

このとき $Hf=-\dfrac{1}{2}\Delta f+Vf$ とすれば，系1により

$$dc = \exp\left(-\int_0^t V(\vec{b}(s))ds\right)(\nabla f\cdot d\vec{b}-(Hf)ds)$$

となる．いま $(Q_t f)(\vec{x})$ を次の式で定義する．

$$(Q_t f)(\vec{x}) = E\left(\exp\left(-\int_0^t V(\vec{x}+\vec{b}(s))ds\right)f(\vec{x}+\vec{b}(s))\right)$$

さて c の確率積分の式を書けば

$$c(t) = c(0) + \int_0^t \exp\left(-\int_0^u V(\vec{b}(s))ds\right)\nabla f\cdot d\vec{b}(u)$$
$$-\int_0^t \exp\left(-\int_0^u V(\vec{b}(s))ds\right)(Hf)du$$

となる．

ここで，右辺の第2項の $\vec{b}(s)$ は u までで考えているから，$d\vec{b}(u)$ とは独立である．したがって期待値をとれば，$E(d\vec{b})=0$ から0となる．即ち

$$E(c(t)) = E(c(0)) - \int_0^t du E\left(\exp\left(-\int_0^u V(\vec{b}(s))ds\right)(Hf)\right)$$

となる．$E(c(t))=(Q_t f)(\vec{0})$, $E(c(0))=E(f(\vec{0}))=f(\vec{0})$ であるから，次の式が成立する．

$$(Q_t f)(\vec{0}) = f(\vec{0}) - \int_0^t du(Q_u(Hf))(\vec{0})$$

$\vec{x}$ だけ原点をずらして考えれば，次の式を得る．

$$(Q_t f)(\vec{x}) = f(\vec{x}) - \int_0^t ds(Q_s(Hf))(\vec{x})$$

ところで e^{-tH} を考えれば

$$(e^{-tH}f)(\vec{x}) = f(\vec{x}) - \int_0^t ds(e^{-tH}Hf)(\vec{x})$$

となるから，$Q_t f = e^{-tH}$ が分かった．

次の系を述べる前に，その状況を説明することにする．いまベクトル・ポテンシャル $\vec{a}(\vec{x})$ をもった磁場 $\vec{B}(\vec{x})$ があるとする．即ち $\vec{B}=\nabla\times\vec{a}$ として，その磁場のなかの粒子のエネルギー $H(\vec{a},V)$ は次の形に書ける．

$$H(\vec{a},V) = \frac{1}{2}(-i\nabla-\vec{a})^2+V$$

このとき Feynman-Kac-伊藤の公式とは，次の式を意味する．

$$(f, e^{-tH(\vec{a},V)}g) = \int e^{F(\vec{x},\vec{b},t)}\overline{f(\vec{x})}g(\vec{x}+\vec{b}(t))d\vec{x}d\vec{b}(t)$$

ここに $F(\vec{x},\vec{b},t)$ は次の式を意味する．

$$F(\vec{x},\vec{b},t) = -i\int_0^t \vec{a}(\vec{x}+\vec{b}(s))\cdot d\vec{b}(s) - \frac{i}{2}\int_0^t(\mathrm{div}\,\vec{a})(\vec{x}+\vec{b}(s))ds$$

$$-\int_0^t V(\vec{x}+\vec{b}(s))ds$$

いま Feynman-Kac-伊藤の公式がゲージ変換について不変であることを証明しよう．そのためにゲージ変換を $\tilde{\vec{a}}=\vec{a}+\mathrm{grad}\,\lambda$ とおく．もちろん $\vec{B}$ は不変，即ち $\vec{B}=\nabla\times\vec{a}=\nabla\times\tilde{\vec{a}}$ である．

粒子のエネルギーの方は

$$H(\tilde{\vec{a}},V) = e^{i\lambda}H(\vec{a},V)e^{-i\lambda}$$

となるから，物理的内容には変化はない．Feynman-Kac-伊藤の公式がゲージ変換について不変であることをいうためには，次の式が満たされることをいえばよい．

$$\tilde{F}(\vec{x},\vec{b},t) = F(\vec{x},\vec{b},t)+i\lambda(\vec{x})-i\lambda(\vec{x}+\vec{b}(t))$$

伊藤のレンマにより，次の式が得られる．

$$\int_0^t(\nabla\lambda)(\vec{x}+\vec{b}(s))\cdot d\vec{b} = \lambda(\vec{x}+\vec{b}(t))-\lambda(\vec{x})-\frac{1}{2}\int_0^t(\Delta\lambda)(\vec{x}+\vec{b}(s))ds$$

ところで $\mathrm{div}(\nabla\lambda)=\Delta\lambda$ であるから

$$\int_0^t(\nabla\lambda)(\vec{x}+\vec{b}(s))\cdot d\vec{b}+\frac{1}{2}\int_0^t\mathrm{div}(\nabla\lambda)(\vec{x}+\vec{b}(s))ds = \lambda(\vec{x}+\vec{b}(t))-\lambda(\vec{x})$$

となって，証明が終わった．

系3　Feynman-Kac-伊藤の公式（$V=0$ の場合），即ち次の式が成立する．

$$(f,e^{-tH_0(\vec{a})}g) = \int e^{F(\vec{x},\vec{b},t)}\overline{f(\vec{x})}g(\vec{x}+\vec{b}(t))d\vec{x}d\omega$$

ここに $H_0(\vec{a})$ と $F(\vec{x},\vec{b},t)$ は次のものである．

$$H_0(\vec{a}) = \frac{1}{2}(-i\nabla-\vec{a})^2$$

$$F(\vec{x},\vec{b},t) = -i\int_0^t\vec{a}(\vec{x}+\vec{b}(s))\cdot d\vec{b}(s)-\frac{i}{2}\int_0^t(\mathrm{div}\,\vec{a})(\vec{x}+\vec{b}(s))ds$$

さらに $\vec{a}$ と f,g とはコンパクトな台をもつ無限回微分可能な関数とする．

証明　いま c と z とを次の式で定義する．

$$c = \exp\left(-i\int_0^t \vec{a}(\vec{b}(s))\cdot d\vec{b}(s) - \frac{i}{2}\int_0^t (\mathrm{div}\,\vec{a})(\vec{b}(s))ds\right) f(\vec{b}(t))$$
$$= e^{-iz} f(\vec{b}(t))$$

伊藤のレンマにより，次の式が得られる．

$$d(e^{-iz}) = -ie^{-iz}dz - \frac{1}{2}e^{-iz}(dz)^2$$
$$= -ie^{-iz}\left(\vec{a}\cdot d\vec{b} + \frac{1}{2}(\nabla\cdot\vec{a})ds\right) - \frac{1}{2}e^{-iz}\vec{a}\cdot\vec{a}ds$$

系1を用いれば，次の式が得られる．

$$dc = e^{-iz}\left((\cdots)d\vec{b} + \left(\frac{1}{2}\Delta f - i\vec{a}\cdot\nabla f - \frac{i}{2}(\nabla\cdot\vec{a})f - \frac{1}{2}\vec{a}\cdot\vec{a}f\right)ds\right)$$

ここで $(\cdots)d\vec{b}$ の所は，期待値が 0 となる所である．いまこの式を確率積分の形に書いて，原点を $\vec{x}$ にうつして期待値をとれば

$$E(c) = E(f(\vec{x}+\vec{b}(0)))$$
$$+ E\left(\int_0^t e^{-iz}\left(\frac{1}{2}\Delta f - i\vec{a}\cdot\nabla f - \frac{i}{2}(\nabla\cdot\vec{a})f - \frac{1}{2}a^2 f\right)ds\right)$$

となる．ところで $-H_0(\vec{a})f$ を計算すれば，次の式を得る．

$$-H_0(\vec{a})f = \left(\frac{1}{2}\Delta f - \frac{i}{2}(\nabla\cdot\vec{a})f - i\vec{a}\cdot(\nabla f) - \frac{1}{2}\vec{a}\cdot\vec{a}f\right)$$

即ち，次の式が成立する．

$$E(c) = f(\vec{x})$$
$$+ E\left(\int_0^t \exp\left(-i\int_0^s \vec{a}\cdot d\vec{b} - \frac{i}{2}\int_0^s \mathrm{div}\,\vec{a}\,du\right)(-H_0 f(\vec{x}+\vec{b}(s)))ds\right)$$

いま Q_t を次の式で定義する．

$$(Q_t f)(\vec{x}) = E\left(\exp\left(-i\int_0^t \vec{a}\cdot d\vec{b} - \frac{i}{2}\int_0^t \mathrm{div}\,\vec{a}\,ds\right) f(\vec{x}+\vec{b}(t))\right)$$

明らかに次の式を得る．

$$(Q_t f)(\vec{x}) = f(\vec{x}) - \int_0^t ds(Q_s(H_0(\vec{a})f))(\vec{x})$$

これから，次の Feynman-Kac-伊藤の公式を得る．

$$e^{-tH_0(\vec{a})}f = E(e^F f)$$

系 4　Feynman-Kac-伊藤の公式（一般の場合），即ち次の式が成立する．

$$e^{-tH(\vec{a},V)}f = E(e^{F(\vec{x},\vec{b},t)}f(\vec{x}+\vec{b}(t)))$$

ここに $H(\vec{a},V)$ と F とは次のものである．

$$H(\vec{a},V) = \frac{1}{2}(-i\nabla - \vec{a})^2 + V$$

$$F(\vec{x},\vec{b},t) = -i\int_0^t \vec{a}(\vec{x}+\vec{b}(s))\cdot d\vec{b}(s) - \frac{i}{2}\int_0^t (\mathrm{div}\,\vec{a})(\vec{x}+\vec{b}(s))ds - \int_0^t V(\vec{x}+\vec{b}(s))ds$$

証明　系3と系4の証明を一緒にすればよい．

系 5（ずれ）　$\vec{a}$ をコンパクトな台をもつ無限回微分可能な関数の列として，$\vec{x}$ を次の式で定義する．

$$\vec{x}(t) = \vec{b}(t) + \int_0^t \vec{a}(\vec{b}(s))ds$$

このとき，$\vec{x}(t)$ を $\vec{a}$ で起こされたずれという．明らかに次の式が成立する．

$$d\vec{x} = d\vec{b} + \vec{a}ds$$

したがって，次の式が成立する．

$$d(f(\vec{x}(t))) = \nabla f\cdot d\vec{b} + \left(\vec{a}\cdot\nabla f + \frac{1}{2}\Delta f\right)ds$$

右辺第1項の期待値は0であるから，次の式を得る．

$$E(f(\vec{x}(t))) = E(f(\vec{x}(0))) + E\left(\int_0^t \left(\vec{a}\cdot\nabla f + \frac{1}{2}\Delta f\right)ds\right)$$

いま，微分作用素 X を次の式で定義する．

$$Xf = -\frac{1}{2}\Delta f - \vec{a}\cdot\nabla f$$

このとき $(e^{-tX}f)(\vec{0})$ は $E(f(\vec{x}(t)))$ と同じ式を満たすから，次の式を得る．

$$(e^{-tX}f)(\vec{0}) = E(f(\vec{x}(t)))$$

X のことを，ずれの生成元という．

§2　ゲージ理論とラティス・ゲージ理論

ここではゲージ理論とラティス・ゲージ理論の紹介をする．実際にやりたいことは，次のようなことである．ラティス・ゲージ理論は，4 次元空間を長さが a の格子に分割する．

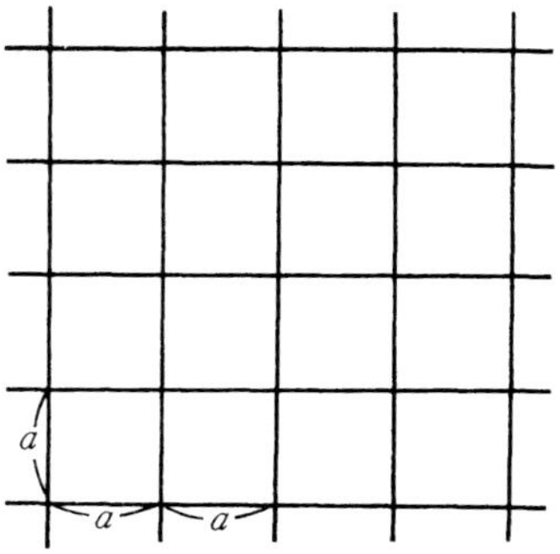

右の図では 2 次元空間の格子を描いているが，これが 4 次元になっているものと思えばよい．この格子点の上での物理学を展開して，$a \to 0$ のときに普通のゲージ理論が出てくるようにしようというものである．

この考えからゆけば，a を無限小にとって我々の無限小解析を行なえば，普通のゲージ理論が出てくるはずである．

これは考えようによっては，無意味ともいえる．ラティス・ゲージ理論は初めからそのように作ってあり，その上 a が有限の場合が，一つの cut off になり，さらにモンテ・カルロ法による近似にも役に立つ．これが，ラティス・ゲージ理論の本来の目的である．

しかし，私には“無限小の a によるラティス・ゲージ理論が本当の物理の理論である”という考え方も面白いのではないか？と思われる．これは§1 で言った“物理の記述はノンスタンダードの世界が最もふさわしいのではないか？”という考えに基づいたものであるが，第一に $a \to 0$ のラティス・ゲージ理論が普通のゲージ理論になるといっても，現在のところそれは希望でしかない，将来においては無限小の a によるラティス・ゲージ理論をノンスタンダードのままで展開してゆく方が理論の発展のためにはよいのではないか，と思われるふしがある．しかもこの記述では，無限小の a のラティス・ゲージ理論が本当の物理の理論であるという思想的な根拠が与えられる．理論の発展には思想的な根拠が大きく働くものであるから，この考え方は重要ではないかと思う．即ち，a が無限小のラティス・ゲージ理論が本当の理論だと思うのと，$a\to 0$ のときに普通の理論が出ると思うのとでは，似てはいるが思想的には大きな差があると思うのである．もうひとつは，無限小のラティス・ゲージ理論という考えに基づいた方が，新しい考え方が出てくる余地があるのではないか？ とも思う．しかしこれは虫のよい考え方かもしれない．

ここではもちろん深入りは出来ない．ノンスタンダードによるラティス・ゲージ理論という標語の意味を，数学者一般に説明できれば幸いである．

いま G をコンパクトな半単純 Lie（リー）群か $U(1)$ として，$\mathfrak{g}$ をその Lie 代数とする．実際には G は $U(1)$ か $SU(n)$ であって，多くの場合は $SU(2)$ とする．まず4次元 Minkowski（ミンコフスキー）空間の元を $x, y, \cdots$ などで表わす．即ち $x=(x_0, x_1, x_2, x_3)$ で x_0, x_1, x_2, x_3 は実数で，x_0 は時間，x_1, x_2, x_3 は普通の xyz 座標系での x, y, z に相当する．

μ, ν を 0, 1, 2, 3 を表わす変数として，$\partial_\mu=\partial/\partial x_\mu$ とする．

いま物理系が与えられたとする．このとき，その物理系の一つの粒子はその粒子の表わす演算子（作用素）$\varphi(x)$ によって表わされる．もっと詳しくいえば，時空の座標 $x=(x_0, x_1, x_2, x_3)$ を定めたとき，$\varphi(x)$ が一つの演算子を表わしている．$\varphi(x)$ のことを，たいていは単に φ と書く．

いま物理系が一つ与えられたとき，その物理系の Lagragian（ラグラジアン）密度 $\mathscr{L}$ が与えられる．その物理系に関係のある粒子の場の演算子を $\varphi_1, \cdots, \varphi_n$ とするとき，$\mathscr{L}$ は $\varphi_1, \cdots, \varphi_n, \partial_\mu\varphi_1, \cdots, \partial_\mu\varphi_n$ の多項式の形で表わされるのが普通である．いま $\mathscr{L}$ を

$$\mathscr{L}=\mathscr{L}(\varphi_i(x), \partial_\mu\varphi_i(x))$$

とすれば，この物理系の Lagragian $L(t)$ は

$$L(t) = \int d^3x \mathscr{L}(\varphi_i(x), \partial_\mu \varphi_i(x))$$

の形で表わされる．ここで $\int d^3x$ は空間部分についての積分を意味する．

このとき，運動の方程式は Hamilton（ハミルトン）の原理に従って

$$\delta \int_{t_1}^{t_2} L(t) = 0$$

である．ここで，t_1, t_2 は任意の時間であり，場の変分は t_1, t_2 のところでは 0 になるものとする．Hamilton の原理から Euler（オイラー）の方程式

$$\frac{\delta \mathscr{L}}{\delta \varphi_i} = \frac{\partial}{\partial x_\mu} \frac{\delta \mathscr{L}}{\delta(\partial_\mu \varphi_i)}$$

が出てくる．ここで $\delta/\delta\varphi_i$ や $\delta/\delta(\partial_\mu \varphi_i)$ は，それぞれ φ_i や $\partial_\mu \varphi_i$ による形式的な偏微分と思ってよい．

以下において，演算子 $\varphi_1, \cdots, \varphi_n$ の作用する Hilbert 空間に G の元が作用するものとする．したがって $\omega \in G$ とするとき，$\omega\varphi$ が演算子の積として定義されているものとする．

いま Lagragian 密度 $\mathscr{L}(\varphi_i, \partial_\mu \varphi_i)$ において，すべての G の元 ω に対して $\mathscr{L}$ が不変であるものと仮定する．即ち

$$\mathscr{L}(\omega\varphi_i, \partial_\mu(\omega\varphi_i)) = \mathscr{L}(\varphi_i, \partial_\mu \varphi_i)$$

が成立しているものとする．

簡単な例として $G = U(1)$ とすれば，G の元は $e^{i\beta}$（β は実数）と表わされるが，自由な複素スカラー場（スピンがないということ）φ が 1 個あって，その Lagragian 密度 $\mathscr{L}_0$ が

$$\mathscr{L}_0 = (\partial_\mu \varphi)^+ \partial_\mu \varphi - \mu^2 \varphi^+ \varphi$$

とすれば，$\mathscr{L}_0$ が G の元について不変であることは明らかであろう．ここで，φ^+ の $^+$ は Hermite（エルミット）共役を意味する．μ は，φ の質量を意味する実数である．

この場合，ゲージ理論ということは，上の $U(1)$ と $\mathscr{L}_0$ の場合には G の元

$e^{i\beta}$ を $\mathscr{L}_0$ に作用させる代りに，x の実関数 $\beta(x)$ をとって $e^{i\beta(x)}$ という x によって変化する $U(1)$ の元を $\mathscr{L}_0$ に作用させると，どうなるか？ という問題である．このとき $\varphi^+\varphi$ は明らかに $e^{i\beta(x)}$ の作用に関して不変になるが，$(\partial_\mu\varphi)^+\partial_\mu\varphi$ の方はこの作用に関して不変ではない．これは $\beta(x)$ が x についての関数であるから，∂_μ で偏微分をするとき $\partial_\mu\beta(x)$ という項が出てきて，$\mathscr{L}_0$ の不変性が破れてしまうのである．

ここでゲージ理論ということは，次の処方をすることをいう．

1.　ゲージ場とよばれる新しい場 $\mathscr{A}_\mu$ を導入する．

2.　$\mathscr{L}_0$ のなかの ∂_μ を $D_\mu=\partial_\mu-\mathscr{A}_\mu$ によって変化させる．即ち，新しい Lagragian 密度 $\mathscr{L}$ は次の形となる．

$$\begin{aligned}\mathscr{L} &= (D_\mu\varphi)^+D_\mu\varphi-\mu^2\varphi^+\varphi\\ &= (\partial_\mu\varphi-\mathscr{A}_\mu\varphi)^+(\partial_\mu\varphi-\mathscr{A}_\mu\varphi)-\mu^2\varphi^+\varphi\end{aligned}$$

3.　$e^{i\beta(x)}$ による変化は $\varphi(x)\longrightarrow e^{i\beta(x)}\varphi(x)$ だけではなくて，

$$\mathscr{A}_\mu(x)\longrightarrow\mathscr{A}_\mu+i\partial_\mu\beta(x)$$

と，$\mathscr{A}_\mu$ の方も作用をうけるものとする．

このとき新しい Lagragian 密度 $\mathscr{L}$ は，この $e^{i\beta(x)}$ の作用に関して不変になる．これを証明するためには，$\varphi^+\varphi$ の方は問題ないから，$(D_\mu\varphi)^+D_\mu\varphi$ だけを問題にすればよい．明らかに

$$\begin{aligned}D_\mu\varphi &\longrightarrow (\partial_\mu-\mathscr{A}_\mu-i\partial_\mu\beta(x))e^{i\beta(x)}\varphi\\ &= e^{i\beta(x)}(\partial_\mu-\mathscr{A}_\mu)\varphi\end{aligned}$$

となる．ここで $\partial_\mu e^{i\beta(x)}\varphi=e^{i\beta(x)}(i\partial_\mu\beta(x)+\partial_\mu)\varphi$ を用いている．

物理学者は，$e^{i\beta}$ で $\mathscr{L}_0$ が不変であるということを，x に依存しないという意味で，$\mathscr{L}_0$ が G によって global symmetry を満たすという．また，$\mathscr{L}$ が $e^{i\beta(x)}$ という変換で不変であることを，$e^{i\beta(x)}$ が x で local に依存するという意味で，local symmetry を満たすという．（数学者ならばちょっと違った表現をしたくなる．）したがってゲージ理論というのは，表面的には global symmetry しか満たさない Lagragian 密度を，local symmetry を満たすようにする処方と考えられるが，実際には新しい場 $\mathscr{A}_\mu$ が自動的に導入されるところがミソである．

さて一般の場合を考えることにする．いま，場 $\varphi_1, \cdots, \varphi_n$ についての Lagragian 密度 $\mathscr{L}_0(\varphi_i, \partial_\mu \varphi_i)$ が与えられているとする．今後 $\varphi_1, \cdots, \varphi_n$ を，ベクトル記号を用いて 1 つの φ で表わすことにする．正確には，φ はその成分を $\varphi_1, \cdots, \varphi_n$ とする縦ベクトルとする．このとき Γ を，G の φ についてのユニタリー表現とする．Γ から得られる Lie 代数 $\mathfrak{g}$ の表現も，同じ Γ で表わすことにする．

このとき，Lie 代数 $\mathfrak{g}$ の元をその値とするゲージ場 $\mathscr{A}_\mu$ を導入して，共変微分 ∇_μ を次の式で定義する．

$$\nabla_\mu = \partial_\mu - \Gamma(\mathscr{A}_\mu)$$

このとき，G の元 $\mathscr{L}_0$ から新しい Lagragian 密度を，$\partial_\mu \longrightarrow \nabla_\mu$ という入れ換えを行なって得ることにする．この上でゲージ変換を次のように定義する．

$$\psi(x) \longrightarrow \psi^\omega(x) = \Gamma(\omega(x))\psi(x)$$

$$\mathscr{A}_\mu(x) \longrightarrow \mathscr{A}_\mu^\omega(x) = \omega(x)\mathscr{A}_\mu(x)\omega^{-1}(x) + (\partial_\mu \omega(x))\omega^{-1}(x)$$

今後 $\Gamma(\omega(x)), \Gamma(\mathscr{A}_\mu(x))$ を，単に $\omega(x), \mathscr{A}_\mu(x)$ と書くことにする．

このとき $\omega(x)$ によって，$\nabla_\mu \psi(x)$ がどのような変換をうけるかを調べれば

$$\begin{aligned}\nabla_\mu \psi(x) &\longrightarrow (\partial_\mu - \omega(x)\mathscr{A}_\mu \omega^{-1}(x) - (\partial_\mu \omega(x))\omega^{-1}(x))\omega(x)\psi(x) \\ &= \omega(x)\nabla_\mu \psi(x)\end{aligned}$$

となるから，例えば $(\nabla_\mu \psi(x))^+ \nabla_\mu \psi(x)$ のような形は，ゲージ変換で不変なことが分かる．

実は，上で作った $\mathscr{L}_0(\varphi, \nabla_\mu \varphi)$ は，もともとの場 φ および φ とゲージ場 $\mathscr{A}_\mu$ の相互作用を記述しているだけであって，$\mathscr{A}_\mu$ の運動エネルギーの記述が入っていない．これを次のようにして，$\mathscr{L}(\varphi, \nabla_\mu \varphi)$ に新しい項をつけ加えなければならない．

上の式から分かるように，∇_μ は共変微分である．したがって我々は，微分幾何の手法を用いることが出来る．微分幾何の教えるところでは，この状態での最も基本的な概念は次の式で定義される曲率テンソル $\mathscr{F}_{\mu\nu}$ である．

$$\mathscr{F}_{\mu\nu} = [\nabla_\mu, \nabla_\nu]$$

ここで $[A, B]$ は，もちろん $[A, B] = AB - BA$ である．

微分幾何の常識（または一般相対論の常識）に従って，もう少し計算を続ければ

$$\begin{aligned}\mathscr{F}_{\mu\nu} &= [\partial_\mu - \mathscr{A}_\mu, \partial_\nu - \mathscr{A}_\nu] \\ &= \partial_\mu\partial_\nu - \mathscr{A}_\mu\partial_\nu - \partial_\mu\cdot\mathscr{A}_\nu + \mathscr{A}_\mu\mathscr{A}_\nu \\ &\quad -\partial_\nu\partial_\mu + \partial_\nu\cdot\mathscr{A}_\mu + \mathscr{A}_\nu\partial_\mu - \mathscr{A}_\nu\mathscr{A}_\mu\end{aligned}$$

ここで $\partial_\mu\cdot\mathscr{A}_\nu$ と書いたのは，これが ∂_μ と $\mathscr{A}_\nu$ との演算子としての積であることを強調したのである．したがって，$\partial_\mu\cdot\mathscr{A}_\nu$ は

$$\partial_\mu\cdot\mathscr{A}_\nu\varphi = \partial_\mu\cdot(\mathscr{A}_\nu\varphi) = (\partial_\mu\mathscr{A}_\nu)\varphi + \mathscr{A}_\nu\partial_\mu\varphi$$

となる．したがって，次の式が成立する．

$$\partial_\mu\cdot\mathscr{A}_\nu = \partial_\mu\mathscr{A}_\nu + \mathscr{A}_\nu\partial_\mu$$

ここで $\partial_\mu\mathscr{A}_\nu$ の意味は，$\partial_\mu\mathscr{A}_\nu$ を計算して出来たものを一つの演算子として書けるという意味である．

この計算を $\partial_\nu\cdot\mathscr{A}_\mu$ にも行なえば

$$\mathscr{F}_{\mu\nu} = \partial_\nu\mathscr{A}_\mu - \partial_\mu\mathscr{A}_\nu + [\mathscr{A}_\mu, \mathscr{A}_\nu]$$

であることが分かる．

ゲージ理論の一番簡単な場合は $G=U(1)$ のときで，このとき $U(1)$ は Abel（アーベル）群であるから $[A, B]=0$ となり，次のよく知られた式を得る．

$$\mathscr{F}_{\mu\nu}(x) = \partial_\nu\mathscr{A}_\mu(x) - \partial_\mu\mathscr{A}_\nu(x)$$

次に Jacobi（ヤコビ）の等式

$$[\nabla_\sigma, [\nabla_\mu, \nabla_\nu]] + [\nabla_\mu, [\nabla_\nu, \nabla_\sigma]] + [\nabla_\nu, [\nabla_\sigma, \nabla_\mu]] = 0$$

を用いれば，

$$[\nabla_\sigma, \mathscr{F}_{\mu\nu}] + [\nabla_\mu, \mathscr{F}_{\nu\sigma}] + [\nabla_\nu, \mathscr{F}_{\sigma\mu}] = 0$$

という Bianchi（ビアンチ）の等式が得られる．

$$\begin{aligned}[\nabla_\sigma, \mathscr{F}_{\mu\nu}] &= \partial_\sigma\cdot\mathscr{F}_{\mu\nu} - \mathscr{A}_\sigma\mathscr{F}_{\mu\nu} - \mathscr{F}_{\mu\nu}\partial_\sigma + \mathscr{F}_{\mu\nu}\mathscr{A}_\sigma \\ &= \partial_\sigma\mathscr{F}_{\mu\nu} + \mathscr{F}_{\mu\nu}\partial_\sigma - \mathscr{F}_{\mu\nu}\partial_\sigma - [\mathscr{A}_\sigma, \mathscr{F}_{\mu\nu}] \\ &= \partial_\sigma\mathscr{F}_{\mu\nu} - [\mathscr{A}_\sigma, \mathscr{F}_{\mu\nu}]\end{aligned}$$

が得られる．同様にして，ゲージ変換 $\omega(x)$ によって $\mathscr{F}_{\mu\nu}$ がどのような local な変換をうけるか調べれば，出来たものを $\mathscr{F}_{\mu\nu}^{\omega}$ と書いて，

$$
\begin{aligned}
\mathscr{F}_{\mu\nu}^{\omega} &= \partial_\nu \mathscr{A}_\mu^{\omega} - \partial_\mu \mathscr{A}_\nu^{\omega} + [\mathscr{A}_\mu^{\omega}, \mathscr{A}_\nu^{\omega}] \\
&= \partial_\nu(\omega(x)\mathscr{A}_\mu(x)\omega^{-1}(x) + (\partial_\mu\omega(x))\omega^{-1}(x)) \\
&\quad - \partial_\mu(\omega(x)\mathscr{A}_\nu(x)\omega^{-1}(x) + (\partial_\nu\omega(x))\omega^{-1}(x)) \\
&\quad + [\omega(x)\mathscr{A}_\mu(x)\omega^{-1}(x) + (\partial_\mu\omega(x))\omega^{-1}(x), \\
&\qquad \omega(x)\mathscr{A}_\nu(x)\omega^{-1}(x) + (\partial_\nu\omega(x))\omega^{-1}(x)] \\
&= \omega(x)\partial_\nu\mathscr{A}_\mu(x)\omega^{-1}(x) - \omega(x)\partial_\mu\mathscr{A}_\nu(x)\omega^{-1}(x) \\
&\quad + \omega(x)[\mathscr{A}_\mu, \mathscr{A}_\nu]\omega^{-1}(x) \\
&= \omega(x)\mathscr{F}_{\mu\nu}(x)\omega^{-1}(x)
\end{aligned}
$$

この計算で $\omega^{-1}(x)(\partial_\mu\omega(x))\omega^{-1}(x) = -\partial_\mu\omega^{-1}(x)$ を用いている．この式は，$\omega(x)\omega^{-1}(x) = 1$ を微分して $(\partial_\mu\omega(x))\omega^{-1}(x) + \omega(x)\partial_\mu\omega^{-1}(x) = 0$ から直ちに出る．

前にいったように，$\mathscr{L}_0(\varphi, \nabla_\mu\varphi)$ はもともとの場 φ の Lagragian 密度と，φ と新しいゲージ場 $\mathscr{A}_\mu$ との相互作用だけを記述していて，$\mathscr{A}_\mu$ の運動エネルギーを表わす項が入っていない．

このために，電磁場の場合が参考になる．この場合は $G = U(1)$ であって，その結果はよく知られているように

$$
\mathscr{L} = \frac{1}{4e^2}\mathscr{F}_{\mu\nu}\mathscr{F}_{\mu\nu} + \mathscr{L}_0(\varphi, \nabla_\mu\varphi)
$$

である．ここに e は電荷を表わす．ここで $U(1)$ は 1 次元であるから，$\mathscr{F}_{\mu\nu}\mathscr{F}_{\mu\nu}$ は一つの項に相当する．一般の G の場合は n 次元になる．したがって，1 次元の $\mathscr{F}_{\mu\nu}\mathscr{F}_{\mu\nu}$ に対応するものは $\mathrm{tr}(\mathscr{F}_{\mu\nu}\mathscr{F}_{\mu\nu})$ と考えられる．ここに tr はトレースである．したがって，新しい $\mathscr{A}_\mu$ の運動エネルギーの項を入れた Lagragian 密度 $\mathscr{L}$ として，次のものをとる．

$$
\mathscr{L} = \frac{1}{8g^2}\mathrm{tr}(\mathscr{F}_{\mu\nu}\mathscr{F}_{\mu\nu}) + \mathscr{L}_0(\varphi, \nabla_\mu\varphi)
$$

もし，Lie 代数 $\mathfrak{g}$ の基底 T^a $(a = 1, \cdots, n)$ を

$$
\mathrm{tr}(T^a T^b) = -2\delta^{ab}
$$

とおいて，$\mathscr{F}_{\mu\nu} = F_{\mu\nu}^a(x)T^a$ と表わせば（ここは $\sum_a$ が省略されている．この

節では，この Eeinstein（アインシュタイン）の規約を常用している），$\mathscr{L}$ は次の形となる．

$$\mathscr{L} = -\frac{1}{4g^2}F_{\mu\nu}^{a}F_{\mu\nu}^{a} + \mathscr{L}_0(\varphi, \nabla_\mu\varphi)$$

$\mathrm{tr}(A^{-1}BA) = \mathrm{tr}(B)$ であるから，$\mathrm{tr}(\mathscr{F}_{\mu\nu}\mathscr{F}_{\mu\nu})$ がゲージ変換 $\omega(x)$ に対して不変なことは明らかである．

いま簡単なために複素スカラー場について述べた．しかし，これでは Bose（ボーズ）粒子しか記述できない．Fermi（フェルミ）粒子を記述するためには，どうしてもスピノル場を表わさなければならない．このために，Dirac（ディラック）の γ 行列 $\gamma^0, \gamma^1, \gamma^2, \gamma^3$ を導入した上で，$\bar{\psi}$ を

$$\bar{\psi} = \psi^{+}\gamma_0$$

で定義すると，

$$\mathscr{L}_0(\psi, \partial_\mu\psi) = i\bar{\psi}(x)\gamma_\mu\partial_\mu\psi(x) - m\bar{\psi}(x)\psi(x)$$

が基本的な Lagragian 密度になっている．これらのことについては物理の本を読まれたい．もっとも，簡単な説明ならば［7］にもある．したがって

$$\mathscr{L} = \mathscr{L}_{YM} + i\bar{\psi}(x)\gamma_\mu\nabla_\mu\psi(x) - m\bar{\psi}(x)\psi(x)$$

したがって，ゲージ場の運動エネルギーの項を入れたものは

$$\mathscr{L} = \mathscr{L}_{YM} + i\bar{\psi}(x)\gamma_\mu\nabla_\mu\psi(x) - m\bar{\psi}(x)\psi(x)$$

である．ここで $\mathscr{L}_{YM}$ の YM は Yang-Mill（ヤング-ミル）の略であり，

$$\mathscr{L}_{YM} = \frac{1}{8g^2}\mathrm{tr}(\mathscr{F}_{\mu\nu}\mathscr{F}_{\mu\nu})$$

となる．

一般の場合は，一つの φ は前と同じく何個かの Bose 粒子の場のベクトル，一つの ψ は何個かの Fermi 粒子の場のベクトルとして，それらが $\varphi^1, \varphi^2, \cdots$, $\psi^1, \psi^2, \cdots$ と何個かあり，そのグループ φ^i ごとに G の異なった表現 Γ^i が，ψ^j ごとに G の異なった表現 Γ'^j があって，そのグループごとに異なったゲージ場 $\mathscr{A}_\mu{}^i$（Γ^i に対応する），$\mathscr{B}_\mu{}^j$（Γ'^j に対応する），また Γ^i に対する g_i，Γ'^j に対応する g'_j とそれぞれのグループごとに違ったものをとって，上に書

かれた Lagragian 密度をその個々の場合にとって，全体の Lagragian 密度はその和だと思えばよい．

さて，ゲージ場について大切なことは，あと Higgs（ヒッグス）モデルのことと，量子化のこととである．Higgs モデルのことはここでは省略する．量子化について少しばかり述べておく．ここで量子化というのは，詳しくいえば第二量子化である．第二量子化というのは，いわゆる古典量子力学から場の量子論への入口である．即ち，場の量子化である．その必要性は，例えば量子力学では，ある物理系の時間による変化，およびそれが観測されたときの測定値についての確率について述べる．しかし，そこでは粒子の生成消滅については語られていない．ところで，場の量子論では粒子の生成消滅が大きな出来事である．したがって，量子力学の記述を生成演算子・消滅演算子を用いて記述することが必要である．これは一つの飛躍である．しかし，そこには自然にたどる道がないわけではない．ということは，古典量子力学で，運動量 k_1 の粒子が運動量 k_2 になったとする．これは，古典量子力学で取り扱うことが出来る問題である．これを，運動量 k_1 の粒子が消滅して運動量 k_2 の粒子が発生したと読みかえる，という書きかえをすればよい．現在の場の量子論の一つの入口はこうして出来たといってもよいであろう．

この第二量子化の入口で生成消滅演算子については，次の調和振動子の場合が教訓的である．いま調和振動子の Hamiltonian $H(P,Q)$ は

$$H(P,Q)=\frac{P^2}{2}+\frac{\omega^2Q^2}{2}$$

と書き表わされる．ここに P は運動量，Q は位置を表わす演算子で

$$[Q,P]=i$$

を満たすものとする．このとき

$$A^*=\frac{1}{\sqrt{2\omega}}(\omega Q-iP),\qquad A=\frac{1}{\sqrt{2\omega}}(\omega Q+iP)$$

とおけば，

$$[A, A^*] = 1, \qquad H(P, Q) = \omega A^* A + \frac{\omega}{2}$$

となる．（エネルギーは差だけが問題であって，絶対値というのは意味がないから，後者は普通 $H(P, Q) = \omega A^* A$ で表わす．）

ここで，A と A^* とは Hermite 共役である．しかし，A も A^* も Hermite 演算子（即ち自己共役作用素）ではない．

ここで，A^* はこの振動子の生成演算子であり，A がこの振動子の消滅演算子となる．

さて，ゲージ場の（第二）量子化をするときには一つの問題がある．それは，このゲージ場の解釈について，$\varphi(x)$, $\mathscr{A}_\mu(x)$ で表わされる物理的状態と，$\omega(x)\varphi(x)$, $\mathscr{A}_\mu^\omega(x)$ で表わされる物理的状態とは同じものと考えられる．即ちゲージ変換にうつり得るものは同じ物理的状態と考えられるのである．これは大きな自由度があることになる．この自由度は，量子化のときにはマイナスの働きをする．したがって，量子化の前にゲージ条件という条件を与えて，それに対応する $\varphi(x)$, $\mathscr{A}_\mu(x)$ がゲージ変換でうつり得るもののなかでは唯一つに定まるようにして，その上で量子化を行なわなければならない．このゲージに対する条件自身のことも，しばしば単にゲージとよばれる．したがって，量子化はゲージを固定してから量子化しなければならない．

したがって，異なったゲージ条件は異なった量子化を与えることになる．即ち，ゲージ条件は量子化された理論の物理的内容を左右するものである．どのようなゲージがどのような物理的意味をもって，どんな理由で選ばれたのか？このあたりは数学者には理解し難いところである．ゲージと量子化についての数学者からの研究があってもよいところではないかと思う．

よく考えられるゲージの条件のうち，2つだけをあげておく．

$\boldsymbol{\Phi}_L$：$\partial_\mu \mathscr{A}_\mu = 0$　　（Lorenz（ローレンツ）ゲージ）

$\boldsymbol{\Phi}_H$：$\mathscr{A}_0 = 0$　　（Hamilton ゲージ）

以上の準備のもとで，ラティス・ゲージ理論の解説をすることにする．原則としてはすべてスターの世界で考えて，その地上への投影が現実の物理的現象を表わすものとする．しかし多くの場合，スターの世界とそのスタンダードへの投影とをあまり区別しないで用いる．

いま N を無限大の自然数として，$a=1/N$ とおく．§1 では $\varDelta t=1/N$ とおいたが，今度は $a=1/N$ とおく．a は無限小であるが，以下あまり無限小であることを強調しないで話を進めていく．理由は，a が普通の実数である場合が普通のラティス・ゲージ理論であって，a を無限小と考える我々の立場が変則であるからである．

以下に 4 次元のラティスを考える．もっとハッキリいえば，4 個の整数の組

$$n=(n_0, n_1, n_2, n_3)$$

の全体を 4 次元のラティスという．実際に n の表わす 4 次元空間の元はその座標が n_0a, n_1a, n_2a, n_3a である点とする．実際には $n_i \in {}^*\boldsymbol{Z}$ であるが，a が普通の実数の場合にはもちろん $n_i \in \boldsymbol{Z}$ である．以下，こういうことはいちいち断わらないことにする．いままでどおり μ は $0, 1, 2, 3$ を表わすものとするが，同時に μ によって，μ の番号の成分が 1 であとは 0 のラティスの点を表わすことにする．例えば $\mu=2$ とすれば，μ によって次のラティスの点を表わす．

$$(0, 0, 1, 0)$$

したがって，この場合さらに $n=(n_0, n_1, n_2, n_3)$ とするとき，$n+\mu$ によって (n_0, n_1, n_2+1, n_3) を表わし，$n-\mu$ によって (n_0, n_1, n_2-1, n_3) を表わすことにする．

以下では，n から $n+\mu$ へと方向をもった線分

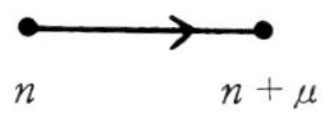

を $\overrightarrow{n, n+\mu}$ で表わす．逆に，$\overleftarrow{n-\mu, n}$ は逆の方向の線分

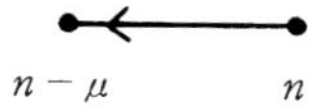

のことである．

以下，G は $U(1)$, $SU(2)$, $SU(3)$, $SU(5)$ のいずれかとする．このとき，ラ

ティス・ゲージ理論の出発点は，$\overrightarrow{n, n+\mu}$ に対して G の元 $U_\mu(n)$ を対応させることである．

$$\overrightarrow{n, n+\mu} \dashrightarrow U_\mu(n)$$

この場合，逆の線分 $\overleftarrow{n, n+\mu}$ には $U_\mu^{-1}(n)$ を対応させることにする．

$$\overleftarrow{n, n+\mu} \dashrightarrow U_\mu^{-1}(n)$$

この $U_\mu(n)$ の導入は，次のゲージ場 $\mathscr{A}_\mu(x)$ の導入に相当する．もう少し詳しくいえば，

$$U_\mu(n) = e^{\mathscr{B}_\mu(n)}$$

として $\mathscr{B}_\mu(n)$ は Lie 代数の元として

$$\mathscr{B}_\mu(n) = a\mathscr{A}_\mu(n)$$

とおくと，この $\mathscr{A}_\mu(n)$ がちょうど以前の $\mathscr{A}_\mu(x)$ に相当するものである．ここに a は以前の a である．（もっとゲージ理論との対応を強めるためには，$U_\mu(n)$ は G の元ではなくて，その表現を表わすものとすべきである．ここでは簡単のために，$U_\mu(n)$ は G の元自身であるとする．）

さてゲージ変換 $\omega(x)$ に対応するものとして，すべてのラティスの点 n に対して G の元 $G(n)$ を対応させる．この $G(n)$ によって $U_\mu(n)$ は次の変換をうけるものとする．

$$U_\mu(n) \longrightarrow G^{-1}(n+\mu)U_\mu(n)G(n)$$

さて，新しく導入した場 $U_\mu(n)$ の運動エネルギーは，曲率テンソルの類似から，n から始まって $n \to n+\mu \to n+\mu+\nu \to n+\nu \to n$ なる回路を考え，それについて

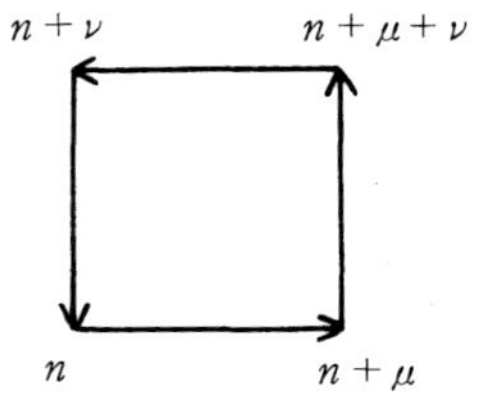

$$-\frac{1}{2g^2}\operatorname{tr}(U_{-\nu}(n+\nu)U_{-\mu}(n+\mu+\nu)U_\nu(n+\mu)U_\mu(n) + \text{h.c.})$$

を考えることにする．ここで h.c. は，その前の項の Hermite 共役を意味するものである．$* + \text{h.c.}$ は，複素数 $a+bi$ から実数 $2a$ を作る操作に相当する．ここでは回路を逆向きに走ったものになっている．

まず $U_\mu(n)=e^{\mathscr{B}_\mu(n)}$ と前のとおりにおけば，前ページのトレースの中味を $UUUU$ + h.c. と略記することにして，a が無限小であることから，次の式が成立する．

$$\mathscr{B}_\nu(n+\mu) \approx \mathscr{B}_\nu(n)+a\partial_\mu\mathscr{B}_\nu(n)$$
$$\mathscr{B}_{-\mu}(n+\mu+\nu) = -\mathscr{B}_\mu(n+\nu) \approx -(\mathscr{B}_\mu(n)+a\partial_\nu\mathscr{B}_\mu(n))$$
$$\mathscr{B}_{-\nu}(n+\nu) = -\mathscr{B}_\nu(n)$$

ここで，$n+\mu$ と n との距離は a としている．これから

$$UUUU \approx \exp(-\mathscr{B}_\nu)\exp(-(\mathscr{B}_\mu+a\partial_\nu\mathscr{B}_\mu))\exp(\mathscr{B}_\nu+a\partial_\mu\mathscr{B}_\nu)\exp(\mathscr{B}_\mu)$$

ここで Hausdorff の公式

$$\exp(A)\exp(B) = \exp\left((A+B)+\frac{1}{2}[A,B]+\frac{1}{12}([A,[A,B]]+[B,[B,A]])+\cdots\right)$$

を用いれば，$\mathscr{B}_\mu(n)=a\mathscr{A}_\mu(n)$ で，$\mathscr{B}_\mu$ 自身が a の程度の無限小なので，a^2 の小ささまでとれば

$$\begin{aligned} UUUU &\approx \exp(a(\partial_\mu\mathscr{B}_\nu-\partial_\nu\mathscr{B}_\mu)-[\mathscr{B}_\mu,\mathscr{B}_\nu]) \\ &\approx \exp(a^2(\partial_\mu\mathscr{A}_\nu-\partial_\nu\mathscr{A}_\mu-[\mathscr{A}_\mu,\mathscr{A}_\nu])) \\ &\approx \exp(-a^2\mathscr{F}_{\mu\nu}) \end{aligned}$$

ここに $\mathscr{F}_{\mu\nu}$ は前と同じく

$$\mathscr{F}_{\mu\nu} = \partial_\nu\mathscr{A}_\mu-\partial_\mu\mathscr{A}_\nu+[\mathscr{A}_\mu,\mathscr{A}_\nu]$$

と定義される．

したがって

$$\mathrm{tr}(UUUU) \approx \mathrm{tr}(\exp(-a^2\mathscr{F}_{\mu\nu})) \approx \mathrm{tr}\left(1-a^2\mathscr{F}_{\mu\nu}+\frac{1}{2}a^4\mathscr{F}_{\mu\nu}\mathscr{F}_{\mu\nu}+\cdots\right)$$

いま G を $SU(n)$ $(n>1)$ とすれば，$SU(n)$ の Lie 代数の元のトレースは 0 であって $\mathscr{F}_{\mu\nu}\in\mathfrak{g}$ であるから

$$\mathrm{tr}(UUUU) \approx \mathrm{tr}(1)+\frac{1}{2}a^4\mathrm{tr}(\mathscr{F}_{\mu\nu}\mathscr{F}_{\mu\nu})$$

となる．これから定数の項 tr(1) をとり去って適当に係数を合わせることにより，ゲージ理論でのゲージ場の運動エネルギーの式が出てくる．a^4 は，すべ

てのラティスの点 n についての和 $\sum_n$ をとるとき，n のまわりの体積を考慮に入れて $\sum_n$ が $\int \frac{d^4x}{a^4}$ に相当するものと思えば，和をとるときにちょうど消えてなくなる勘定になっている．

以上の議論は，場の Lagragian 密度が，幅 a のラティスのなかの真四角な回路（今後このような回路を最小回路とよぶことにする）について

$$\frac{1}{4g^2a^4}\mathrm{tr}(UUUU)$$

を作り，それを n のまわりのすべての最小回路について和をとったものにだいたい相当することを意味している．今後この和を Lagragian 密度として，それから Hamiltonian を作ることを考えてみる．

いま μ, ν で出来た最小回路で，μ, ν の1つが0のものを考える．即ち，その一方が時間を表わすものを考える．そのようなもの全体をⅠとし，そうでないものの全体をⅡとおくことにする．

いま Hamilton ゲージをとることにする．即ち，$\mathscr{A}_0=0$ であって $e^{i\mathscr{B}_0}=1$ となる．

いまⅠに属す回路が右の図で表わされるとして $\nu=0$ とする．このとき Hamilton ゲージの意味するところは，矢印で示された両側面に対応する U が1であることを意味する．

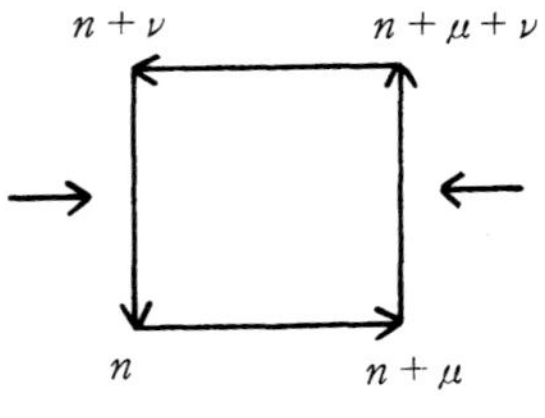

したがって，いま $U_\mu(n)=U(t_i)$, $U_\mu(n+\nu)=U(t_{i+1})$ と表わせば

$$\mathrm{tr}(UUUU+\mathrm{h.c.}) = \mathrm{tr}(U^+(t_{i+1})U(t_i)+\mathrm{h.c.})$$

となっている．ここで h.c. を考えたのは，逆向きの回路をまとめて考えたのである．即ちⅠの回路で，図のように，時間でない μ が先にくるものを選んだのである．

いま $SU(n)$ $(n>1)$ で考えているとすれば，明らかに

$$\mathrm{tr}(U^+(t_{i+1})U(t_i)+\mathrm{h.c.}) = -\mathrm{tr}((U^+(t_{i+1})-U^+(t_i))(U(t_{i+1})-U(t_i)))+2n$$

となる．前にいったようにエネルギーで必要なのは差だけであるから，最後の定数を除けば，Iの回路で Lagragian 密度に寄与するのは次の項となる．

$$-\frac{1}{4g^2a^2}\mathrm{tr}\left(\left(\frac{U^+(t_{i+1})-U^+(t_i)}{a}\right)\left(\frac{U(t_{i+1})-U(t_i)}{a}\right)\right)$$

a は無限小であるから，この式は次の式でおきかえてよい．

$$-\frac{1}{4g^2a^2}\mathrm{tr}(\dot{U}^+\dot{U})$$

さて，Lagragian 密度から Lagragian を作る操作 $\int d^3x$ は $\sum a^3$ に相当するから，全体として Lagragian L は次の形で表わされる．

$$L=-\sum_{\mathrm{I}}\frac{a}{4g^2}\mathrm{tr}(\dot{U}^+\dot{U})+\sum_{\mathrm{II}}\frac{1}{4ag^2}\mathrm{tr}(UUUU+\mathrm{h.c.})$$

いま正準形式の定石に従って Hamiltonian H を作れば

$$\begin{aligned}H&=\sum\left(\dot{U}^+_{ij}\frac{\partial L}{\partial\dot{U}^+_{ij}}+\dot{U}_{ij}\frac{\partial L}{\partial\dot{U}_{ij}}\right)-L\\&=-\sum_{\mathrm{I}}\frac{a}{4g^2}\mathrm{tr}(\dot{U}^+\dot{U})-\sum_{\mathrm{II}}\frac{1}{4ag^2}\mathrm{tr}(UUUU+\mathrm{h.c.})\end{aligned}$$

となる．ここで $\mathrm{tr}(\dot{U}^+\dot{U})=\sum_{i,j}\dot{U}^+_{ij}\dot{U}_{ji}$ から

$$\sum_{i,j}\left(\dot{U}^+_{ij}\frac{\partial L}{\partial\dot{U}^+_{ij}}+\dot{U}_{ij}\frac{\partial L}{\partial\dot{U}_{ij}}\right)=-2\,\mathrm{tr}(\dot{U}^+\dot{U})$$

を用いている．

ところで，この H のなかの

$$\mathrm{tr}(\dot{U}^+\dot{U})$$

は面白くない．

あとがきのなかの［10］では

$$E^\alpha=\frac{ia}{4g^2}\left(\mathrm{tr}\left(\dot{U}^+\frac{1}{2}\tau^\alpha U\right)-\mathrm{h.c.}\right)$$

とおいて，上の $\mathrm{tr}(\dot{U}^+\dot{U})$ を E^α で表わしている．ここに τ^α は Pauli（パウリ）の σ 行列のことである．もう少し詳しくいえば，

$$\tau^\alpha_{ij}\tau^\alpha_{kl}=2\delta_{il}\delta_{jk}-\delta_{ij}\delta_{kl}$$

を満たすものである．この式と

$$U^+U = 1, \qquad \dot{U}^+U + U^+\dot{U} = 0$$

を用いて

$$E^\alpha E^\alpha = \frac{a^2}{2g^4}\mathrm{tr}(\dot{U}^+\dot{U})$$

を導き，それによって次の式を得ている．

$$H = \sum_{\mathrm{I}} \frac{g^2}{2a} E^\alpha E^\alpha - \frac{1}{4ag^2}\sum_{\mathrm{II}}(\mathrm{tr}(UUUU) + \mathrm{h.c.})$$

しかし，この計算を細かく遂行してみると，途中に＋と－を逆にした所があるようである．即ち，都合よく計算間違いをして望む結果を得たのではないかと思われる．読者ならばどうするか？ いろいろな考え方があって面白い問題のように思われる．

ラティス・ゲージ理論は，Fermi 粒子の取り扱いに大分苦労するようである．したがって，ちょっとした細工をする．これは数学的にも面白い．ここに少しばかり紹介することにする．

まず問題をやさしくするために，空間の次元は1次元として，それがラティスの形に表わされているとする．この座標軸を z で表わす．即ちラティスは整数 n で表わされる．図に描けば下のとおりである．

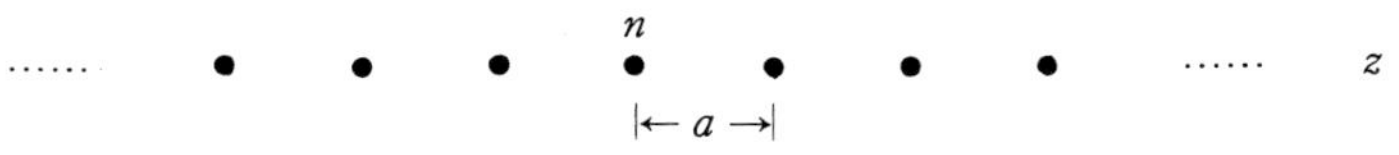

前と同じく，ラティスの最短距離の2点の距離は無限小の a とする．このほかに時間の変数 t を考えるが，これはラティスではなくて実数全体を走るものとする．

さて Dirac の方程式は，場を4次元の場のベクトルで表わして 4×4 型の行列 γ 行列を用いて表現する．ところで我々は，空間次元を3から1に減らしたのであるから，同様に4次元を2次元に，γ 行列も 2×2 型の行列に直して考えることにする．ここで必要なのは γ_5 だけであるので，この 2×2 型 γ_5 行列を次の形とする．

$$\gamma_5 = \begin{bmatrix} 0 & 1 \\ 1 & 0 \end{bmatrix}$$

（γ_5 のこの定義はここだけの話である．）

この2次元に直したところでの Dirac の方程式は，

$$\psi = \begin{bmatrix} \psi_1 \\ \psi_2 \end{bmatrix}$$

とおいた上で，

$$\dot{\psi} = -\gamma_5 \partial_z \psi = -\begin{bmatrix} 0 & 1 \\ 1 & 0 \end{bmatrix} \partial_z \psi \tag{1}$$

であるが，いま2次元のベクトルを考えることを避けて，ラティスの点 n について単に場 φ を定義して，次の仕組みで ψ_1, ψ_2 を定義する．

$$\psi_1(n) = \varphi(2n), \qquad \psi_2(n) = \varphi(2n+1)$$

この上で，実は上の2次元の ψ を頭におきながら，すべて φ で表わしていくのである．まず $\varphi(n)$ について，次の交換関係を仮定する．

$$\{\varphi(n), \varphi(m)\} = 0, \qquad \{\varphi^+(n), \varphi^+(m)\} = 0, \qquad \{\varphi^+(n), \varphi(m)\} = \delta_{nm}$$

ここで $\{A, B\}$ は，もちろん $\{A, B\} = AB + BA$ である．

さらに Hamiltonian H を次の式で定義する．

$$H = -\frac{1}{2a}\sum(\phi^+(n)\phi(n+1) - \phi^+(n+1)\phi(n))$$

いま，運動の方程式

$$i\frac{\partial}{\partial t}\phi = -[H, \phi]$$

を計算するのに，$[AB, C] = A\{B, C\} - \{A, C\}B$ を用いれば，

$$\dot{\phi}(n) = -\frac{1}{2a}(\phi(n+1) - \phi(n-1))$$

が出てくる．これを ψ_1, ψ_2 を用いて書き直せば

$$\dot{\psi}_1(n) = -\frac{1}{2a}(\psi_2(n) - \psi_2(n-1))$$

$$\dot{\psi}_2(n) = -\frac{1}{2a}(\psi_1(n+1) - \psi_1(n))$$

となっている．前ページの（1）を成分ごとに書き直せば

$$\dot{\psi}_1 = -\partial_z \psi_2, \qquad \dot{\psi}_2 = -\partial_z \psi_1$$

であるから，これはよく対応している．

さて，この場合の γ_0 は次のものとする．

$$\gamma_0 = \begin{bmatrix} 1 & 0 \\ 0 & -1 \end{bmatrix}$$

$\bar{\psi} = \psi^+ \gamma$ であることを思いだせば，普通の理論といまの理論との間に次の読みかえが成立することが分かる．

$$\int \psi^+ \psi \, dz = \int (\psi_1^+ \psi_1 + \psi_2^+ \psi_2) dz \longrightarrow \sum_n \phi^+(n) \phi(n)$$

$$\int \bar{\psi} \psi \, dz = \int (\psi_1^+ \psi_1 - \psi_2^+ \psi_2) dz \longrightarrow \sum_n (-1)^n \phi^+(n) \phi(n)$$

$$\int \bar{\psi} \gamma_5 \psi \, dz = \int (\psi_1^+ \psi_2 - \psi_2^+ \psi_1) dz$$

$$\longrightarrow \sum_n \left(\frac{1+(-1)^n}{2} \right) (\phi^{-1}(n) \phi(n+1) - \phi^+(n+1) \phi(n))$$

$$\int \psi^+ \gamma_5 \psi \, dz = \int (\psi_1^+ \psi_2 + \psi_2^+ \psi_1) dz$$

$$\longrightarrow \sum_n \left(\frac{1+(-1)^n}{2} \right) (\phi^+(n) \phi(n+1) + \phi^+(n+1) \phi(n))$$

さて Hamiltonian $H = -\frac{i}{2a} \sum (\phi^+(n) \phi(n+1) - \phi^+(n+1) \phi(n))$ には，どのような対称性があるであろうか？　明らかに分かるものに次のものがある．

1.　ラティスを偶数個移動したもの．

これは，古典論での平行移動に相当する．平行移動の生成元は

$$p_z = -i \int \psi^+ \partial_z \psi \, dz = -i \int (\psi_1^+ \partial_z \psi_1 + \psi_2^+ \partial_z \psi_2) dz$$

である．これに対応するものは次の形になる．

$$p_z \longrightarrow \sum_n (\phi^+(n+2)\phi(n)+\phi^+(n)\phi(n+2))$$

2.　ラティスを奇数個移動したもの．

これは多少意外な感じがするが，Hamiltonian の形をみれば明らかである．

Lagragian 密度の質量 μ からくる項は

$$-\mu\bar{\psi}\psi$$

であるが，ここでの γ_0 を適用すれば，これは

$$-\mu(\psi_1^+\psi_1-\psi_2^+\psi_2)$$

である．これに対するラティス・ゲージ理論の Lagragian の項は

$$-\mu\sum_n(-1)^n\phi^+(n)\phi(n)$$

となる．これは，偶数個ラティスを移動したものには不変であるが，奇数個ずらしたものには不変でない（しかしマイナスがつくだけのことである）ことを示している．

付録1　やさしいルールで学ぶ素粒子論

私は中学のときに，我々の住む世界の物質は原子から組み合わされて出来ており，その原子は原子核のまわりを電子がちょうど太陽のまわりを惑星がまわるようにまわっている，と教えられました．ふりかえってみると，この事実そのものを私が生活に用いたということは一度もないようです．しかし，この考えは私の自然観の根本にあって，一生ことにふれこの考えの上に物を考えてきたように思います．

最近，大統一理論が出来て，自然界の4つの相互作用のうち，電磁力，弱い力，強い力が統合されました．これは物理学者の50年にわたる長い努力と思索とが実を結んだもので，感激的な出来事といってよいでしょう．

今後この大統一理論は再び我々の自然観をさらに大きく深めていくように思います．ところで，この大統一理論を理解するためには本格的な物理学の勉強が必要です．しかし，この理論から出てくる素粒子の生成消滅の規則だけならば，それほど深い知識は必要でなく，いくつかのルールを学べば，それによって千変万化無法則と思われた素粒子生成消滅の秘密をかなりの程度，うかがい知ることが出来ます．

もしこの生成消滅のルールをゲームにたとえれば，その複雑さはだいたいにおいて，マージャン，碁，将棋のルールの複雑さの程度といってよいと思います．また，そこで用いられる数学は，分数（マイナスを入れる）の足し算・引き算，それにマイナスを掛けるという操作がほとんどで，中学校の数学で事が足り，高校生にはやさしくても難しいということはありません．

この付録では，この素粒子論の表面に現われた素粒子ゲームとでもいったものを述べることにします．このような浅薄なものは意味がないという考えもあるかもしれません．しかし，私はそうは思いません．たとえば最初にあげた，“原子核のまわりを電子がまわっている”という原子核像だけでも，私にとっては化学や物理学を理解するのに，どれだけ役に立ったか分かりません．ここに述べる単純なゲームにしても，それによってどれだけ自然観に影響を与えることになるかもしれません．また，本格的に素粒子論を勉強するときの助けにもなることと思います．

素粒子という言葉は，その時代時代にそのときのいちばん基本的な粒子と思われるものにつけるべき名前だと思います．したがって，この付録ではクォーク，レプトン，グルーオンなどを素粒子と呼んでいます．これは少し前の素粒子と呼ばれた粒子とは違っていますが，このほうが現在では自然な呼び方だと思います．

この付録は，Georgi（ジョージィ）と Glashow（グラショー）の $SU(5)$ 理論のスタイルで，大統一理論（のなかの単純な素粒子ゲーム）を述べています．$SU(5)$ 理論自身は，確認された理論というわけではなく，大統一理論のなかの有力候補というにすぎません．これについては最後に説明することにしましょう．

ここに書いたことを $SU(5)$ の表現論と結びつけて，もう少し数学と密接な関係の上で述べることが出来ます．しかし，このためには $SU(5)$ の表現論が必要となり，数学が急に大学院程度になってしまいます．実はこの方針に従ってもう少し詳しいものを書くことを現在計画中*ですが，それにしてもその物理的内容がそれほど深いというわけにはいきません．物理的内容を知るには，どうしても場の理論，特にゲージ理論が必要になってきます．この話題に本当に興味をもつ人は（たとえ数学者であっても）場の理論やゲージ理論をまっとうに勉強されることを望みます．

---

*　これは，あとがきの［7］として出版された．

§1　素粒子の６家族

素粒子は６つの家族と１つのグループに分かれます．このグループについてはあとで説明することにして，ここではまず６つの家族について話を始めることにします．

この６つの家族の構成人員は，レプトン，クォーク，反レプトン，反クォークで，次の表のようになっています．

レプトン	e^-	ν_e	μ^-	ν_μ	τ^-	ν_τ
反レプトン	e^+	$\bar{\nu}_e$	μ^+	$\bar{\nu}_\mu$	τ^+	$\bar{\nu}_\tau$
クォーク	d	u	s	c	b	t
反クォーク	$\bar{d}$	$\bar{u}$	$\bar{s}$	$\bar{c}$	$\bar{b}$	$\bar{t}$

ν, μ, τ はギリシャ文字で，それぞれニュー，ミュー，タウと発音されます．ここでは ν_e のことを，単に ν とも書きます．μ の素粒子としての名前はミューオンです．

ここで $e^+, \bar{\nu}_e, \mu^+, \bar{\nu}_\mu, \tau^+, \bar{\nu}_\tau$ は，それぞれ $e^-, \nu_e, \mu^-, \nu_\mu, \tau^-, \nu_\tau$ の反粒子です．また $\bar{d}, \bar{u}, \bar{s}, \bar{c}, \bar{b}, \bar{t}$ は，それぞれ d, u, s, c, b, t の反粒子です．e^- は電子で，e^+ は陽電子です．クォーク d, u, s, c, b, t の名前は，それぞれダウン（down），アップ（up），ストレンジ（strange），チャーム（charm），ボトム（bottom），トップ（top）と呼ばれます．

一つの粒子をとると，その反粒子は質量が同じで，電荷が逆になっています．反粒子はなんでも元の粒子の裏返し（または逆向き）の性質をもっていると思えばよいので，実際には $e^-, \nu_e, \mu^-, \nu_\mu, \tau^-, \nu_\tau, d, u, s, c, b, t$ の性質が分かれば，この６つの家族が属する素粒子の性質が分かったということになります．したがって，６つの家族を次のページの表のように，３つの家族と３つの反家族に分類します．

ν_e, ν_μ, ν_τ はニュートリノ（neutrino）と呼ばれ，質量は０です．ν_e は e^- に関連したニュートリノでニュートリノ e と呼ばれます．同じように，ν_μ は μ^-

第一家族	e^-　ν_e　d　u	第一反家族	e^+　$\bar{\nu}_e$　$\bar{d}$　$\bar{u}$
第二家族	μ^-　ν_μ　s　c	第二反家族	μ^+　$\bar{\nu}_\mu$　$\bar{s}$　$\bar{c}$
第三家族	τ^-　ν_τ　b　t	第三反家族	τ^+　$\bar{\nu}_\tau$　$\bar{b}$　$\bar{t}$
電　荷	-1　0　$-\frac{1}{3}$　$+\frac{2}{3}$	電　荷	$+1$　0　$+\frac{1}{3}$　$-\frac{2}{3}$

に関連したニュートリノでニュートリノ μ，ν_τ は τ^- に関連したニュートリノでニュートリノ τ と呼ばれます．

物理学での正しい用語では，第一家族と第一反家族を一緒にしたものを第一世代，第二家族と第二反家族を一緒にしたものを第二世代，第三家族と第三反家族を一緒にしたものを第三世代といいます．

さてクォークを d, u, s, c, b, t と6種類に分類しましたが，それぞれのクォークは赤，緑，青の色をもっています．もっとハッキリいえば，d クォークは d 赤クォーク，d 緑クォーク，d 青クォークと3種類のクォークを一緒にした名前になっています．これは他のどのクォークをとっても同じことで，c クォークは c 赤クォーク，c 緑クォーク，c 青クォークと3種類のクォークの総称ということになります．

さて，反クォークの $\bar{d}, \bar{u}, \bar{s}, \bar{c}, \bar{b}, \bar{t}$ はどうでしょうか．これらの反クォークは，反赤，反緑，反青の3種類の色をもっています．今後，反赤を$\overline{\text{赤}}$，反緑を$\overline{\text{緑}}$，反青を$\overline{\text{青}}$と書くことにします．すなわち，$\bar{s}$ クォークは $\bar{s}$ $\overline{\text{赤}}$，$\bar{s}$ $\overline{\text{緑}}$，$\bar{s}$ $\overline{\text{青}}$と3つの反クォークの総称ということになります．

ここで誤解をまねかないようにつけ加えますが，赤・緑・青は現実に我々が見る色とはなんの関係もなく，ただ3種類の別々のものを分類するためにつけた名前にすぎません．これについては，またあとで説明をつけ加えます．

さて，ここで6つの家族に分けた理由を説明することにします．反家族は元の家族の反対の性質または逆の性質（その正確な意味はだんだんハッキリしてきます）をもっていますから，家族，反家族と分ける意味は明らかだと思います．それではなぜ，第一家族，第二家族，第三家族と分けるのでしょうか？

その理由は次のとおりです．

第一家族，第二家族，第三家族は，素粒子の生成消滅について同じ性質をもっています．もっとハッキリいいますと，次のようになります．

いま次の式が成立します．

$$u \rightarrow d + e^{+} + \nu$$

これは，u が消滅して d と e^{+} と ν とが生成した現象を記述したものです．ここで u と d との色を書かなかったのですが，これは u が赤ならば d も赤，u が緑ならば d も緑，u が青ならば d も青となります．上の式は第一家族と第一反家族のメンバーだけで構成されています．いまこの現象が成立しますと，これをそのまま対応する第二家族のメンバーに書きかえて

$$c \rightarrow s + \mu^{+} + \nu_{\mu}$$

が成立することが分かります．同時に，対応する第三家族のメンバーに書きかえて

$$t \rightarrow b + \tau^{+} + \nu_{\tau}$$

が成立することも分かります．

この意味でいえば，すべてのルールを知るためには第一世代（もっと詳しくいえば第一家族と第一反家族）についてのルールを知れば十分だということになります．

したがって，次には第一世代について主に説明することにします．

§2　右巻きと左巻き

第一家族のメンバーとその性質について，いままで述べてきたことを図にしますと，次のようになります．

$e \quad -1$	$\nu \quad 0$	赤 $d \quad -\frac{1}{3}$	緑 $d \quad -\frac{1}{3}$	青 $d \quad -\frac{1}{3}$	赤 $u \quad \frac{2}{3}$	緑 $u \quad \frac{2}{3}$	青 $u \quad \frac{2}{3}$

図 1

図1の箱のなかに書いてある数字は，電荷を意味しています．図から分かるように，d の電荷は色には関係なく $-1/3$ で，u の電荷は色には関係なく 2/3 になっています．この $-1/3$, 1/3, $-2/3$, 2/3 という分数値の電荷は，クォークの理論によって初めて導入されたものです．

さて第一家族だけに制限したために，素粒子の数がずいぶん減ってスッキリした感じがします．しかし残念ながら，ここで再び上のメンバーをそれぞれ2つに分けて2倍にすることになります．

素粒子はスピンといわれる物理量をもっています．スピンは，粒子の内部の回転というイメージから考えられた物理量です．前に，6つの家族と1つのグループに素粒子を分類しました．この分類を正確にいえば，6つの家族に属す素粒子はすべてスピン 1/2 の Fermi（フェルミ）粒子になっています．まだ取り上げてはいませんが，あとの1つのグループに属す素粒子はすべてスピン1の Bose（ボーズ）粒子になっています．このグループのことを，今後，素粒子の Bose グループと呼ぶことにします．

ここで Fermi 粒子，Bose 粒子という新しい言葉が出てきましたが，以下にはそれは必要なく，スピンが 1/2 という概念だけが大切になります．

スピンが 1/2 の粒子の内部回転には，どのような種類があるのでしょうか？たとえばコマの回転では，そのスピードだけ考えても無限の種類があります．幸いにして，スピン 1/2 の粒子の内部回転の状態はタッタ2つしかなく，右巻きと左巻きしかありません．この右巻き・左巻きというのは，進行方向に向かっての右巻き・左巻きということで，次の図のようになっています．

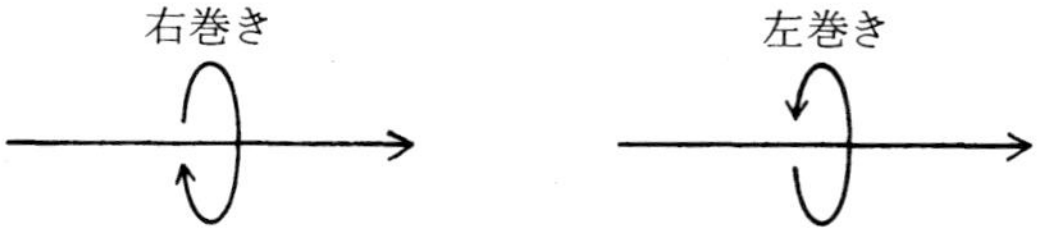

図2

これは進行方向についてですから，進行方向が逆になれば右・左も逆になり，次のページの図3のようになります．

ここで，右巻き・左巻きと2通りしかないといったことをもう少し説明すれば，右巻きの粒子を2つとれば2つともその内部回転は同じ仕方で回転してい

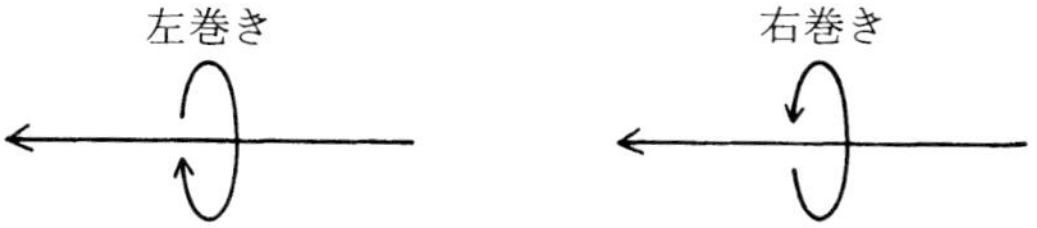

図 3

るということになります．左巻きについても同じです．

6つの家族に属すすべての粒子を右巻きと左巻きとに分けて，同じ粒子でも右巻きと左巻きとでは違った粒子のように取り扱います．それでは，同じ粒子の右巻きと左巻きは本当に同じ粒子なのでしょうか？ それとも，いろいろ似ているところがあるけれども実は違った粒子なのでしょうか？ 同じ粒子であるというのが正しい答になっています．それは次のように説明されます．いまある右巻きの粒子があったとします．それは進行方向に向かって右巻きなわけです．ですから，この粒子を停止させて逆の方向に進ませますと，いままで右巻きだった粒子は左巻きになることが分かります．

ところで，この議論が成立しない粒子があります．それは，質量が0の粒子です．まず，相対論から粒子のエネルギーを E，速度を v，質量を M，光速度を c としますと，次の式が成立します．

$$E\cdot\sqrt{1-(v/c)^2} = Mc^2$$

ここで $M=0$ とおきますと，$v=c$ が出てきます．すなわち，質量が0の粒子はつねに光と同じ速さの速度で走っていることが分かります．したがって，質量0の粒子にとっては，停止して逆の方向に進行することは可能ではなく，この粒子にとっては右巻き・左巻きはその粒子の状態を表わすというよりは，その粒子に固有な不変の性質ということになります．

6家族に属す粒子のなかで，質量0の粒子はニュートリノと反ニュートリノ，すなわち $\nu, \nu_\mu, \nu_\tau, \bar{\nu}, \bar{\nu}_\mu, \bar{\nu}_\tau$ です．ニュートリノ ν, ν_μ, ν_τ はつねに左巻きで，反ニュートリノ $\bar{\nu}, \bar{\nu}_\mu, \bar{\nu}_\tau$ はつねに右巻きであることが，実験で確認されています．すなわち，右巻きのニュートリノや左巻きの反ニュートリノは存在しません．

さて，右巻き・左巻きを入れて第一家族を分類すると，次のページの図4のようになります．ここで，クォークの色は Red, Green, Blue で表わしてあります．また，右巻きは right，左巻きは left で表わしてあります．ここに，

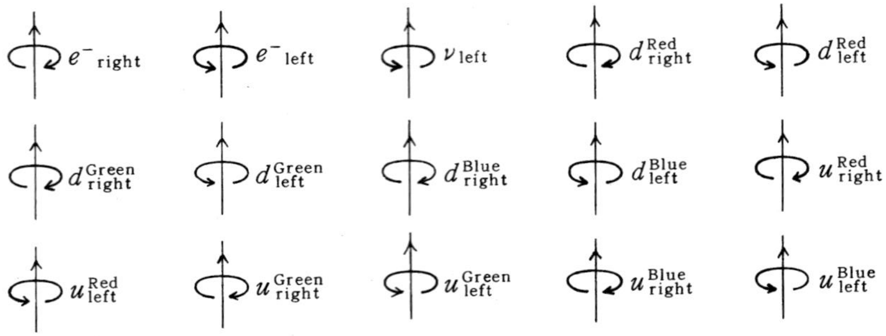

図 4　第一家族

ν が左巻きしか入っていないことに注意してください．

この原稿は最初は色刷りで出すつもりでしたが，印刷の都合上色刷りは断念しなければならなくなりました．したがって，興味のある人は別の紙に自分で図に色をつけたものを作ってみてください．非常に分かりやすくなります．

$\uparrow_{\text{Red}}$ とあるものは $\uparrow$ を赤い色でかくのです．$\downarrow_{\overline{\text{Red}}}$ の場合は，$\downarrow$ を赤い色でかくだけでたくさんです．赤い色と矢印が逆なこととで，反赤が出てくるわけです．無精な人は，この本の上に直接色をぬってみてください．分かりよくなることが抜群であることを保証します．大きくなっても，ぬり絵というものは面白いものです．

次に，$\uparrow$，$\uparrow_{\text{Red}}$，$\uparrow_{\text{Green}}$，$\uparrow_{\text{Blue}}$ について説明することにします．これは，レプトンおよび赤，緑，青のクォークを表わすシンボルです．これは右のような図をかくために，非常に便利です．この図は，$d^{\text{Red}}_{\text{right}}$ が崩壊して $d^{\text{Green}}_{\text{right}}$ と $G_{R\to G}$ とが発生したことを示す図です．

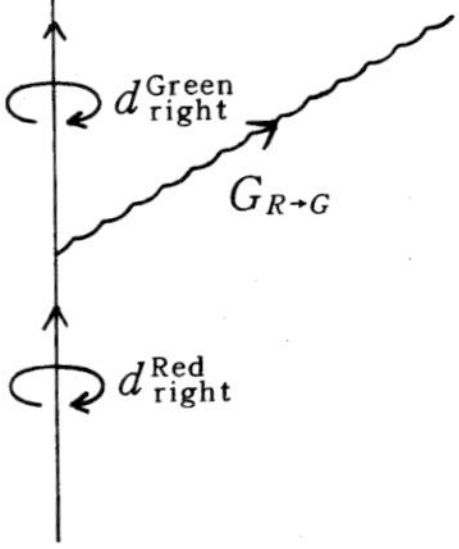

図 5

ここで $G_{R\to G}$ は Bose グループに属す素粒子で，グルーオンと呼ばれる素粒子の一つになっています．

このような図では，いつでも時間が下の方から上の方へと進行していくように読みます．

また  は，この粒子が Bose 粒子であることを表わして

います．

さて，第一家族にした分類を第一反家族にすると，どうなっているでしょうか？　答は次の図のようになります．

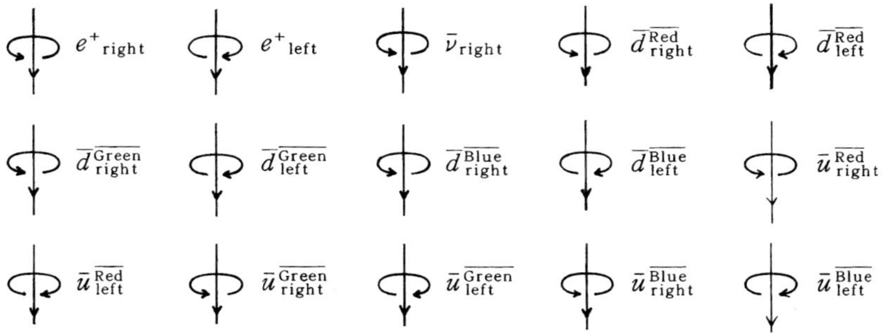

図 6　第一反家族

ここで，反レプトン，反クォークはすべて $\downarrow$，$\downarrow_{\text{Red}}$，$\downarrow_{\text{Green}}$，$\downarrow_{\text{Blue}}$ で表わされていることに注意してください．反赤・反緑・反青などは表わしにくいので，この逆向きの赤・緑・青で表わすのは便利な方法です．この逆矢印で反粒子を表わすのは，素粒子生成消滅の図に本質的な役割を果たします．

右の図は，$e^{+}{}_{\text{right}}$ が崩壊して $\bar{\nu}_{\text{right}}$ と W^{+} が発生したことを表わします．ここで，$\downarrow$ は反レプトンであることを表わしていて，時間の進行はあくまでも下から上へと向かっていることに注意してください．

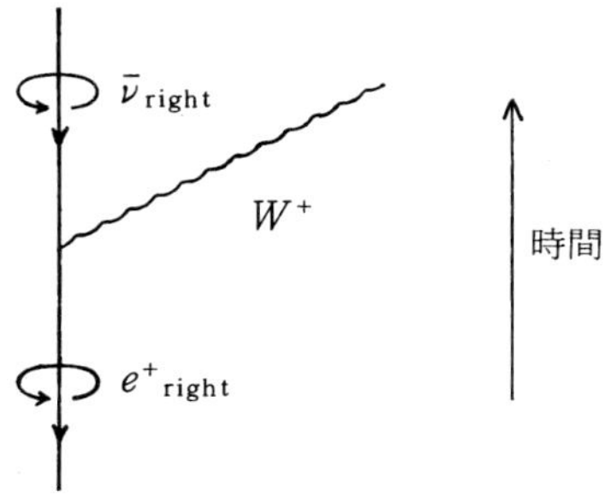

図 7

ここで W^{+} はやはり Bose グループに属す素粒子で，あとで説明しますが，弱い相互作用の力を伝達します．

以上に説明したことは，第一家族と第一反家族だけには限らず，第二家族，第二反家族でもまったく同じことになります．また，第三家族，第三反家族にも通用します．

つまらないことのようでも，第二家族，第二反家族，第三家族，第三反家族の分類の図，およびこの節に現われた2つの消滅発生の図が，第二家族や第三反家族でどうなるかかいてみてください．

§3　弱力荷と色荷

素粒子は，質量，電荷のほかに，弱い相互作用についての物理量と，色についての物理量とをもっています．ここでは，適当な言葉がないので，それぞれ弱力荷，色荷と呼ぶことにします．弱い相互作用自身の説明は，もう少しあとにされます．

色荷はレプトンには関係がありません．したがって，レプトンの色荷はいつも0とします．色荷は3種類あって，$R-G$ 荷，$G-B$ 荷，$B-R$ 荷となっています．ここで，R は赤（red），G は緑（green），B は青（blue）の頭文字になっています．

まず $R-G$ 荷，$G-B$ 荷，$B-R$ 荷について説明します．この3つの物理量は，クォークの色だけで定まる物理量です．すなわち，d, u, s, c, b, t のどれをとっても赤ならば全部同じ値をとります．同様に，緑ならば全部同じ値をとり，青ならば全部同じ値をとります．したがって個々のクォークではなく，その色についての $R-G$ 荷，$G-B$ 荷，$B-R$ 荷の表を次にあげます．

	$R-G$ 荷	$G-B$ 荷	$B-R$ 荷
↑Red　赤	$\frac{1}{2}$	0	$-\frac{1}{2}$
↑Green　緑	$-\frac{1}{2}$	$\frac{1}{2}$	0
↑Blue　青	0	$-\frac{1}{2}$	$\frac{1}{2}$

ここで2つのことを注意します．まず，赤，緑，青のそれぞれについて3つの色荷を加えると，値は必ず0となります．

$$\text{赤}\quad \frac{1}{2}+0+\left(-\frac{1}{2}\right)=0$$

$$\text{緑}\quad -\frac{1}{2}+\frac{1}{2}+0=0$$

$$\text{青}\quad 0+\left(-\frac{1}{2}\right)+\frac{1}{2}=0$$

次に同様に，赤，緑，青のそれぞれについて，たとえば赤は $\frac{1}{2}(R-G)$ をもっていると思って，その総和を代数のように計算してみますと

$$\uparrow_{\text{Red}}\ \text{赤}\quad \frac{1}{2}(R-G)+0(G-B)-\frac{1}{2}(B-R)=R-\frac{1}{2}(G+B)$$

$$\uparrow_{\text{Green}}\ \text{緑}\quad -\frac{1}{2}(R-G)+\frac{1}{2}(G-B)+0(B-R)=G-\frac{1}{2}(R+B)$$

$$\uparrow_{\text{Blue}}\ \text{青}\quad 0(R-G)-\frac{1}{2}(G-B)+\frac{1}{2}(B-R)=B-\frac{1}{2}(R+G)$$

ついでに，赤＋緑＋青 を計算してみますと

$$\uparrow_{\text{Red}}+\uparrow_{\text{Green}}+\uparrow_{\text{Blue}}=R-\frac{1}{2}(G+B)+G-\frac{1}{2}(R+B)+B-\frac{1}{2}(R+G)$$
$$=0$$

となります．もっと簡単に $R-G$ 荷，$G-B$ 荷，$B-R$ 荷について，それぞれ赤，緑，青の値を加えると0になります．すなわち

$$R-G:\quad \frac{1}{2}-\frac{1}{2}+0=0$$

$$G-B:\quad 0+\frac{1}{2}-\frac{1}{2}=0$$

$$B-R:\quad -\frac{1}{2}+0+\frac{1}{2}=0$$

以上によって，赤，緑，青と $R-G$ 荷，$G-B$ 荷，$B-R$ 荷の間の関係が分かることと思います．またこれは，赤，緑，青が互いに関係しあっていること，また $R-G$, $G-B$, $B-R$ が独立ではなく，そのうちの一つは他の2つから計算できることを意味しています．イタズラのついでにもう一つ，表の作り方は次の式で表わされることを注意しておきます．

$$R-G=\frac{1}{2}(\uparrow_{\text{Red}}-\uparrow_{\text{Green}}),$$

$$G-B=\frac{1}{2}(\uparrow_{\text{Green}}-\uparrow_{\text{Blue}}),$$

$$B-R=\frac{1}{2}(\uparrow_{\text{Blue}}-\uparrow_{\text{Red}})$$

さて，反クォークの色荷についてはどうなっているでしょうか？　この場合も，反クォークの色だけでその色荷が定まるので，反赤・反緑・反青の色荷を定めればよいわけです．反赤・反緑・反青の色荷は，だれでも想像するとおりに，それぞれ赤・緑・青の色荷にマイナスを掛けたものになっています．表にすると，次のとおりになります．

		$R-G$ 荷	$G-B$ 荷	$B-R$ 荷
$\downarrow_{\text{Red}}$	反赤	$-\frac{1}{2}$	0	$\frac{1}{2}$
$\downarrow_{\text{Green}}$	反緑	$\frac{1}{2}$	$-\frac{1}{2}$	0
$\downarrow_{\text{Blue}}$	反青	0	$\frac{1}{2}$	$-\frac{1}{2}$

いま，すべての色荷が0になるものを，無色と呼ぶことにします．そうすると，次の組合せがすべて無色になることが容易に分かります．

$$\uparrow_{\text{Red}}+\uparrow_{\text{Green}}+\uparrow_{\text{Blue}},\quad \uparrow_{\text{Red}}+\downarrow_{\text{Red}},\quad \uparrow_{\text{Green}}+\downarrow_{\text{Green}},$$

$$\uparrow_{\text{Blue}}+\downarrow_{\text{Blue}},\quad \downarrow_{\text{Red}}+\downarrow_{\text{Green}}+\downarrow_{\text{Blue}}$$

自然界ではクォークは単独では見つからず，この無色になる組合せでハドロンと呼ばれる粒子の形で観察されるので，以上の組合せは大切になってきます．これはまた，強い相互作用およびハドロンのところで説明することにします．

さて，弱力荷について述べることにします．弱力荷はあとで説明する弱い相互作用についての物理量ですが，そのいちばん大切な性質は右巻き・左巻きに密接に関係しているということです．その規則のいちばん大切なものをあげると，次のようになります．

1.　右巻きクォークおよびレプトンの弱力荷は，いつでも 0 である．

2.　左巻き反クォークおよび反レプトンの弱力荷は，いつでも 0 である．

3.　クォークの弱力荷はその色とは無関係である．すなわち同じクォークの色違いは同じ弱力荷をもっている．

別のいい方をしますと，右巻きのクォークとレプトンおよび左巻きの反クォークと反レプトンとは，弱い相互作用に関係がないということになります．

さて以上の注意の上で，弱力荷が 0 でないクォーク，反クォーク，レプトン，反レプトンと，その弱力荷を表にまとめておきます．

	弱力荷			
左巻き ニュートリノ	$\frac{1}{2}$	ν_{left}	$\nu_{\mu\,\text{left}}$	$\nu_{\tau\,\text{left}}$
右巻き 反ニュートリノ	$-\frac{1}{2}$	$\bar{\nu}_{\text{right}}$	$\bar{\nu}_{\mu\,\text{right}}$	$\bar{\nu}_{\tau\,\text{right}}$
左巻き e^-, μ^-, τ^-	$-\frac{1}{2}$	e^-_{left}	μ^-_{left}	τ^-_{left}
右巻き e^+, μ^+, τ^+	$\frac{1}{2}$	e^+_{right}	μ^+_{right}	τ^+_{right}
左巻き u, c, t	$\frac{1}{2}$	u_{left}	c_{left}	t_{left}
右巻き $\bar{u}$, $\bar{c}$, $\bar{t}$	$-\frac{1}{2}$	$\bar{u}_{\text{right}}$	$\bar{c}_{\text{right}}$	$\bar{t}_{\text{right}}$
左巻き d, s, b	$-\frac{1}{2}$	d_{left}	s_{left}	b_{left}
右巻き $\bar{d}$, $\bar{s}$, $\bar{b}$	$\frac{1}{2}$	$\bar{d}_{\text{right}}$	$\bar{s}_{\text{right}}$	$\bar{b}_{\text{right}}$

ここでクォークに色がついていないのは，弱力荷が色に関係なく同じ値をとるためです．2つのレプトンのグループおよび2つのクォークのグループの構

成因子の弱力荷の符号が，逆になっていることに注意してください．

以上で準備がととのったので，いよいよ基本的な法則について述べることにします．いってみれば，駒の名前とその動き方がすんで，次はいよいよゲームのルールを説明する段階ということになります．

§4　基本法則

2つの基本法則があります．まず第一世代について説明することにしますと，第一基本法則は次の図で示されます．

	$d^{\mathrm{Red}}_{\mathrm{right}}$	$d^{\mathrm{Green}}_{\mathrm{right}}$	$d^{\mathrm{Blue}}_{\mathrm{right}}$	$e^{+}{}_{\mathrm{right}}$	$\bar{\nu}_{\mathrm{right}}$
$d^{\mathrm{Red}}_{\mathrm{right}}$	$G_1+G_2+\gamma+Z^0$	$G_{R\to G}$	$G_{R\to B}$	$X^{\mathrm{Red}}_{-4/3}$	$X^{\mathrm{Red}}_{-1/3}$
$d^{\mathrm{Green}}_{\mathrm{right}}$	$G_{G\to R}$	$G_1+G_2+\gamma+Z^0$	$G_{G\to B}$	$X^{\mathrm{Green}}_{-4/3}$	$X^{\mathrm{Green}}_{-1/3}$
$d^{\mathrm{Blue}}_{\mathrm{right}}$	$G_{B\to R}$	$G_{B\to G}$	$G_1+G_2+\gamma+Z^0$	$X^{\mathrm{Blue}}_{-4/3}$	$X^{\mathrm{Blue}}_{-1/3}$
$e^{+}{}_{\mathrm{right}}$	$X^{\overline{\mathrm{Red}}}_{4/3}$	$X^{\overline{\mathrm{Green}}}_{4/3}$	$X^{\overline{\mathrm{Blue}}}_{4/3}$	$\gamma+Z^0$	W^+
$\bar{\nu}_{\mathrm{right}}$	$X^{\overline{\mathrm{Red}}}_{1/3}$	$X^{\overline{\mathrm{Green}}}_{1/3}$	$X^{\overline{\mathrm{Blue}}}_{1/3}$	W^-	Z^0

図8　第一基本法則（1）

この図は次のように読みます．たとえば，第2行の箱の左に $d^{\mathrm{Green}}_{\mathrm{right}}$ をみます．それから，その行の四角のなかの $G_{G\to R}$ をみると，その上には $d^{\mathrm{Red}}_{\mathrm{right}}$ があります．これは，次のページの図9のように，$d^{\mathrm{Green}}_{\mathrm{right}}$ が崩壊して $G_{G\to R}$ と $d^{\mathrm{Red}}_{\mathrm{right}}$ が発生することを意味しています．

同様にして下から2行目をみると，箱の左に $e^{+}{}_{\mathrm{right}}$ があります．それから，

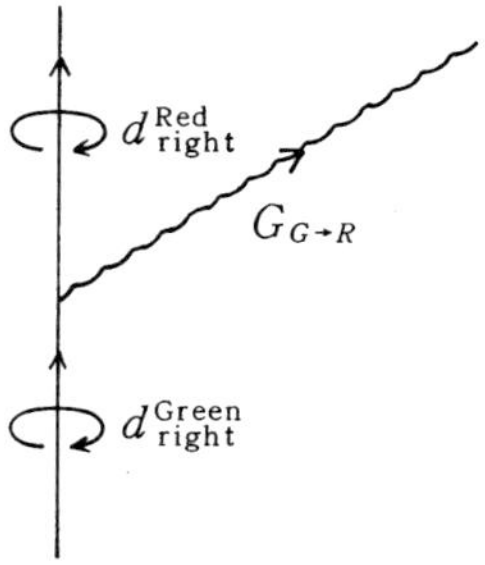

図 9

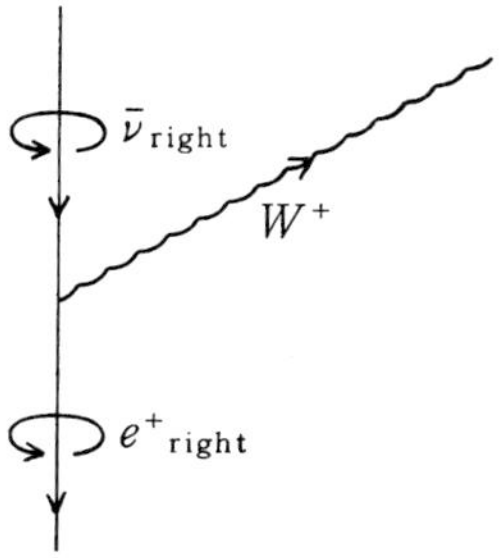

図10

その行の最後の列の箱に W^+ があり，その列の上をみると $\bar{\nu}_{\text{right}}$ があります．これは，図10のように $e^+{}_{\text{right}}$ が崩壊して W^+ と $\bar{\nu}_{\text{right}}$ が発生することを意味しています．

箱のなかに現われる，G, γ, W, X, Z などのついた粒子は前にいった Bose グループに属する素粒子です．すなわち，スピンが 1 の Bose 粒子になっています．ここで G はグルーオン（Gluon）の頭文字です．左上の 3 行 3 列の 9 つの小さな箱は，強い相互作用を表わします．右下の 2 行 2 列の 4 つの小さな箱は弱い相互作用を表わします．

ここで，左上から右下への対角線に関して対称の位置にある粒子は，それぞれ相手の粒子の反粒子になっています．すなわち，$G_{G\to R}$ は $G_{R\to G}$ の反粒子，$G_{B\to R}$ は $G_{R\to B}$ の反粒子，$X^{\overline{\text{Red}}}_{4/3}$ は $X^{\text{Red}}_{-4/3}$ の反粒子，$X^{\overline{\text{Green}}}_{1/3}$ は $X^{\text{Green}}_{-1/3}$ の反粒子，W^- は W^+ の反粒子，…… となっています．さらに，対角線の上にある粒子は，それぞれ自分自身の反粒子になっています．すなわち，γ は γ の反粒子，Z^0 は Z^0 の反粒子，G_i $(i=1,2)$ は G_i の反粒子になっています．

次に，粒子と反粒子についての基本的な原則について述べておきます．まず粒子 A の反粒子を $\bar{A}$ で表わします．もし A が $\bar{B}$ の形のときは，$\bar{A}$ は B を意味するものとします．

さて，一般に素粒子の反応図を，次のようにかきます．

$$A_1+\cdots+A_n \to B_1+\cdots+B_m$$

これは，$A_1, \cdots, A_n$ が崩壊して $B_1, \cdots, B_m$ が発生したという素粒子生成崩壊の反応図を意味します．このとき，つねに次の原則が成立します．

素粒子の反応図において，右側の粒子を反粒子にして左側へもっていってもよいし，また左側の粒子を反粒子にして右側へもっていってもよい．

たとえば，

$$A+B \rightarrow C+D$$

という反応が起きれば，

$$\bar{C}+B \rightarrow \bar{A}+D$$

という反応も必ず起きます．

さらに，

$$A \rightarrow B+C+D$$

という反応が起きれば，

$$\bar{B}+A \rightarrow C+D$$

$$\bar{C}+A \rightarrow B+D$$

などという反応も必ず起きます．

ここで $A+B \rightarrow C+D$ という反応と $\bar{C}+B \rightarrow \bar{A}+D$ という反応とはもちろん別の反応です．いっていることは，この一方の反応が起きる可能性があれば，もう一方の反応も必ず起きる可能性があるということにすぎません．

さてここで，A を $\bar{A}$ にするときの注意をもう少し述べておきます．

A に色があるとき，A を $\bar{A}$ に変えるときは同時に色のほうを次のように変化させることにします．

赤 → 反赤，　緑 → 反緑，　青 → 反青

反赤 → 赤，　反緑 → 緑，　反青 → 青

同様に，A に右巻きや左巻きがあるときには，A を $\bar{A}$ に変えるときは同時に右巻き・左巻きも次のように変化させることにします．

右巻き → 左巻き，　左巻き → 右巻き

この原則を，粒子が自分自身の反粒子である G_1, G_2, γ, Z^0 にあてはめますと，対角線のところの，たとえば2行2列目の $G_1+G_2+\gamma+Z^0$ は次の8つの図（図11）が可能であることを意味しています．

ここで2行目の図は，それぞれ G_1, G_2, γ, Z^0 が $d^{\mathrm{Green}}_{\mathrm{right}}$ に吸収されることを

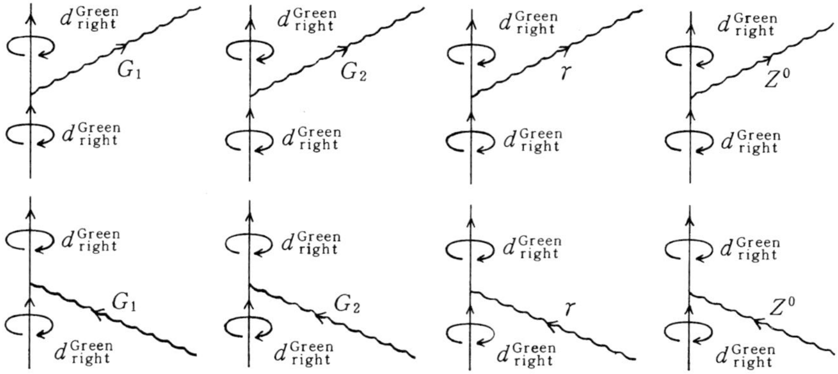

図11

意味しています．

G_1 および G_2 の差については，ここでは省略します．X についてはあとで述べることにします．γ は光子（photon）です．Z^0 は弱力荷をもった素粒子にだけ作用します．同様に，γ は電荷をもった粒子にだけ作用しています．

X の右肩の Red, Green, Blue, $\overline{\text{Red}}$, $\overline{\text{Green}}$, $\overline{\text{Blue}}$ は，その X 粒子の色を表わしています．X の右下の数字は，その X 粒子の電荷を表わしています．

対角線に現われる Bose グループの素粒子 G_1, G_2, γ, Z^0 は，もちろん電荷も弱力荷も色荷ももっていません．すなわち，電荷も弱力荷も色荷も 0 になっています．

$G_1, G_2, G_{G\to R}, G_{R\to G}, G_{R\to B}, G_{B\to R}, G_{B\to G}, G_{G\to B}$ のうち G_1 と G_2 とは色荷をもっていません（すなわちすべて 0）．$G_{G\to R}, G_{R\to G}, G_{R\to B}, G_{B\to R}, G_{B\to G}, G_{G\to B}$ の色荷は，次のページの表に見られるように，

↑Green ↓Red，　↑Red ↓Green，

↑Red ↓Blue，　↑Blue ↓Red，

↑Blue ↓Green，　↑Green ↓Blue

という，それぞれの二組の色の色荷を加えたものになっています．

粒子の発生と反粒子の吸収は，同様に起こり得ることなので，区別しないで同じ図で表わしたりします．

		$R-G$	$G-B$	$B-R$
↑Red ↓Green	$G_{R\to G}$	1	$-\frac{1}{2}$	$-\frac{1}{2}$
↑Green ↓Red	$G_{G\to R}$	−1	$\frac{1}{2}$	$\frac{1}{2}$
↑Green ↓Blue	$G_{G\to B}$	$-\frac{1}{2}$	1	$-\frac{1}{2}$
↑Blue ↓Green	$G_{B\to G}$	$\frac{1}{2}$	−1	$\frac{1}{2}$
↑Red ↓Blue	$G_{R\to B}$	$\frac{1}{2}$	$\frac{1}{2}$	−1
↑Blue ↓Red	$G_{B\to R}$	$-\frac{1}{2}$	$-\frac{1}{2}$	1

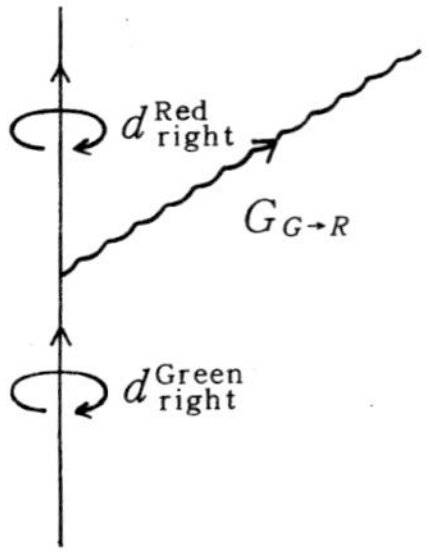

と

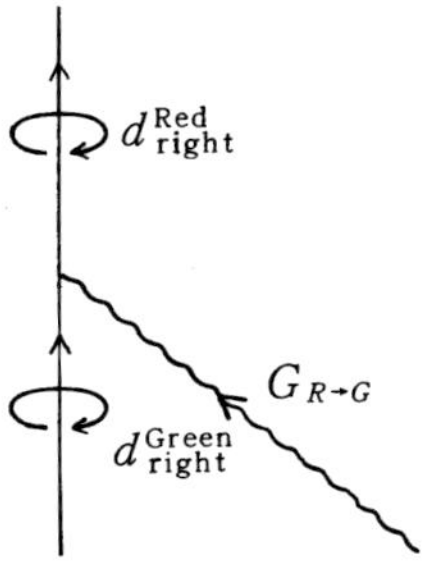

は

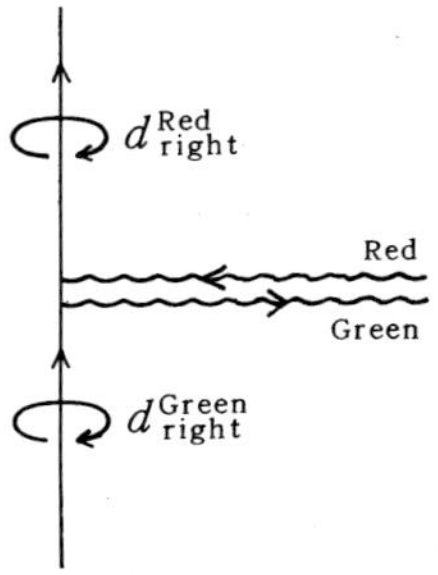

のようにかいて，都合のよいほうを表わしたりします．この赤と緑とがまじったところは，出ていく方向に眺めれば $G_{G\to R}$ になっており，入ってくる方向に眺めれば $G_{R\to G}$ になっています．

ここで Red だけの線と，Green だけの線を考えれば，

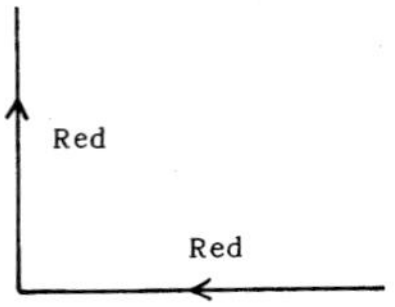

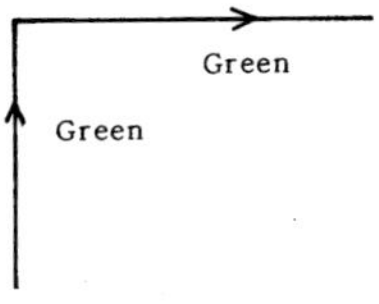

と，矢印の方向が変わらないでつながっていくことに注意してください．

次に，Fermi 粒子と Bose 粒子とでは，図をかくときの矢印の意味がまったく違うことを説明します．

Fermi 粒子では，

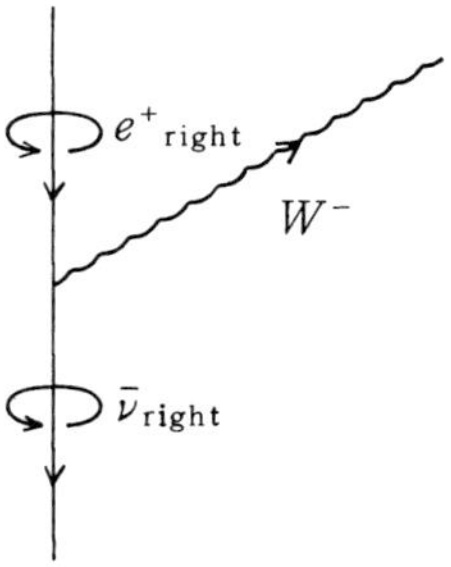

または

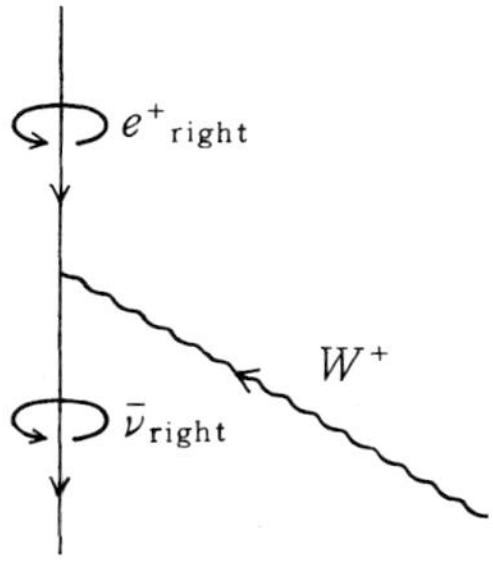

とかいたときの  $e^{+}{}_{\mathrm{right}}$ の ↓ は，反粒子であることを表わしています．

すなわち，矢印の ↑ か ↓ は，粒子か反粒子の区別だけに用いられています．我我は Bose 粒子の矢印はその粒子の行く方向を表わすものとします．すなわち Fermi 粒子の場合と Bose 粒子の場合の矢印の意味は，まったく違ったものとします．

たとえば上の図で，最初の図は $\bar{\nu}_{\mathrm{right}}$ が崩壊して $e^{+}{}_{\mathrm{right}}$ と W^{-} が発生することを意味します．第二の図では $\bar{\nu}_{\mathrm{right}}$ と W^{+} とが崩壊して $e^{+}{}_{\mathrm{right}}$ が発生したことを意味します．W^{-} が W^{+} の反粒子で，W^{+} が W^{-} の反粒子であることを考えれば，Fermi 粒子と Bose 粒子では，矢印の用い方がまったく異なっていることが分かると思います．

W^{+} は電荷と弱力荷が 1 で色荷が 0，W^{-} は電荷と弱力荷が -1 で色荷が 0 と定義します．こうしますと，第一基本法則で述べられるすべての反応について，反応前の粒子の電荷の和，弱力荷の和，色荷の和は，反応後の粒子の電荷の和，弱力荷の和，色荷の和にそれぞれ等しいことが分かります．すなわち，電荷・弱力荷・色荷は，すべて第一基本法則の反応によって保たれます．

第一基本法則を逆向きにすることによって，次の法則（図12）が得られます．我々は，この図によって得られる法則もやはり第一基本法則と呼ぶことにしま

	$\overline{d}^{\overline{\text{Red}}}_{\text{left}}$	$\overline{d}^{\overline{\text{Green}}}_{\text{left}}$	$\overline{d}^{\overline{\text{Blue}}}_{\text{left}}$	$e^{-}{}_{\text{left}}$	ν_{left}
$\overline{d}^{\overline{\text{Red}}}_{\text{left}}$	$G_1+G_2+\gamma+Z^0$	$G_{G\to R}$	$G_{B\to R}$	$X^{\overline{\text{Red}}}_{4/3}$	$X^{\overline{\text{Red}}}_{1/3}$
$\overline{d}^{\overline{\text{Green}}}_{\text{left}}$	$G_{R\to G}$	$G_1+G_2+\gamma+Z^0$	$G_{B\to G}$	$X^{\overline{\text{Green}}}_{4/3}$	$X^{\overline{\text{Green}}}_{1/3}$
$\overline{d}^{\overline{\text{Blue}}}_{\text{left}}$	$G_{R\to B}$	$G_{G\to B}$	$G_1+G_2+\gamma+Z^0$	$X^{\overline{\text{Blue}}}_{4/3}$	$X^{\overline{\text{Blue}}}_{1/3}$
$e^{-}{}_{\text{left}}$	$X^{\text{Red}}_{-4/3}$	$X^{\text{Green}}_{-4/3}$	$X^{\text{Blue}}_{-4/3}$	$\gamma+Z^0$	W^-
ν_{left}	$X^{\text{Red}}_{-1/3}$	$X^{\text{Green}}_{-1/3}$	$X^{\text{Blue}}_{-1/3}$	W^+	Z^0

図12　第一基本法則（2）

す．

この第一基本法則を眺めますと，すべて次の形であるという著しい現象に気がつきます．

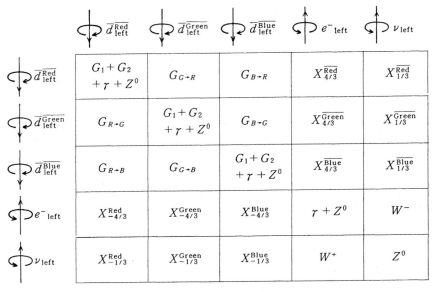

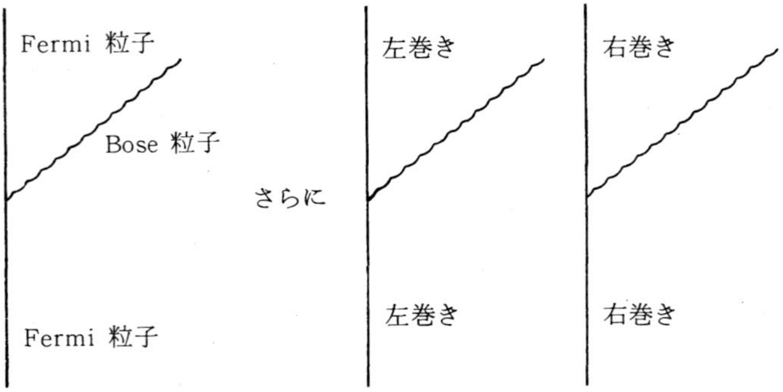

図13

我々は，基本法則はすべてこの形であるものとします．

さて，第二基本法則を述べる前に，$\propto$ なる記号を導入します．これは

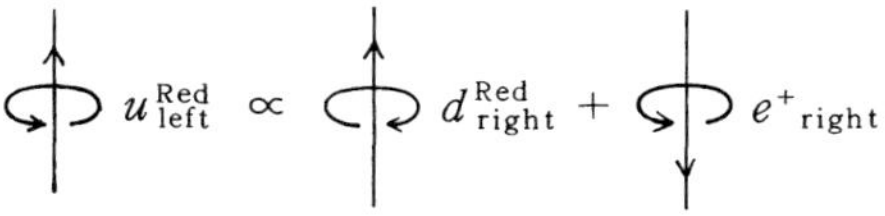

のように用いられます．その意味は“$u^{\text{Red}}_{\text{left}}$ はあたかも $d^{\text{Red}}_{\text{right}}$ と $e^{+}{}_{\text{right}}$ から出来た複合粒子のように反応する”ということです．詳しい説明はあとで実例にあたりながらすることにして，ここではこの記号を用いれば，第二基本法則は第一世代については次の式（次ページの図14）で表わされることとします．

もちろんこの式において，$\propto$ の左側の粒子の電荷・弱力荷・色荷はそれぞれ $\propto$ の右側の2つの粒子の電荷の和・弱力荷の和・色荷の和になっていますが，本当の用い方は図15のように行なわれます．

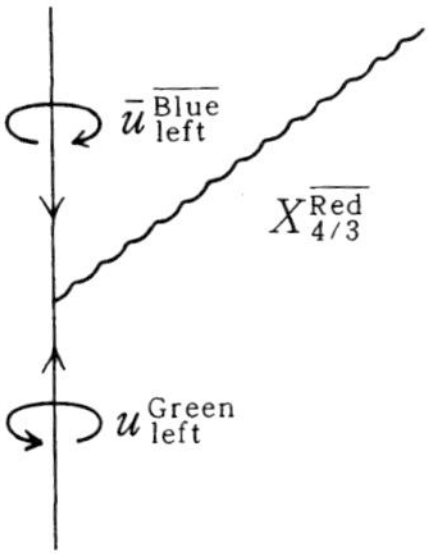

図15

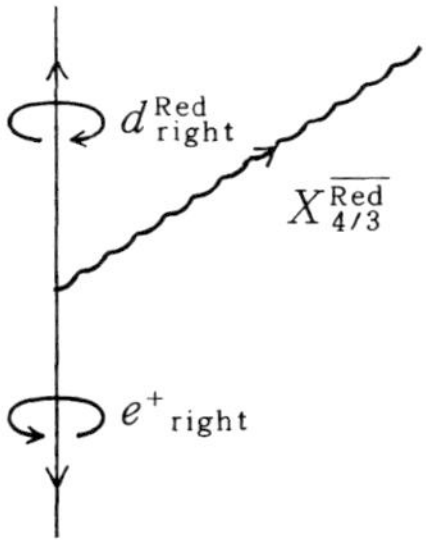

図16

上の図15は第二基本法則から出てくる図なのですが，それは次のように考えます．まず

です．ところで，第一基本法則によって

$$e^{+}_{\text{right}} \rightarrow d^{\text{Red}}_{\text{right}} + X^{\overline{\text{Red}}}_{4/3}$$

ですから，上の図16のようになります．また，第二基本法則で

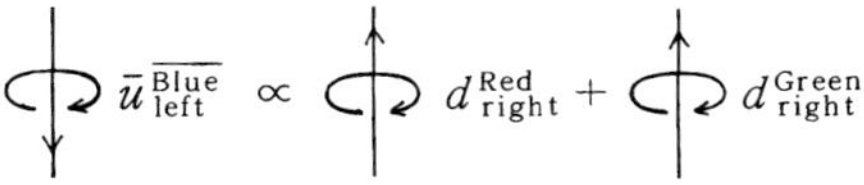

なので，全体として最初の図15が得られます．すなわち，最初に仮に $u^{\text{Green}}_{\text{left}}$

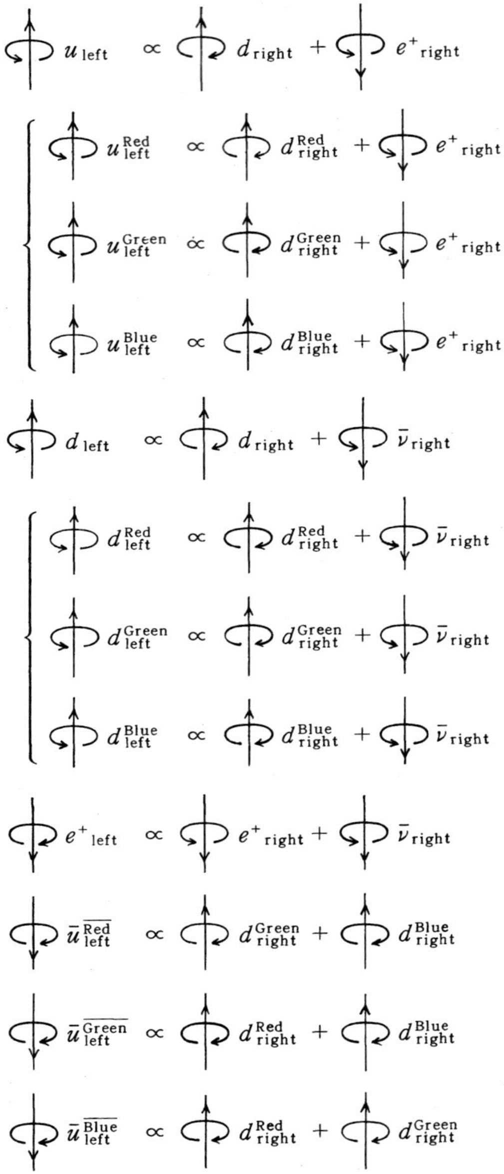
$u_{\text{left}} \propto d_{\text{right}} + e^{+}{}_{\text{right}}$
$u^{\text{Red}}_{\text{left}} \propto d^{\text{Red}}_{\text{right}} + e^{+}{}_{\text{right}}$
$u^{\text{Green}}_{\text{left}} \propto d^{\text{Green}}_{\text{right}} + e^{+}{}_{\text{right}}$
$u^{\text{Blue}}_{\text{left}} \propto d^{\text{Blue}}_{\text{right}} + e^{+}{}_{\text{right}}$
$d_{\text{left}} \propto d_{\text{right}} + \bar{\nu}_{\text{right}}$
$d^{\text{Red}}_{\text{left}} \propto d^{\text{Red}}_{\text{right}} + \bar{\nu}_{\text{right}}$
$d^{\text{Green}}_{\text{left}} \propto d^{\text{Green}}_{\text{right}} + \bar{\nu}_{\text{right}}$
$d^{\text{Blue}}_{\text{left}} \propto d^{\text{Blue}}_{\text{right}} + \bar{\nu}_{\text{right}}$
$e^{+}{}_{\text{left}} \propto e^{+}{}_{\text{right}} + \bar{\nu}_{\text{right}}$
$\bar{u}^{\overline{\text{Red}}}_{\text{left}} \propto d^{\text{Green}}_{\text{right}} + d^{\text{Blue}}_{\text{right}}$
$\bar{u}^{\overline{\text{Green}}}_{\text{left}} \propto d^{\text{Red}}_{\text{right}} + d^{\text{Blue}}_{\text{right}}$
$\bar{u}^{\overline{\text{Blue}}}_{\text{left}} \propto d^{\text{Red}}_{\text{right}} + d^{\text{Green}}_{\text{right}}$

図14　第二基本法則（1）

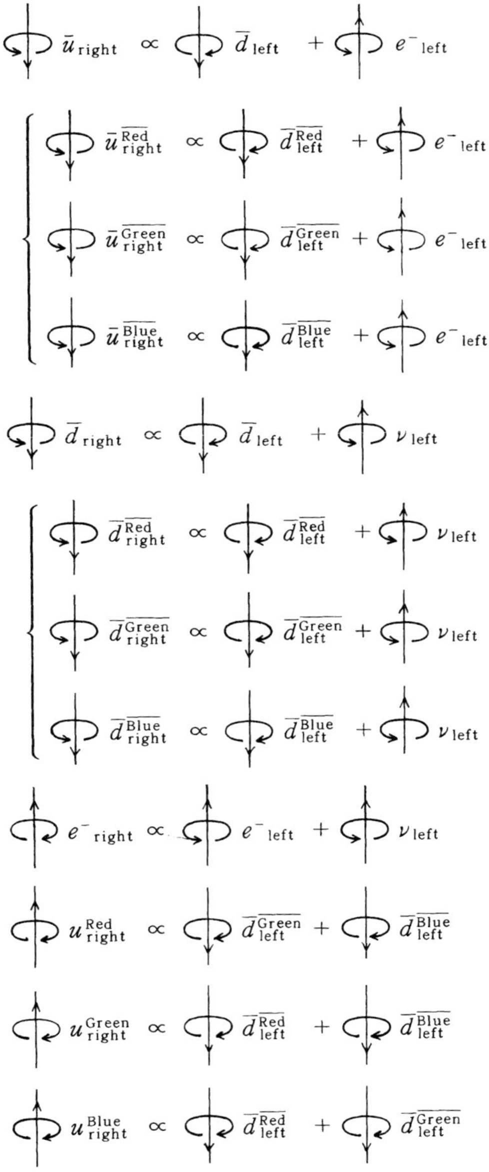
ū right ∝ d̄ left + e⁻ left
ū Red right ∝ d̄ Red left + e⁻ left
ū Green right ∝ d̄ Green left + e⁻ left
ū Blue right ∝ d̄ Blue left + e⁻ left
d̄ right ∝ d̄ left + ν left
d̄ Red right ∝ d̄ Red left + ν left
d̄ Green right ∝ d̄ Green left + ν left
d̄ Blue right ∝ d̄ Blue left + ν left
e⁻ right ∝ e⁻ left + ν left
u Red right ∝ d̄ Green left + d̄ Blue left
u Green right ∝ d̄ Red left + d̄ Blue left
u Blue right ∝ d̄ Red left + d̄ Green left

図17　第二基本法則（2）

を $d^{\mathrm{Green}}_{\mathrm{right}}$ と $e^{+}{}_{\mathrm{right}}$ のように考えて，あとで $d^{\mathrm{Red}}_{\mathrm{right}}$ と $d^{\mathrm{Green}}_{\mathrm{right}}$ を $\bar{u}^{\overline{\mathrm{Blue}}}_{\mathrm{left}}$ にもどして正しい式が得られています．多少の説明をすれば，最初に ∝ を用いて架空の式を出して，あとで再び ∝ を逆に用いて現実にもどすわけです．

第二基本法則の詳しい運用は次の節で行なうことにして，第二基本法則を反粒子のほうでかいた形を図17（前ページ）にあげておきます．この形も第二基本法則と呼びます．また，いままで第一世代について述べたことは，すべて第二世代，さらに第三世代でも成立します．

§5　第二基本法則と弱い相互作用

前節で述べた第一基本法則を，発生する Bose 粒子によって具体的に分類することにします．まず G_1 と G_2 とが作用する（この場合は発生と吸収）場合を考えます．全部を調べてみて，G_1 と G_2 とはすべてのクォークに作用するが，レプトンにはぜんぜん作用しないことが分かります．次に γ を調べてみますと，γ はニュートリノ以外にはすべて作用して，ニュートリノには作用しないことが分かります．また，Z^0 はすべてのクォークとレプトンに作用することが分かります．

次に $G_{G\to R}$ が発生する場合を，前節の終りの第二基本法則を用いる方法で全部調べると，ちょうど図18が全部であることが容易に分かります．これは前節の終りの例にならって，ぜひ自分で確かめてください．

正確にいいますと，最後のものだけは前節の終りの方法では出てきません．これはしかし，一つ前の図

$$\bar{u}^{\overline{\mathrm{Red}}}_{\mathrm{left}} \to \bar{u}^{\overline{\mathrm{Green}}}_{\mathrm{left}} + G_{G\to R}$$

から，第一基本法則のところで説明した粒子と反粒子の基本的な原則によって

$$u^{\mathrm{Green}}_{\mathrm{right}} \to u^{\mathrm{Red}}_{\mathrm{right}} + G_{G\to R}$$

として導きだされたものです．

あとの色違いのグルーオンはまったく同様にやればよいので，次は X 粒子の発生を考えることにします．まず，$X^{\mathrm{Red}}_{-4/3}$ の発生は次の形（図19）であること

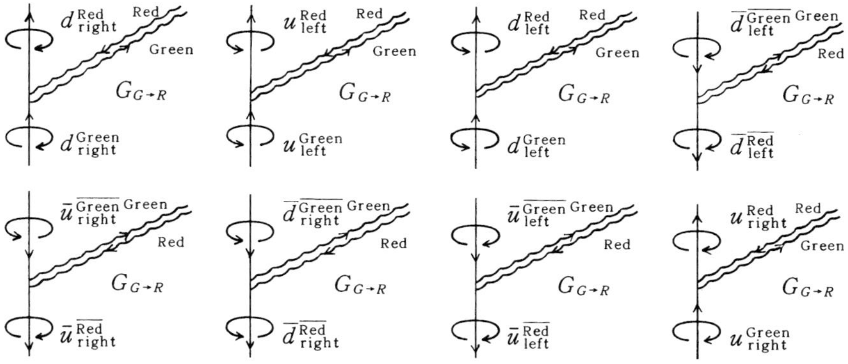

d Red right
Red
Green
G G→R
d Green right
u Red left
u Green left
d Red left
d Green left
d̄ Green left
Green
Red
d̄ Red left
ū Green right
ū Red right
d̄ Green right
d̄ Red right
ū Green left
ū Red left
u Red right
u Green right

図18

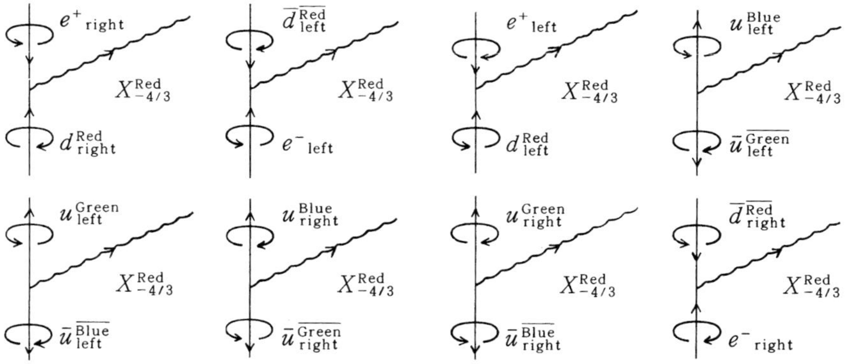

e+ right
X Red −4/3
d Red right
d̄ Red left
e− left
e+ left
d Red left
u Blue left
ū Green left
u Green left
ū Blue left
u Blue right
ū Green right
u Green right
ū Blue right
d̄ Red right
e− right

図19

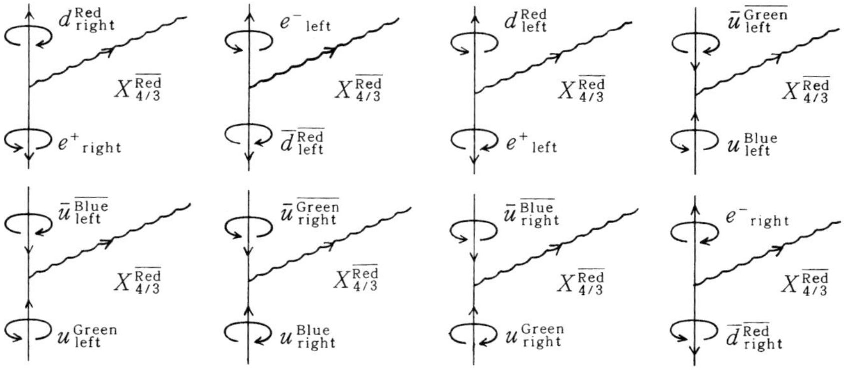

d Red right
X Red 4/3
e+ right
e− left
d̄ Red left
d Red left
e+ left
ū Green left
u Blue left
ū Blue left
u Green left
ū Green right
u Blue right
ū Blue right
u Green right
e− right
d̄ Red right

図20

が分かります．

同じように，$X^{\overline{\mathrm{Red}}}_{4/3}$ の発生は前ページの図20のようになります．

$X^{\mathrm{Red}}_{-4/3}$ の発生の図と $X^{\overline{\mathrm{Red}}}_{4/3}$ の図とでは，ちょうどそこに出てくる Fermi 粒子の矢印を逆にして，$X^{\mathrm{Red}}_{-4/3}$ を $X^{\overline{\mathrm{Red}}}_{4/3}$ に変えたものになっていることに注意してください．すなわち，次の図21のように変更すれば $X^{\overline{\mathrm{Red}}}_{4/3}$ の図は全部 $X^{\mathrm{Red}}_{-4/3}$ の図から出てきます．

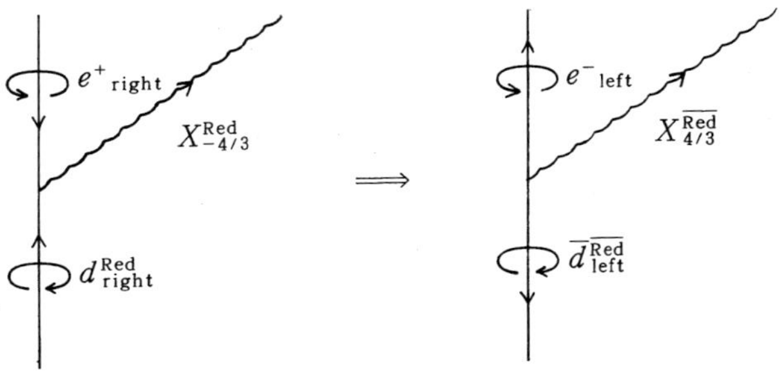

図21

次に $X^{\mathrm{Red}}_{-1/3}$ の発生の図は，次のものになります．

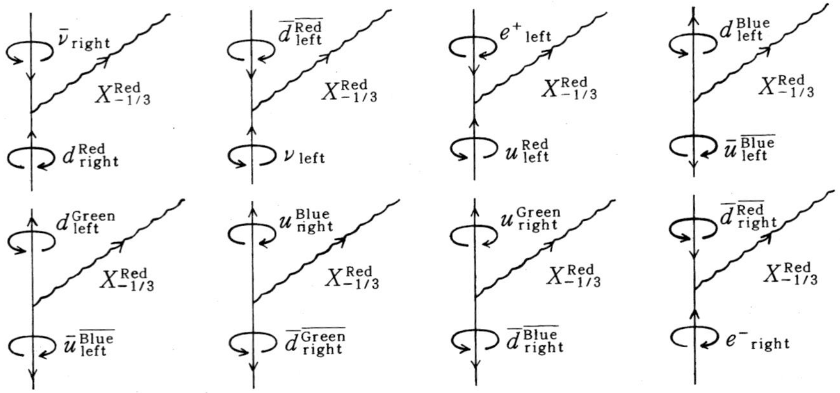

図22

$X^{\overline{\mathrm{Red}}}_{1/3}$ 発生の図は，$X^{\mathrm{Red}}_{-1/3}$ 発生の図の Fermi 粒子の矢印を逆にして，$X^{\mathrm{Red}}_{-1/3}$ を $X^{\overline{\mathrm{Red}}}_{1/3}$ に直せばすべて出てきます．

次に W^+ 発生の図をかけば，次のページの図23のようになります．

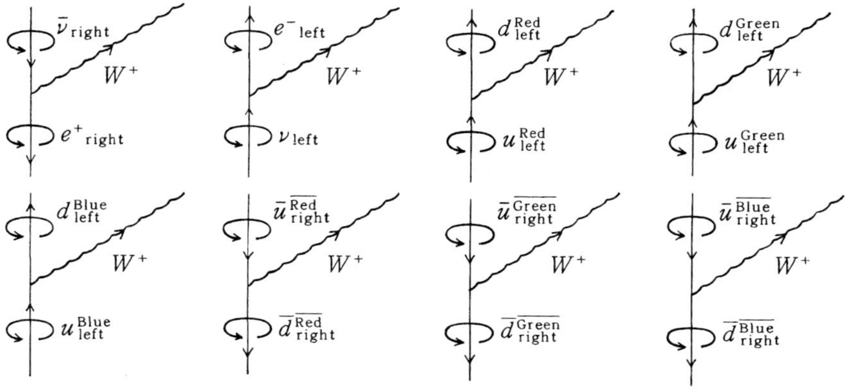

図23

W^- 発生の図も同様に，W^+発生の図で Fermi 粒子の矢印を逆にして，W^+ を W^- に変えれば直ちに得られます．W^+ と W^- は色を変えないから，色を無視してかくと次の 4 つの組になっています．

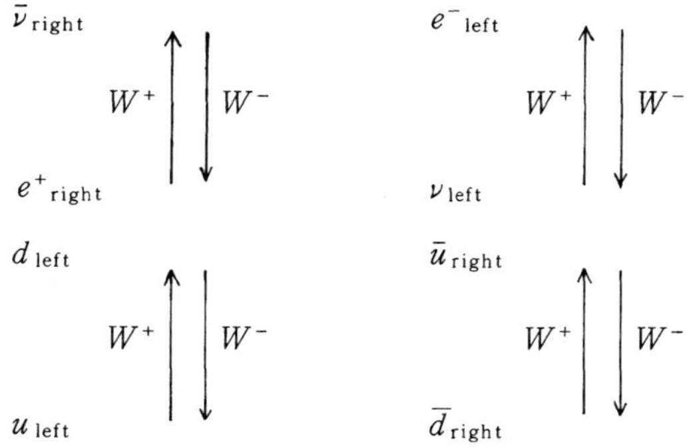

図24

この 4 つの組の弱力荷と電荷を書くと，次のページの表のようになっています．

ここで組になっている 2 つの粒子を A, B として，A の電荷と弱力荷をそれぞれ e_A, w_A，B の電荷と弱力荷をそれぞれ e_B, w_B とすると，これらの間には次の著しい関係が成立します．

$$w_A = \frac{e_A - e_B}{2}, \qquad w_B = \frac{e_B - e_A}{2}$$

弱力荷	電荷		
$\frac{1}{2}$	0	↓ ν_{left}	W^+ ↓ ↑ W^-
$-\frac{1}{2}$	-1	↑ $e^-{}_{\mathrm{left}}$	
$\frac{1}{2}$	$\frac{2}{3}$	↑ u_{left}	W^+ ↓ ↑ W^-
$-\frac{1}{2}$	$-\frac{1}{3}$	↑ d_{left}	
$\frac{1}{2}$	1	↓ $e^+{}_{\mathrm{right}}$	W^+ ↓ ↑ W^-
$-\frac{1}{2}$	0	↓ $\bar{\nu}_{\mathrm{right}}$	
$\frac{1}{2}$	$\frac{1}{3}$	↓ $\bar{d}_{\mathrm{right}}$	W^+ ↓ ↑ W^-
$-\frac{1}{2}$	$-\frac{2}{3}$	↓ $\bar{u}_{\mathrm{right}}$	

弱い力が右巻きと左巻きとに対して対称でないということは，弱い力の特色になっています．弱い力以外では自然は左右に対して対称になっているといってよいので，弱い力で初めてこの対称性が破れたのです．

§6　ハドロン

自然界では，クォークおよび反クォークは単独で発見されることがありません．クォークおよび反クォークは，いつでもいくつかのクォークおよび反クォークが組み合わさったハドロンの形で姿を現わします．したがって，いままで述べてきたクォークおよび反クォークの発生消滅の反応も，ハドロンの発生消滅の内部で行なわれている反応であって，それ自身が観察されるものではありません．どのようなクォークおよび反クォークの組合せがハドロンを構成するかは，次の２つのルールによって決まります．

1. ハドロンを形成するクォークおよび反クォークの組は，無色でなければならない．
2. クォークおよび反クォークの組合せがハドロンになるためには，その電荷の和が整数にならなければならない．

このことから，次の形のものおよびその組合せでなければならないことが分かります．

$$\uparrow_{\text{Red}}\downarrow_{\text{Red}},\quad \uparrow_{\text{Green}}\downarrow_{\text{Green}},\quad \uparrow_{\text{Blue}},\downarrow_{\text{Blue}},$$

$$\uparrow_{\text{Red}}\uparrow_{\text{Green}}\uparrow_{\text{Blue}},\quad \downarrow_{\text{Red}}\downarrow_{\text{Green}}\downarrow_{\text{Blue}}$$

この５つの組合せで出来るクォークおよび反クォークの組が，ハドロンになっています．したがって，自然界で観察される粒子の電荷は，すべて整数値になっています．

この２つの条件を満たすいちばん簡単なものは，一つのクォークを q_1 とし，それと同じ色と電荷をもっているクォークを q_2 としたときの $q_1\bar{q}_2$ という組合せです．この組合せの色は

$$\uparrow_{\text{Red}}\downarrow_{\text{Red}},\quad \uparrow_{\text{Green}}\downarrow_{\text{Green}},\quad \uparrow_{\text{Blue}}\downarrow_{\text{Blue}}$$

のいずれかですから，無色になります．また電荷のほうも，プラス・マイナスで打ち消しあって０になるので，第二の条件も満たされていることが分かります．

この形のハドロンは中間子と呼ばれます．したがって，この形の中間子は，色を適当につけることにして，次の形がすべてになります．（強い相互作用は右巻き・左巻きを変えないので，強い相互作用やハドロンのことを議論するときには右巻き・左巻きを無視して考えるのが慣習になっています．）

$$d\bar{d},\ d\bar{s},\ d\bar{b},\ \bar{d}s,\ \bar{d}b,\ s\bar{b},\ b\bar{s},\ s\bar{s},\ b\bar{b},$$

$$u\bar{u},\ u\bar{c},\ u\bar{t},\ \bar{u}c,\ \bar{u}t,\ c\bar{t},\ t\bar{c},\ c\bar{c},\ t\bar{t}$$

次に，中間子と呼ばれるもののなかで名前がついているものを，いくつかあ

げておきます．

$$\pi^+ = u\bar{d}, \quad \pi^- = d\bar{u}, \quad K^+ = u\bar{s},$$
$$K^0 = d\bar{s}, \quad \bar{K}^0 = s\bar{d}, \quad K^- = s\bar{u},$$
$$D^+ = c\bar{d}, \quad D^0 = c\bar{u}, \quad D^- = d\bar{c},$$
$$F^+ = c\bar{s}, \quad F^- = s\bar{c}$$

実際には，量子論では重ね合せの原理という原理があって，2つの物理的状態の重ね合せが再び別の物理的状態になります．そのために，上の18個の中間子の重ね合せの中間子についた名前もあります．これについては，また重ね合せの原理のところで説明することにします．

次に，$\uparrow_{\rm Red}\uparrow_{\rm Green}\uparrow_{\rm Blue}$ および $\downarrow_{\rm Red}\downarrow_{\rm Green}\downarrow_{\rm Blue}$ の形のハドロンはバリオンと呼ばれますが，このバリオンをすべて見つけることを考えます．そのためには，$\downarrow_{\rm Red}\downarrow_{\rm Green}\downarrow_{\rm Blue}$ の形は $\uparrow_{\rm Red}\uparrow_{\rm Green}\uparrow_{\rm Blue}$ の形を逆にすればよいのですから，$\uparrow_{\rm Red}\uparrow_{\rm Green}\uparrow_{\rm Blue}$ だけを見つければ十分です．ところで3つクォークがあれば，色づけは赤・緑・青を適当に分配すればよいわけですから，すべてのバリオンは d, u, s, c, b, t から3個とったすべての組合せとその反粒子，すなわち $\bar{d}, \bar{u}, \bar{s}, \bar{c}, \bar{b}, \bar{t}$ から3個とったすべての組合せになっています．

また，電荷は $0, \pm 1, \pm 2$ のいずれかであることが分かります．バリオンのなかで，名前のついた主なものをあげておきます．

$$p(\text{陽子}) = uud, \quad n(\text{中性子}) = udd,$$
$$\Sigma^+ = uus, \quad \Sigma^- = dds,$$
$$\Xi^0 = uss, \quad \Xi^- = dss,$$
$$\bar{p} = \bar{u}\bar{u}\bar{d}, \quad \bar{n} = \bar{u}\bar{d}\bar{d},$$
$$\bar{\Sigma}^+ = \bar{u}\bar{u}\bar{s}, \quad \bar{\Sigma}^- = \bar{d}\bar{d}\bar{s},$$
$$\bar{\Xi}^0 = \bar{u}\bar{s}\bar{s}, \quad \bar{\Xi}^- = \bar{d}\bar{s}\bar{s}$$

このなかで p（陽子）と n（中性子）とが原子核を作ります．また前と同様に，重ね合せの状態に名前がついているものもありますが，それについてはまたあとで述べることにします．

§7　いろいろな反応

ここでは，いままで述べてきたことの応用として，歴史的に有名な反応式を考えてみることにします．

原子核が陽子と中性子から出来ているという，Iwanenko（イワネンコ）と Heisenberg（ハイゼンベルグ）の原子核像が完成してからまず問題となったのは，原子核の β 崩壊をどう考えるかという問題です．原子核の β 崩壊とは，原子核から電子 e^- が 1 個放出されて原子核の原子番号が 1 つ増える現象をいいます．この問題についての解答は，Fermi によって次の反応が起きるものと明らかにされました．

$$n \rightarrow p + e^- + \bar{\nu}$$

ここで，もちろん n は中性子，p は陽子です．この反応式は，$n = udd$，$p = uud$ であることを思いだせば，次の反応であることが分かります．

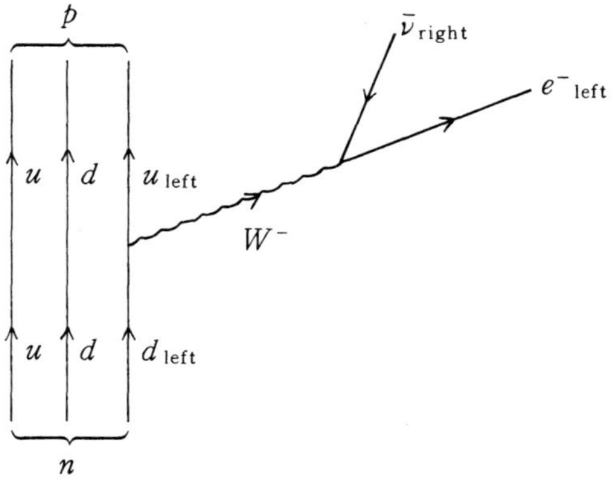

図 25　原子核の β 崩壊

ここで，右巻き・左巻きは関係のあるところだけつけ加えましたが，省略してかかないのが普通です．また，色のほうも適当に割りふればよいので，かいてありません．

ここでちょっと説明をすれば，

$$d_{\text{left}} \rightarrow u_{\text{left}} + W^-$$

は，直接，第二基本法則から得られます．また，

$$\bar{d}_{\mathrm{right}} \rightarrow \bar{u}_{\mathrm{right}} + W^{+}$$

（図26）から矢印を逆にして得られる式になっています．

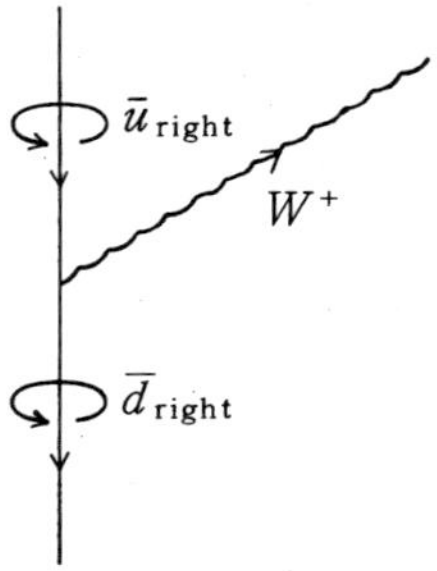

図26

また，さらに

$$W^{-} \rightarrow \bar{\nu}_{\mathrm{right}} + e^{-}{}_{\mathrm{left}}$$

は，第一基本法則から得られる式

$$e^{+}{}_{\mathrm{right}} \rightarrow \bar{\nu}_{\mathrm{right}} + W^{+}$$

から，前に述べた基本法則を用いて得られたものです(図27)．

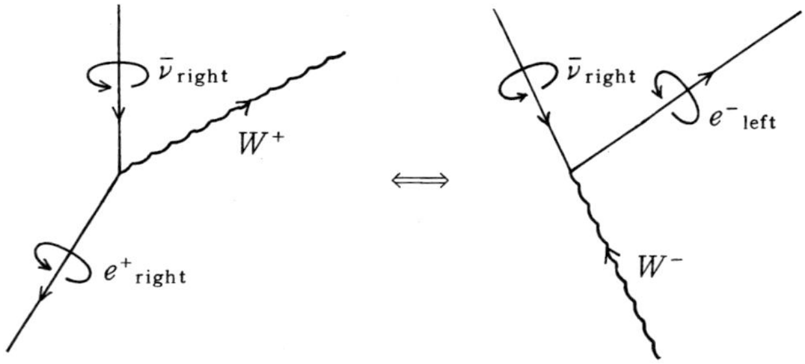

図27

このような変形はつねに行ないます．たとえば，上に得られた

$$n \rightarrow p + e^{-} + \bar{\nu}$$

から

$$n + \nu \rightarrow p + e^{-}$$

が起こることが分かります．今後は，このような変形はだまって行なうことにします．

次に，原子核の β^{+} 崩壊

$$p \rightarrow n + e^{+} + \nu$$

も成立しますが，これは宿題とします．図をかいてみてください．この式から

$$e^{-} + p \rightarrow n + \nu, \qquad \bar{\nu} + p \rightarrow e^{+} + n$$

などが起きることも分かります．

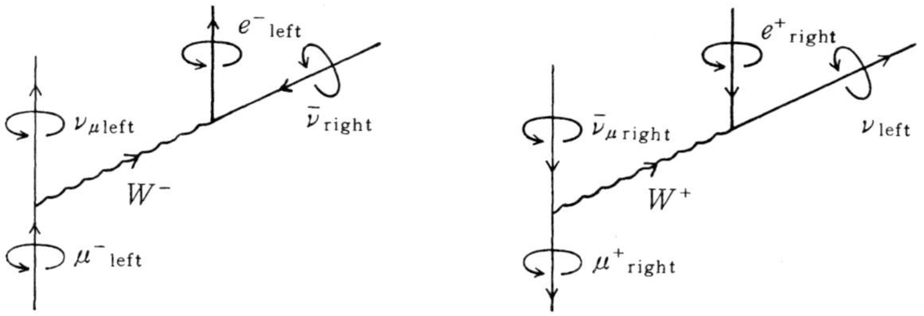

$\mu^- \rightarrow e^- + \bar{\nu} + \nu_\mu$　　　$\mu^+ \rightarrow e^+ + \nu + \bar{\nu}_\mu$

図28

ここに関係のある図として，ミューオンの崩壊の図をあげておきます(図28). 我々の規則から出てくることを確かめてください.

また，図29が起こり得る図であることは明らかだと思います．ここで大切なことは，これがどんな現象を意味しているかということです．この現象は2つの e^- が近づいたときに，マイナスの電気どうしのために反発を生じて遠ざかっていくことを意味しています.

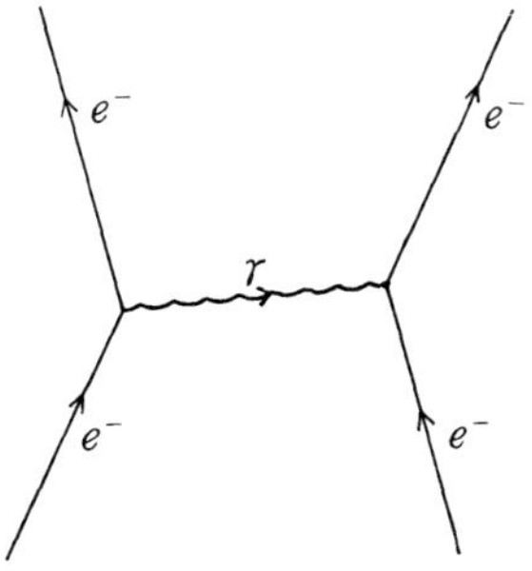

図29

ここで 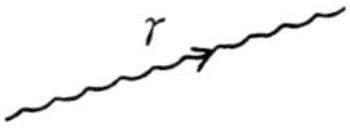 は仮想粒子と呼ばれ，観察にかからずごく短い時間で消滅するものと考えられます．仮想粒子についてはまたあとで議論することにしますが，図29で大切なことは，e^- と e^- との電気的な反発というものが，キャッチボールのような γ のやりとりから起こる現象であるということです．さらに，すべての電磁作用が電荷と γ との相互作用で起きています.

さて，Fermi の β 崩壊の理論が出来上がったときに，原子核について残っていた難問題は，原子核内の核子（すなわち陽子と中性子）を結びつけている力——核力——がどんなものであるか？ということでした．この核力は，電磁力などに比べてはるかに強い力であることが分かっており，それまでに考えられたことのない新しい力であることは明らかでした．湯川秀樹は1935年に，この力が核子の間の中間子のやりとりで起きているという中間子論で，この問題を解決しました．

この反応のためには，次の2つの反応が成立することが必要です．

$$p \rightleftarrows n+\pi^{+}, \qquad n \rightleftarrows p+\pi^{-}$$

この反応は，図31のようなクォークの組替えが行なわれているものと考えられます．ここで d と u との組は，どちら側の方向で見るかによって，π^{+} になったり π^{-} になったりします．

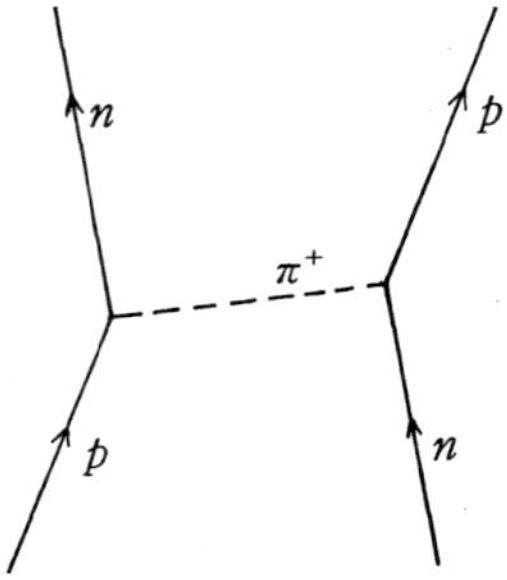

図30

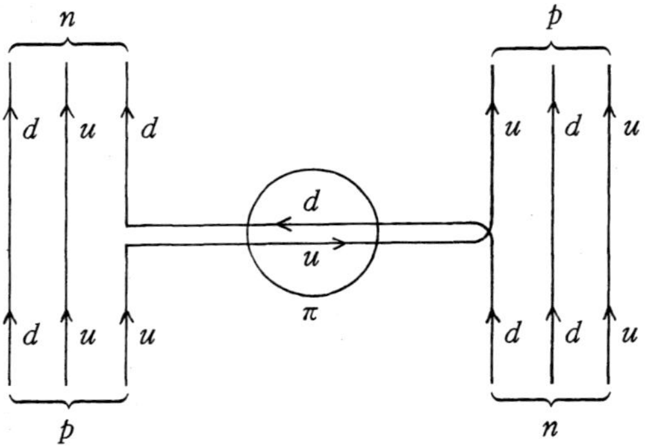

図31

このようなクォークの組替えで理解される反応を，いくつかあげておきます(次ページの図32)．ここで

$$\phi^{0}=s\bar{s}, \quad K^{-}=s\bar{u}, \quad K^{+}=u\bar{s}, \quad K^{0}=d\bar{s}, \quad \overline{K}^{0}=s\bar{d},$$

$$\pi^{+}=u\bar{d}, \quad \pi^{0}=d\bar{d}, \quad \pi^{-}=d\bar{u}, \quad \omega^{0}=u\bar{u}, \quad K^{-}=s\bar{u},$$

$$p=udu, \quad \Lambda^{0}=sdu, \quad n=dud$$

です．また，ここで

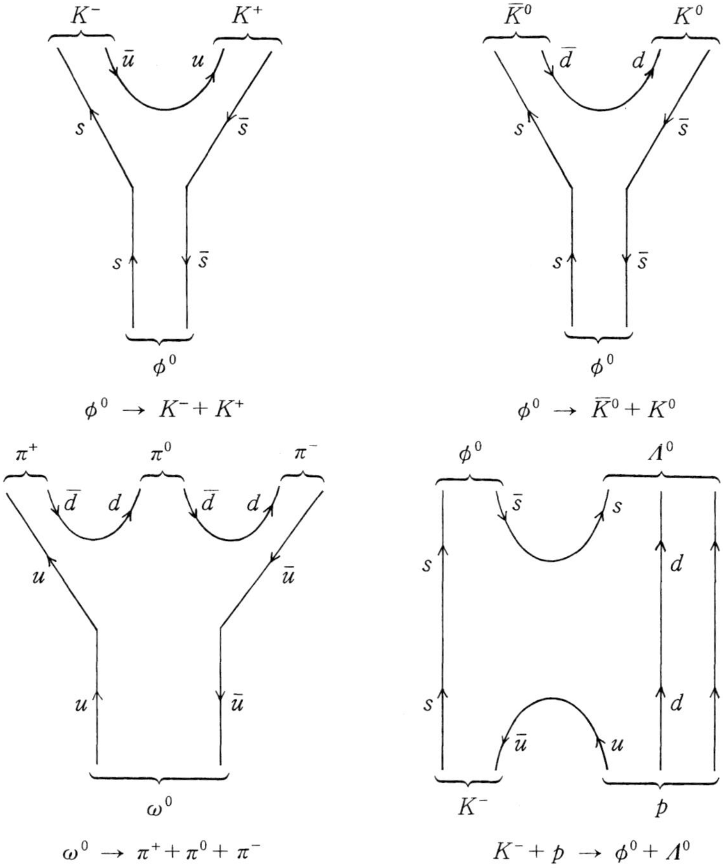

図32

の両端が，すべて異なるハドロンに入っていることに注意してください．ハドロンの組替えはこのような場合にだけ行なわれて，次のようなヘアピン型の場合には行なわれない（次ページの図33）というのを，大久保-Zweig（ツヴァイク）-飯塚の規則（OZI ルール）といいます．

中間子崩壊の図を2つあげておきます（次ページの図34）．我々の方法で出てくることを確かめてください．

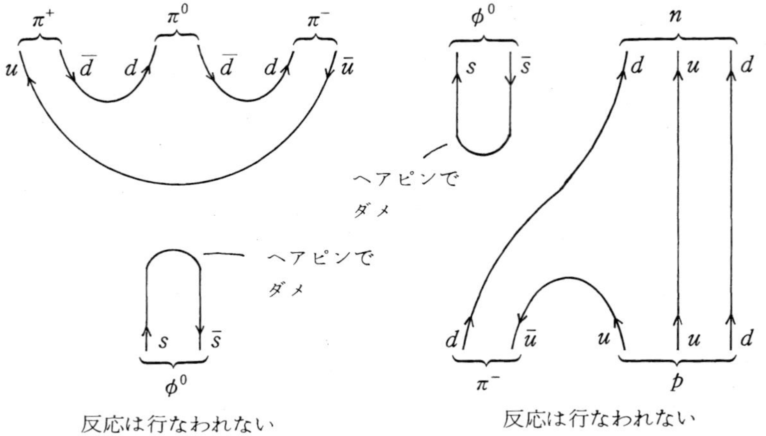

図 33

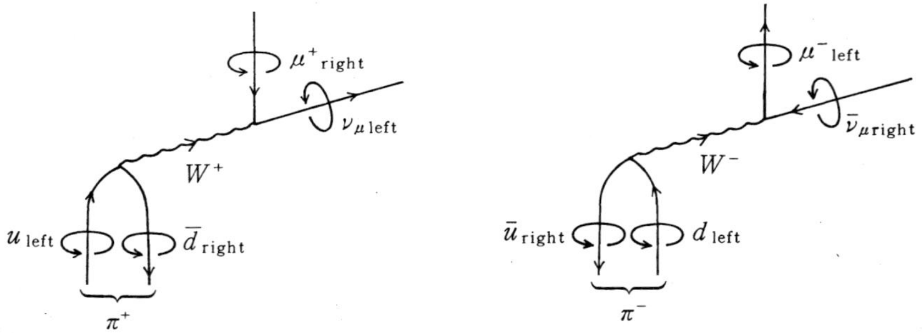

$\pi^+ \rightarrow \mu^+ + \nu_\mu$　　$\pi^- \rightarrow \mu^- + \bar{\nu}_\mu$

図 34

ニュートリノは Fermi 理論によって，π 中間子は湯川理論によって予言されました．1950 年ごろからはこのように理論が先に出来てその粒子が発見されるということではなくて，実験によって思いがけない粒子が発見されるという現象が出てきました．それらは Σ^+, Σ^-, Ξ^0, Ξ^-, K^0 などです．これらの粒子は，それまで発見されていた粒子とはまったく異なる性質をもっていたので，“奇妙な粒子”と呼ばれました．中野-西島-Gell-Mann（ゲルマン）は，新しい物理量であるストレンジネス（奇妙さ）を導入して，これらの粒子の反応を説明しました．

このように，新しい粒子の数が多くなったものをストレンジネスのような新しい物理量で整理分類するという考えが，やがては坂田モデルから発展して，Gell-Mann-Neymann（ネーマン）の八道説，Gell-Mann-Zweig のクォーク・モデルと発展して，現在の理論へと進展してきているのです．ストレンジネスからクォーク・モデルの s クォークが出てきました．ここでは s の入った反応はすでに出てきているので省略します．

1964年にクォーク・モデルが出来たあと，1967年に Weinberg（ワインバーグ）と Salam（サラム）は W^+, W^-, Z^0 を導入して，弱い相互作用と電磁作用とを統合しました．これが，現在の大統一理論への大きなジャンプであったといってよいでしょう．W^+, W^- についての反応はいままでたくさんやってきたので，ここでは後に導入された c クォークの入った反応を1つだけかいておきます(図35)．

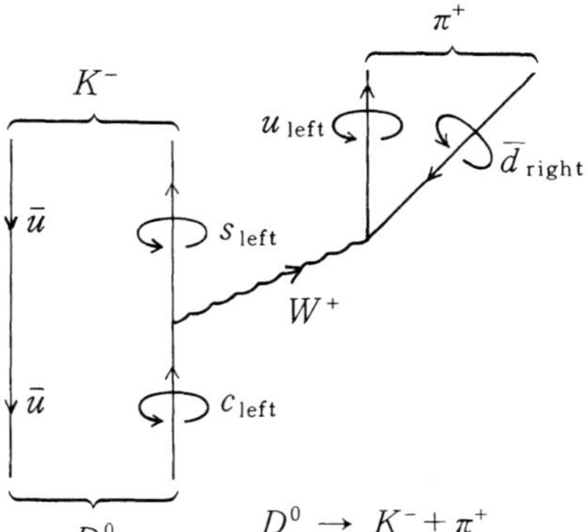

図35

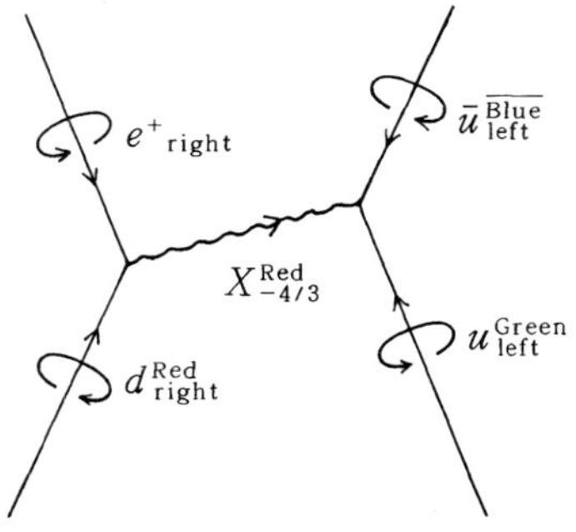

図36

ここでは，Georgi と Glashow の $SU(5)$ 理論に基づいての大統一理論の表面的な部分を説明しているのですが，$SU(5)$ 理論は X という新しい粒子を導入しています．この X のために，$SU(5)$ 理論の一つの特色として，図36のような反応図が出てきます．ここで，もちろん赤・緑・青のつけ方は一つの例にすぎなくて，色の配分は別のものにしても成立します．

この図から，陽子の崩壊という重大な結論が出てきます．その図をかけば，右の図のようになっています.

この理論の前には，陽子は崩壊しない粒子と考えられていたので，これはこの理論が正しいかどうか？を決定する一つのカギになっています．もう少し事情を説明すると，次のようになります.

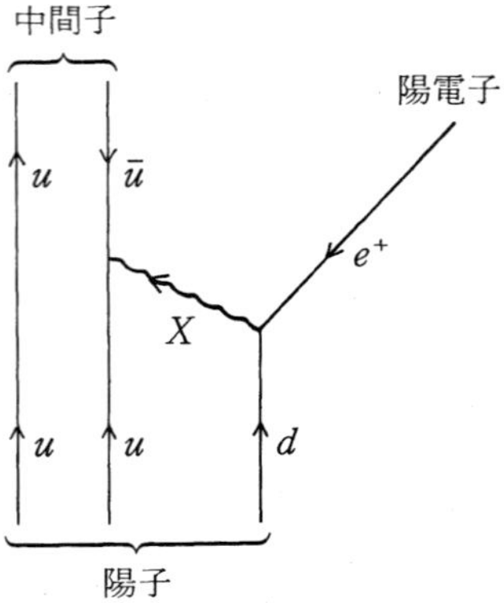

図37　陽子の崩壊

$SU(5)$ 理論に従って陽子の平均寿命を計算しますと，10^{31} 年くらいという答が出てきます．現在の宇宙生成の理論は，10^{10} 年くらい前のビッグ・バン（big bang）によって現在の宇宙が出来たということになっていますから，$SU(5)$ 理論に従っても陽子の平均寿命は極度に長く，陽子が崩壊しないという考えはだいたいにおいて正しいということになります．事実，現在までの実験物理の結果は，陽子の平均寿命は少なくとも 10^{22} 年くらいはあることを示しています.

ところで，これは平均寿命ですから，もし 10^{31} 年くらいという $SU(5)$ 理論の結論が正しいとすると，だいたいにおいて 10^{31} 個の陽子を集めれば，1年の間に1個は崩壊するという勘定になります．この考えに従って，日本も含めて世界中で10以上の所で，水や鉄を用いて（水にも鉄にも陽子が入っていることは明らかです）地下の深い所でこの実験が行なわれていたり，あるいは近い将来に行なうように準備中です．したがって数年のうちに，この陽子の崩壊が本当であるかどうかが決定されることになると思います.

もし実験の結果が否定的ならば，$SU(5)$ 理論はダメになりますが，それにしても似たような大統一理論が出来ることが考えられます．もし実験の結果が肯定的ならば，それで $SU(5)$ 理論が正しいということにはならなくても，強力な支持が得られたということになるでしょう.

§8　重ね合せの原理

まず，簡単な数学の話をすることにします．2次元の平面で，長さが1で互いに直交している2つのベクトル $\boldsymbol{e}_1, \boldsymbol{e}_2$ を考えます．このとき，2次元平面の原点から出た任意のベクトル $\boldsymbol{v}$ は

$$\boldsymbol{v} = a\boldsymbol{e}_1 + b\boldsymbol{e}_2$$

と，実数 a, b をとって表わすことが出来ます．

たとえば，図38のように $\boldsymbol{e}_1$ から 45° の角度に出ている長さ1のベクトルを $\boldsymbol{v}_1$，$\boldsymbol{e}_1$ から −45° の角度に出ている長さ1のベクトルを $\boldsymbol{v}_2$ としますと，

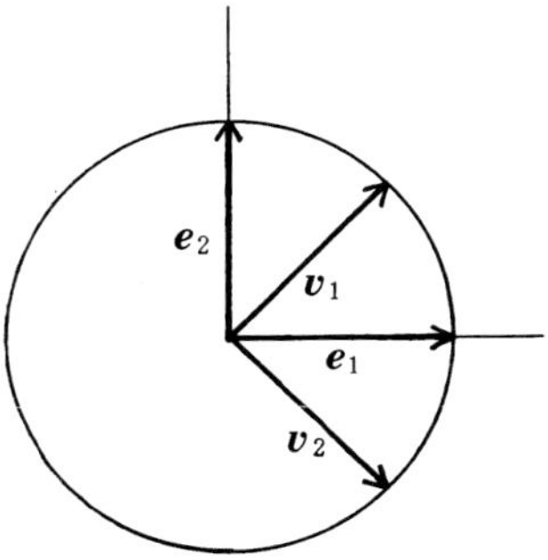

図38

$$\boldsymbol{v}_1 = \frac{1}{\sqrt{2}}(\boldsymbol{e}_1 + \boldsymbol{e}_2), \quad \boldsymbol{v}_2 = \frac{1}{\sqrt{2}}(\boldsymbol{e}_1 - \boldsymbol{e}_2)$$

となっています．

さて，物理的状態というのは，長さが1のベクトルのようなものと考えられています．そして，その物理的状態のベクトルの一次結合は，多くの場合別の物理的状態を表わします．量子論では，特別な規則でこのことが禁止されていない場合は，この一次結合が物理的状態を表わすということはいつでも成立しているものと考えます．たとえば，上の $\boldsymbol{e}_1, \boldsymbol{e}_2$ が物理的状態とすれば，$\boldsymbol{v}_1, \boldsymbol{v}_2$ は共に新しい物理的状態を表わします．

我々が物質の状態を記述するときは，実験しやすい物理量を選び，その物理量によって物質の状態を記述します．この過程によって，自然に一つの直交座標系（上では $\boldsymbol{e}_1, \boldsymbol{e}_2$）が固定され，任意の状態はこの選ばれた物理的状態の重ね合せとして表現します．しかしながら一般的にいえば，直交座標系の選び方は無数にあって，どの座標系も一応選ばれる資格があるということになります．たとえば上の例では，$\boldsymbol{v}_1, \boldsymbol{v}_2$ は互いに直交していますから，$\boldsymbol{e}_1, \boldsymbol{e}_2$ の代りに $\boldsymbol{v}_1, \boldsymbol{v}_2$ を基本に選んで，$\boldsymbol{e}_1, \boldsymbol{e}_2$ を $\boldsymbol{v}_1, \boldsymbol{v}_2$ の重ね合せの状態（すなわち一次結合）と考えてもよいわけです．

ここでもう少し物理の現実に近づきますと，図38の2次元の図は実数を係数とする図ですが，物理的状態の一次結合は複素数を係数とします．2つの直交したベクトルから作られる複素数を係数とする一次結合（重ね合せ）の全体は，4次元になって図がかけないので，図をかくときはいつでも実係数になってしまいますが，我々にもし4次元の直観があれば量子力学ははるかに理解しやすくなるのではないか，と思って残念なくらいです．

もう一つ物理の話をしますと，一つのベクトル $\boldsymbol{v}$ とそれに絶対値が1の複素数（すなわち $e^{i\theta}$（θ は実数）の形の複素数）を掛けたベクトル $e^{i\theta}\boldsymbol{v}$ とは同じ物理的状態を表わすものと考えます．したがって，実係数の場合は $\boldsymbol{v}$ と $-\boldsymbol{v}$ とは同じ物理的状態を表わすものと考えます．

ここで述べたことは2次元に限らず，次元を上げても同じことです．例として3次元の場合をやってみます．

$\boldsymbol{e}_1, \boldsymbol{e}_2, \boldsymbol{e}_3$ を，最初に選んだ互いに直交するベクトルとしますと，

$$\alpha_1\boldsymbol{e}_1+\alpha_2\boldsymbol{e}_2+\alpha_3\boldsymbol{e}_3$$

（$\alpha_1, \alpha_2, \alpha_3$ は複素数）

の形は，$|\alpha_1|^2+|\alpha_2|^2+|\alpha_3|^2=1$ となる限り，$\boldsymbol{e}_1, \boldsymbol{e}_2, \boldsymbol{e}_3$ から重ね合せで得られた物理的状態を表わします．そして，

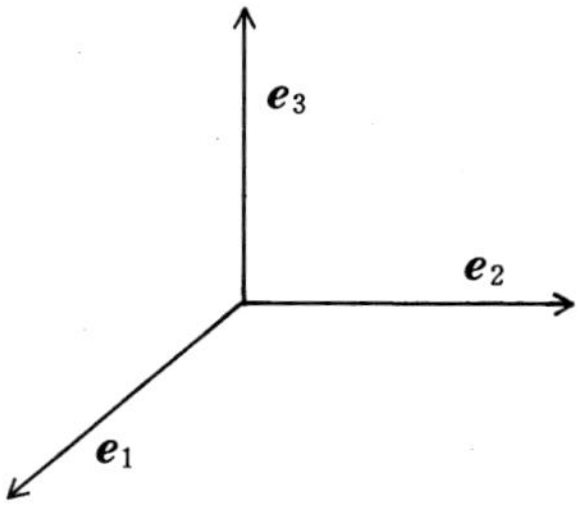

図39

$$e^{i\theta}(\alpha_1\boldsymbol{e}_1+\alpha_2\boldsymbol{e}_2+\alpha_3\boldsymbol{e}_3)$$

は，$\alpha_1\boldsymbol{e}_1+\alpha_2\boldsymbol{e}_2+\alpha_3\boldsymbol{e}_3$ と同じ物理的状態を表わし，さらに別のベクトル

$$\beta_1\boldsymbol{e}_1+\beta_2\boldsymbol{e}_2+\beta_3\boldsymbol{e}_3 \qquad (|\beta_1|^2+|\beta_2|^2+|\beta_3|^2=1)$$

をとりますと，この2つのベクトルが直交している条件は

$$\alpha_1\overline{\beta}_1+\alpha_2\overline{\beta}_2+\alpha_3\overline{\beta}_3=0$$

ということになります．ここに $\overline{\beta}$ は β の共役複素数を表わします．

たとえば，$\boldsymbol{e}_1, \boldsymbol{e}_2, \boldsymbol{e}_3$ の代りに

$$\boldsymbol{v}_1=\frac{1}{\sqrt{2}}(\boldsymbol{e}_1-\boldsymbol{e}_2),$$

$$v_2 = \frac{1}{\sqrt{3}}(e_1 + e_2 + e_3),$$

$$v_3 = \frac{1}{\sqrt{6}}(e_1 + e_2 - 2e_3)$$

を別な互いに直交するベクトルととって，逆に長さが1のすべての3次元ベクトルを，この v_1, v_2, v_3 の重ね合せの状態として表わすことが出来ます．

さて，ここで物理にもどることにします．我々が d, u, s, c, b, t などをとったときには，これは互いに直交するベクトルをとっているので，実はその重ね合せの状態がいつでも存在します．

同じように，§6で中間子を18個ならべたときにこの18個の中間子の意味するところは，18個の互いに直交する長さが1のベクトルをとっていることになるので，そのほかにもそれから重ね合せの状態で表わされるものがたくさんあります．また中間子の名前は，実験されやすい物理量に従って粒子が発見されるので，必ずしも上にあげたものが名前のついた粒子になっているわけではありません．たとえば

$$u\bar{u},\ d\bar{d},\ s\bar{s}$$

はいずれも名前がついてなく，その代りに

$$\pi^0 = \frac{1}{\sqrt{2}}(u\bar{u} - d\bar{d}),$$

$$\eta' = \frac{1}{\sqrt{3}}(u\bar{u} + d\bar{d} + s\bar{s}),$$

$$\eta = \frac{1}{\sqrt{6}}(u\bar{u} + d\bar{d} - 2s\bar{s})$$

という中間子の名前がついています．π^0, η', η をとるか，$u\bar{u}, d\bar{d}, s\bar{s}$ をとるかは，どの座標系を選ぶかだけの違いですから，観測の方法や考えられる物理量などによってその選び方が決定されて，元の $u\bar{u}, d\bar{d}, s\bar{s}$ が選ばれないのは当然といってよいでしょう．

同じように，いろいろのバリオンが元々の組合せでなくて，重ね合せの状態のものがバリオンとして記述されているものがたくさんあります．ここに一例

をあげることにします．

$$\Lambda = \frac{1}{\sqrt{2}}(uds - dus), \qquad \Sigma^0 = \frac{1}{\sqrt{2}}(uds + dus),$$

$$\bar{\Lambda} = \frac{1}{\sqrt{2}}(\bar{u}\bar{d}\bar{s} - \bar{d}\bar{u}\bar{s}), \qquad \bar{\Sigma}^0 = \frac{1}{\sqrt{2}}(\bar{u}\bar{d}\bar{s} + \bar{d}\bar{u}\bar{s}),$$

$$\Delta^+ = \frac{1}{\sqrt{3}}(uud + udu + duu),$$

$$\Delta^0 = \frac{1}{\sqrt{3}}(udd + dud + ddu),$$

$$\Sigma^{*+} = \frac{1}{\sqrt{3}}(uus + usu + suu),$$

$$\Sigma^{*-} = \frac{1}{\sqrt{3}}(dds + dsd + sdd),$$

$$\Sigma^{*0} = \frac{1}{\sqrt{6}}(uds + usd + dsu + dus + sud + sdu),$$

$$\Xi^{*0} = \frac{1}{\sqrt{3}}(uss + sus + ssu),$$

$$\Sigma^{*-} = \frac{1}{\sqrt{3}}(dss + sds + ssd)$$

§9　仮想粒子，質量，その他

§7で取り上げた右の図の反応をもう一度考えることにします．

前に説明しましたように，これは2つの電子が近寄って相反発して出来た図です．しかしそう思ってみると，奇妙なことに気がつきます．

まず，この例の現象ではなく，普通の現象の場合を取り上げますと次のことがいえます．

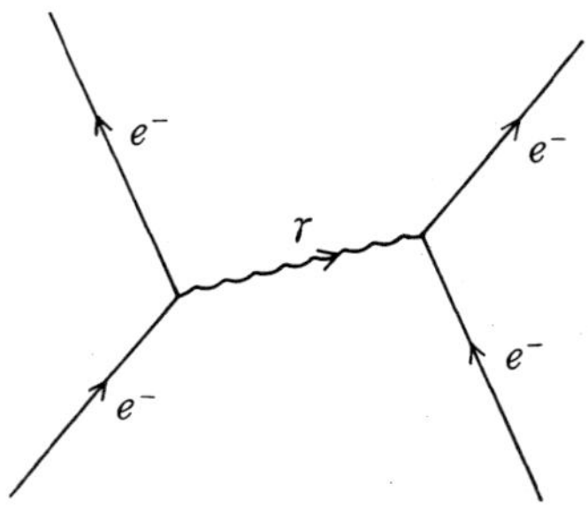

図40

普通，電子 e^- が光子 γ を放出しますと，γ のもっているエネルギーと運動量の分だけ

放出後の電子 e^- のエネルギーと運動量が減っています．逆に電子 e^- が γ を吸収したときは，γ のエネルギーと運動量だけ電子 e^- のエネルギーと運動量が増えます．これはエネルギーと運動量の保存の法則と呼ばれて，物理学の最も基本的な法則といってよいと思います．ところで，上の現象を２つの電子が近づいて電気的な反発によって遠ざかったと思うと，近寄った各々の電子と，遠ざかっていく各々の電子は，それぞれ同じエネルギーをもっているものと考えられます．これは明らかに，エネルギー保存の法則に反します．

この意味で，図 40 でキャッチボールのように２つの電子の間を交換された γ は，普通の光子とは違うと考えられます．このような粒子を仮想粒子と呼びます．この仮想粒子の奇妙な現象は，Heisenberg（ハイゼンベルグ）の不確定性原理によって説明されます．Heisenberg の不確定性原理から，次のことが出てきます．

　エネルギーや運動量の保存の法則は，チェックされないでしまえば
　きわめて短い間だけ守られていなくてもよい．

もっと正確にいえば，不確定性原理は次の形です．どんなに正確な観測をしても，エネルギーの誤差を ΔE，時間の誤差を Δt とすれば

$$(\Delta t)(\Delta E) \gtrsim \hbar$$

ここに $\hbar = h/2\pi$ で，h は Planck（プランク）の定数と呼ばれるものです．上の式は Δt のごく短い時間では，エネルギー保存の法則が $\hbar/\Delta t$ の程度は狂ってもよいことを意味しています．

この不確定性原理によって，仮想粒子という考えが量子論と矛盾しない考えであることが分かります．したがって図40 で，入ってくる２つの電子と出ていく２つの電子は観測にかかり得るものですが，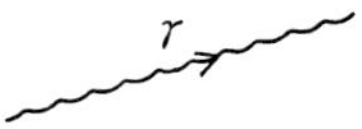

とかいた光子は観測されないですんでしまうものです．

我々がいままでかいてきた図41のような多くの図で，
の部分が仮想粒子であるか実際の粒子であるかは，入ってくる Fermi 粒子の

質量や運動量，出ていく Fermi 粒子の質量や運動量を調べることによって分かります．これは仮想粒子という考え方から当然のことです．仮想粒子と不確定性原理は，現在の場の量子論で主要な部分をなしています．

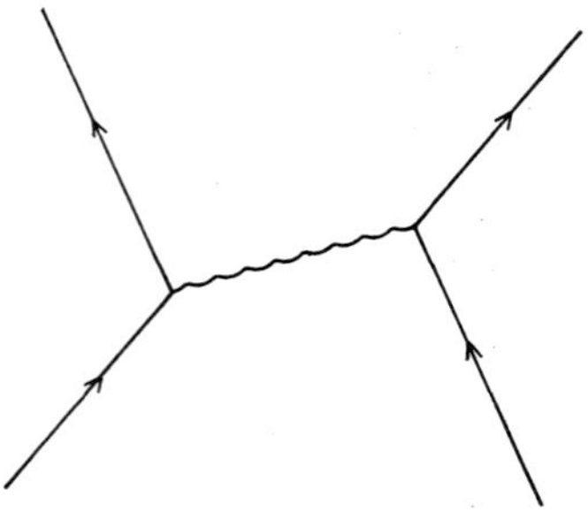

図 41

その一端を説明しますと，次のようになります．いま真空を考えます．真空は，何も起きない静寂な場所ではなくて，不確定性原理によって（特別に外部から余分のエネルギーを与えられなくても）粒子と反粒子の組が出来ては消え，出来ては消えする場所であるということになります．特別な場合として e^- と e^+ の組や γ が無数に発生して消滅していくことになります．

この真空に電荷のある粒子が入ってきたとします．このとき，仮想粒子である γ はあまり影響をうけません．しかし，仮想粒子である e^- と e^+ の組は分極が行なわれます．したがって，たとえばマイナスの電荷が入ってきますと，そのまわりの仮想粒子 γ の雲と，仮想粒子 e^+ と e^- の組のうち，仮想粒子 e^+ の雲が粒子の中心に近い所に多く集まり，仮想粒子 e^- の雲は少し離れた所に多くなる，という現象が出てきます．この現象によって，中心にある実際の粒子の観察される電荷は，（その本当の電荷）−（まわりの仮想粒子 e^+ の電荷）となって，本当の電荷よりはるかに小さいものであろうということになります．

これは，現在の量子電磁気学で計られる電子の理論的電荷が無限大であることを考えに入れると，現在の理論を現実に適合した理論にするために本質的な考えであるということになります．この“観測される電荷は，裸の粒子の電荷にまわりの仮想粒子の電荷の影響を入れて計算したものである”という考えに基づいた理論を“くりこみ理論”といって，電磁気学について初めて，朝永振一郎，Schwinger（シュヴィンガー），Feynman によって創られました．これは驚異的に実験とよく合う理論となっており，それ以後の場の量子論はこの理論をお手本にして出来ています．

たとえば，クォークが単独には見られず，必ず中間子の2つ組か，バリオンの3つ組になって現われる（これをクォークの閉じ込めの問題といいます）ということは，現在の理論では，クォークの場合の仮想粒子の雲の影響が，電荷の場合の影響とぜんぜん異なるものであることから説明されています．

さて，質量について少しばかり説明することにします．まず，光子γの質量は0になります．これは，γの速度は光速度c（光は光の速度で走る）になりますから，§2で用いた相対論の式

$$E\cdot\sqrt{1-(v/c)^2} = Mc^2$$

に $v=c$ を代入すると，質量Mが0であることが直ちに分かります．

相対論から，粒子については次の等式が出てきます．

エネルギー ＝ 全質量

この付録で我々が質量といっているのは静止質量のことで，全質量の一部分でしかありませんが，質量とエネルギーとは密接な関係にあるので，まずエネルギーについての一般的な話から始めることにします．

まず，エネルギーが高い状態というのは，その状態を作るためにはたくさんのエネルギーがかかり，またそのエネルギーから別のもっとエネルギーの低い状態に移っていく可能性の多い状態ということになります．すなわち，エネルギーの高い状態ということは，とりもなおさず不安定な状態ということになります．逆に，エネルギーの低い状態というのは，エネルギーを外から加えられなければなかなかほかの状態にならない安定した状態ということになります．

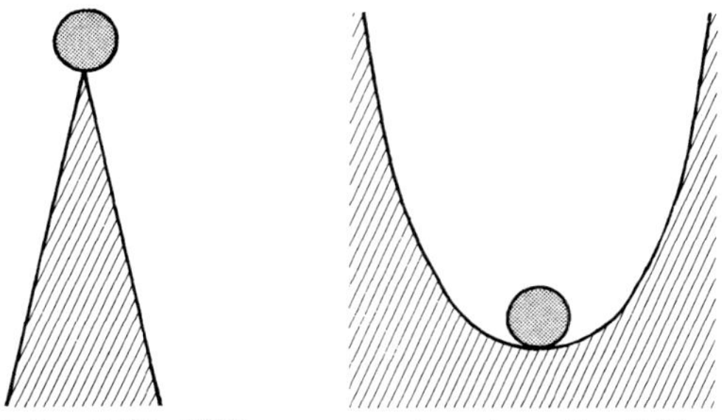

図42　エネルギーの高い状態　エネルギーの低い状態

前ページの図42に，日常生活でみるエネルギーの高い状態と低い状態の典型的な場合をかいておきました．

私が中学生のころ，Keats（キーツ）や Shelley（シェリー）などの English poem は potential energy が高いという説明を聞いて感心したことがあります．エネルギーが高いと不安定だといい直すと，いまいったことが変なことになります．私と同じように English poem は potential energy が高いという説明に感心した人が，不安定といういい直しで，いやな気にならないことを望みます．

さて，質量は全質量ではないわけですが，全エネルギーがあまり大きくないときは，その主要な部分を構成しています．したがって，質量の大きい粒子は不安定で，質量の小さい粒子は安定だといってよいことが分かります．

たとえば γ は質量が0であるのに，Z^0, W^+, W^- は大きな質量をもっています．このことが，γ は我々の日常の生活にふんだんに出てくるのに，Z^0, W^+, W^- などは見つけるのが大変ということになります．

X 粒子になると，W や Z に比べて問題にならないくらい大きな質量をもっています（10^{13} 倍ぐらい）．ですから，X を実際に創ってみるということは，ほとんど不可能ということになります．

Georgi と Glashow の $SU(5)$ のスタイルで，素粒子論の表面的なことをゲームの程度に解説してきましたが，最後に，この付録で述べたことであまり確定しておらず，将来に理論が変わるかもしれないことをあげておきます．

1. 前に述べたように，X 粒子および陽子の崩壊は確認された事実ではなく，もしこれが実験によって否定されると，$SU(5)$ 理論は否定され，したがってこの付録で述べたこともかなり違ったスタイルで書きかえられなければならなくなるものと思います．
2. ニュートリノの質量は非常に小さく，この付録では0と考えていますが，小さくても0でない可能性があります．この場合は，それに応じた変更が必要になってきます．たとえば，右巻きのニュートリノや左巻きの反ニュートリノが必要になってくるものと思われます．

3. ここでは第三世代までしか考えておりませんが，第四世代，第五世代と存在する可能性があります．しかし，この場合の変更はほとんど形式的なものと思われます．
4. クォーク，レプトン，グルーオンなどが素粒子ではなくて複合粒子である可能性もあるかもしれません．しかしこれは，もっと巨大なエネルギーやもっと短い距離，もっと短い時間のことが分かるようになるということで，いまの理論の変化というよりは精密化が行なわれるケースだと思ってよいと思います．

以上，あまり物理の内容にはふれない素粒子論の解説でしたが，物理的な深い内容を知りたい人は本気で物理学の本を勉強してください．

付録 2　Keisler の確率過程論

「あとがき」に書いたように，この本に書いた分野では Keisler のモノグラフ［3］を読むことが最も勧められる．ところが，このモノグラフは決して読みやすいものではない．一つの理由は無限小解析の常識を仮定していることであるが，その点に関しては本書はその十分よい準備になっており，必要な知識はすべて本書で説明されているといってよいであろう．

このモノグラフのもう一つの難点は，全体的な概観や方向についての解説がないことである．本書を読んだあとでは Keisler のモノグラフを読むことが望ましいので，この付録では Keisler の確率過程論の概観を行なうことにする．

ところで，Keisler のモノグラフが出版されたあとで次の論文が出版されている．

Douglas N. Hoover and H. Jerome Keisler : Adapted Probability Distributions, Transactions of the American Mathematical Society **286** (1984), pp. 159−201.

実は Keisler の仕事はこの論文の立場から眺める方が分かりよい．したがって，ここではまずこの論文を紹介して，その立場から Keisler 流の確率過程論の全体を眺めることにする．

まず X は Ω の上の確率変数とする．このとき X が確率分布 Φ に従うとすれば，63 ページに述べたように，実数の任意の連続関数 φ について

$$E(\varphi(X)) = \int_{\Omega} \varphi(X)dP = \int_{-\infty}^{\infty} \varphi(x)d\Phi(x)$$

となる．いま，X は Ω の上の確率変数，Y は Λ の上の確率変数とする．このとき X と Y とが同じ確率分布に従う必要十分条件は，すべての連続関数 φ について次の条件を満たすことになっていることは明らかであろう．

$$E(\varphi(X)) = E(\varphi(Y))$$

このとき，X と Y とは確率分布の意味で等しいと考えられるから，$X \equiv_{\mathrm{D}} Y$ と書くことにする．

いまこれを拡張して，X と Y とが n 次元の確率変数，即ち $X:\Omega \longrightarrow \boldsymbol{R}^n$，$Y:\Lambda \longrightarrow \boldsymbol{R}^n$ のとき $X \equiv_{\mathrm{D}} Y$ ということを，どんな連続関数 $\varphi:\boldsymbol{R}^n \longrightarrow \boldsymbol{R}$ をとっても

$$E(\varphi(X)) = E(\varphi(Y))$$

が成立することと定義する．以下，確率変数は一般に多次元のものを考える．

いま確率空間（Ω, $\mathfrak{B}$, P）が universal ということを，どんな確率変数 X をとっても，Ω の上の確率変数 Y が存在して，$X \equiv_{\mathrm{D}} Y$ が成立することと定義する．

いま（Ω, $\mathfrak{B}$, P）を確率空間として，$h:\Omega \longrightarrow \Omega$ を1対1で Ω の上への写像とする．さらに X, Y を Ω の上の確率変数とするとき，$h: X \cong Y$ を次の条件が成立することと定義する．

1）　$h(\mathfrak{B}) = \mathfrak{B}$

2）　$A \in \mathfrak{B} \Longrightarrow P(A) = P(h(A))$　　ここに $h(A) = \{h(a) \mid a \in A\}$.

3）　$X(h(\omega)) = Y(\omega)$ がほとんどすべての ω に対して成立する．

さらに，$h: X \cong Y$ となる h が存在するとき $X \cong Y$ と書くことにする．

確率空間（Ω, $\mathfrak{B}$, P）が homogeneous であるということを，Ω の上のすべての確率変数 X, Y について

$$X \equiv_{\mathrm{D}} Y \quad ならば \quad X \cong Y$$

が成立していることと定義する．

universal と homogeneous について，次の重要な定理が成立する．

定理1　universal で homogeneous な確率空間（Ω, $\mathfrak{B}$, P）が存在する．もっと具体的に，* 有限の Ω から出来る Loeb 空間は universal で homogeneous である．

以下にこの定理の系を述べるが，そこでは $(\Omega, \mathfrak{B}, P)$ は universal で homogeneous であるとして，$(\Lambda, \mathfrak{D}, Q)$ は任意の確率空間とする．

系 1　X は Ω の上の確率変数，$\hat{X}, \hat{Y}$ は Λ の上の確率変数とする．いまもし $X \equiv_{\mathrm{D}} \hat{X}$ とすれば，Ω の上の Y で次の条件を満たすものが存在する．

$$(X, Y) \equiv_{\mathrm{D}} (\hat{X}, \hat{Y})$$

証明　Ω は universal であるから，$(X_1, Y_1) \equiv_{\mathrm{D}} (\hat{X}, \hat{Y})$ となる X_1, Y_1 が Ω の上で存在する．したがって $X \equiv_{\mathrm{D}} X_1$．ところで Ω は homogeneous であるから，$h: X_1 \cong X$ となる h が存在する．いま $Y(\omega) = Y_1(h(\omega))$ とおけば $(X, Y) \equiv_{\mathrm{D}} (X_1, Y_1) \equiv_{\mathrm{D}} (\hat{X}, \hat{Y})$ となる．

系 2　いま X_1, Y_1 は Λ_1 の上の確率変数，Y_2, Z_2 は Λ_2 の上の確率変数とする．さらに $Y_1 \equiv_{\mathrm{D}} Y_2$ とする．このとき Ω の上の X, Y, Z で，次の条件を満たすものが存在する．

$$(X, Y) \equiv_{\mathrm{D}} (X_1, Y_1) \qquad \text{さらに} \qquad (Y, Z) \equiv_{\mathrm{D}} (Y_2, Z_2)$$

証明　いま Ω は universal だから，$Y \equiv_{\mathrm{D}} Y_1 \equiv_{\mathrm{D}} Y_2$ となる Ω の上の Y が存在する．X, Z の存在は系 1 から直ちに出る．

次の系を述べるために，まず定義をする．いま $\Phi_1, \Phi_2, \cdots$ および Φ を n 次元の確率分布とする．このとき $\Phi_1, \Phi_2, \cdots$ が Φ に法則収束するということを，すべての台がコンパクトな連続関数 f に対して

$$\lim_{i \to \infty} \int_{\boldsymbol{R}^n} f(x) d\Phi_i(x) = \int_{\boldsymbol{R}^n} f(x) d\Phi(x)$$

が成立することと定義する．

いま $X_1, X_2, \cdots$ および X を確率変数とする．X_i と X との確率空間は，同じでなくてもよいものとする．X_i の確率分布を Φ_i，X の確率分布を Φ とするとき，$\Phi_1, \Phi_2, \cdots$ が Φ に法則収束する場合に，$X_1, X_2, \cdots$ が X に法則収束するといって，$X_i \to_{\mathrm{D}} X$ と書く．これは実際に分布の収束であって，確率変数の収束ではない．もちろんこの場合に上の式は $\lim_{i \to \infty} E(f(X_i)) = E(f(X))$ となる．

また前の状態にもどって，$(\Omega, \mathfrak{B}, P)$ は universal で homogeneous であり，$(\Lambda, \mathfrak{D}, Q)$ は任意の確率空間とすれば，次の系は系 1 から明らかであろう．

系 3　$X_1, X_2, \cdots$ および Y は Ω の上の確率変数，$\hat{X}, \hat{Y}$ は Λ の上の確率変数として，$(X_n, Y) \to_{\mathrm{D}} (\hat{X}, \hat{Y})$ とする．このとき Ω の上の確率変数 X で，$(X_n, Y) \to_{\mathrm{D}} (X, Y)$ を満たすものが存在する．

系 4　Ω を $*$ 有限の Loeb 確率空間とすれば，この上の任意の Brown 運動は $*$ 有限の乱歩から作られた Anderson の Brown 運動と $\cong$ の意味で同型である．

以下に行なうことは，この universal で homogeneous という概念を確率空間からフィルターつき確率空間に拡張しようということである．まず必要な定義から始める．

いま $\boldsymbol{\Phi}: \boldsymbol{R}^m \longrightarrow \boldsymbol{R}$ を連続関数とする．このとき $\hat{\boldsymbol{\Phi}}$ を

$$(\hat{\boldsymbol{\Phi}}(t_1, \cdots, t_m)x)(\omega) = \boldsymbol{\Phi}(x(\omega, t_1), \cdots, x(\omega, t_m))$$

によって定義する．ここに x は Ω の上の確率過程とする．

定義　$(\Omega, \mathfrak{F}_t, P)$ をフィルターつき確率空間とする．このとき条件つき過程 (conditional processes) の族 CP を，次の条件によって帰納的に定義する．

CP の元 f は $f(t_1, \cdots, t_n)$ のように時間の変数 $t_1, \cdots, t_n$ が入った形で，この $f(t_1, \cdots, t_n)$ を確率過程 x に施すと確率変数になるものである．

1)　$\boldsymbol{\Phi}: \boldsymbol{R}^n \longrightarrow \boldsymbol{R}$ が有界な連続関数ならば $\hat{\boldsymbol{\Phi}} \in CP$.

2)　$f_1, \cdots, f_n \in CP$ で $\varphi: \boldsymbol{R}^n \longrightarrow \boldsymbol{R}$ が有界な連続関数ならば，次で定義される $\varphi(f_1, \cdots, f_n)$ は CP の元である．

$$\varphi(f_1, \cdots, f_n)x = \varphi(f_1 x, \cdots, f_n x)$$

3)　いま $f(t_1, \cdots, t_n) \in CP$ とする．(即ち $f(t_1, \cdots, t_n)x$ は x が確率過程のとき確率変数を表わす．) このとき $E[f|s]$ を次の式で定義すれば，$E[f|s]$ はやはり CP の元である（ただし時間の変数の数は一つ増える）．

$$(E[f|s]x)(\omega) = E(fx | \mathfrak{F}_s)(\omega)$$

次に重要な定義をする．

定義 いま x と y とをフィルターつき確率空間 $(\Omega, \mathfrak{F}_t, P)$ の上の確率過程とする．このとき $x \equiv y$ を次の条件が満たされることと定義する．

すべての CP の元 $f(t_1, \cdots, t_m)$ とすべての $r_1, \cdots, r_m \in [0, \infty)$ について

$$E(f(r_1, \cdots, r_m)x) = E(f(r_1, \cdots, r_m)y)$$

が成立する．

$x \equiv y$ のとき，x と y とは同じ適合分布をもつという．

いまさらに CP の条件の 3) を除いて出来るより小さい族を CP_0 と表わすことにして，$\equiv$ の定義で CP を CP_0 に変えて出来る性質を $\equiv_0$ と表わすことにする．このとき，次の性質が成立する．

定理 2 $x \equiv y$ とする．このとき，次の性質が成立する．

1) x が Markov ならば y も Markov である．

2) x が適合していれば，y も適合している．

3) x がマルチンゲールならば，y もマルチンゲールである．

定理 3 x と y が Markov で $x \equiv_0 y$ ならば，$x \equiv y$ となる．

次に，フィルターつき確率空間 $(\Omega, \mathfrak{F}_t, P)$ に universal と homogeneous を拡張することにする．

定義 $(\Omega, \mathfrak{F}_t, P)$ が universal ということを，次の条件が満たされていることと定義する．

すべての $(\Lambda, \mathfrak{G}_t, Q)$ について，$(\Lambda, \mathfrak{G}_t, Q)$ の上の任意の確率過程 X にについて $(\Omega, \mathfrak{F}_t, P)$ の上の確率過程 Y で $X \equiv Y$ となるものが存在する．

次に X, Y が Ω の上の確率過程とするとき，$h: X \cong Y$ を次の条件が満たされていることと定義する．

1) h は $h: \Omega \longrightarrow \Omega$ なる1対1の Ω の上への写像である．

2) すべての $t \in [0, \infty]$ について $h(\mathfrak{F}_t) = \mathfrak{F}_t$ が成立する．

3) $A \in \mathfrak{F}_\infty$ とすれば $P(A) = P(h(A))$ が成立する．

4) $X(h(\omega), \cdot) = Y(\omega, \cdot)$ がほとんどすべての ω について成立する．

いまさらに $h: X \cong Y$ なる h があるとき，$X \cong Y$ と定義する．

この上で $(\Omega, \mathfrak{F}_t, P)$ が homogeneous であるということを，

Ω の上のすべての確率過程 X と Y について，$X \equiv Y$ ならば $X \cong Y$ となることと定義する．

このとき定理1は，確率空間からフィルターつき確率空間に拡張される．

定理4　universal で homogeneous なフィルターつき確率空間が存在する．もっと具体的にいって，第2章§4で作られた＊有限の Ω から作られたフィルターつき確率空間は universal で homogeneous である．今後，この確率空間をフィルターつき適合空間とよぶことにする．

この定理の系として，定理1の場合と同様にして次の系が成立する．

以下に（$\Omega, \mathfrak{F}_t, P$）は universal で homogeneous とする．

系1　X と Y とが Ω の上の Markov 過程として，$X \equiv_0 Y$ ならば $X \cong Y$ である．

系2　X は Ω の上の任意の確率過程で，$(\hat{X}, \hat{Y})$ は Λ の上の確率過程で $X \equiv \hat{X}$ とする．このとき Ω の上の確率過程 Y で，$(X, Y) \equiv (\hat{X}, \hat{Y})$ を満たすものが存在する．

系3　いま (X_1, Y_1) は Λ_1 の上の確率過程，(Y_2, Z_2) は Λ_2 の上の確率過程で $Y_1 \equiv Y_2$ とする．このとき Ω の上の確率過程 X, Y, Z で，次の条件を満たすものが存在する．

$$(X, Y) \equiv (X_1, Y_1) \quad \text{で} \quad (Y, Z) \equiv (Y_2, Z_2)$$

もう一つの系を述べるために定義をする．

いま $x_1, x_2, \cdots$, および x は確率過程とする．このとき，$x_1, x_2, \cdots$ が x に適合分布で収束するということを，$x_1, x_2, \cdots \to_{\mathrm{ad}} x$ と書いて，次の条件で定義する．

すべての CP の元 f と $t_1, \cdots, t_m \in [0, \infty)$ について次の収束が成立する．

$$E[f(t_1, \cdots, t_m)x_n] \to E[f(t_1, \cdots, t_m)x]$$

系4　$X_1, X_2, \cdots$ および Y は Ω の上の確率過程で，$\hat{X}, \hat{Y}$ は Λ の上の確率過程で $(X_n, Y) \to_{\mathrm{ad}} (\hat{X}, \hat{Y})$ とすれば，Ω の上の確率過程 X で

$$(X_1, Y), (X_2, Y), \cdots\cdots \to_{\mathrm{ad}} (X, Y)$$

を満たすものが存在する．

定理 4 の証明については，ここに述べることは出来ないが，そのために必要な補題と定理を次にあげておくことにする．

補題　Ω は $*$ 有限の T から作られたフィルターつき適合空間とする．さらに $X:\Omega\longrightarrow {}^*\boldsymbol{R}$ は internal で，有限の値で $|X|$ が押えられているものとする．さらに X は x の持ち上げとする．いま $t\in[0,1]$ とするとき，T のなかの $\underline{t}\approx t$ で十分大きな $\underline{t}$ については，ほとんどすべての $\omega\in\Omega$ について次の式が成立する．

$$E(x(\cdot)\mid\mathfrak{F}_t)(\omega)={}^{\circ}\sum_{\alpha\in(\omega\upharpoonright\underline{t})}X(\alpha)/\#(\omega\upharpoonright t)$$

ここに $\#(\omega\upharpoonright t)$ は，$\omega\upharpoonright t$ の個数を意味する．

定理 5（一般持ち上げ定理）　Ω はやはりフィルターつき適合空間とする．いまさらに $X:\Omega\times T\longrightarrow {}^*\boldsymbol{R}$ が $x:\Omega\times[0,1]\longrightarrow\boldsymbol{R}$ の持ち上げであったとする．このとき，すべての CP の元 $f(t_1,\cdots,t_n)$ について，$fX:\Omega\times T^n\longrightarrow {}^*\boldsymbol{R}$ は $fx:\Omega\times[0,1]^n\longrightarrow\boldsymbol{R}$ の持ち上げになっている．

定理 4 の典型的な応用を一つ述べることにする．いま N は無限大の自然数として，T_N を次のものとする．

$$T_N=\left\{0,\frac{1}{N!},\frac{2}{N!},\cdots,1-\frac{1}{N!}\right\}$$

$\Omega=\Omega_0{}^{T_N}$ で Ω_0 は有限（例えば $\Omega_0=\{-1,1\}$）として Ω をフィルター $\{\mathfrak{F}_t\}$ をもつ適合空間とする．この状況で，次の定理が成立する．

定理 6　いま $\varepsilon>0$ で $m\in\boldsymbol{N}$ とすれば，$\delta>0$ と CP の元 $f_1,\cdots,f_k$ が存在して，任意の 2 つの確率過程

$$x,y:\Omega\times T_N\longrightarrow\boldsymbol{R}$$

に対して，もし

$$\int|f_i(\vec{t})x-f_i(\vec{t})y|d\vec{t}<\delta,\qquad i=1,\cdots,k$$

が成立するならば，Ω の上の同型写像 h で次の条件を満たすものが存在する．

1）　すべての $\omega \in \Omega$ と $t=0, \frac{1}{m}, \frac{2}{m}, \cdots, 1-\frac{1}{m}$ について，次が成立する．

$$h(\omega \upharpoonright t) = (h\omega \upharpoonright t)$$

2）　P を $\Omega \times T_N$ の測度とすれば，次の式が成立する．

$$P(|x(h\omega, t) - y(\omega, t)| \geq \varepsilon) < \varepsilon$$

Ω をフィルターつき適合空間とすれば，そこでの確率過程についての性質は次の方法で研究することが出来る．

1）　その確率過程を＊有限の過程に持ち上げる．

2）　その＊有限の過程について＊有限の計算をする．

3）　それから standard part をとって，もとにもどす．

この方法で証明される定理を一つ述べるために，まず x が劣マルチンゲールということは，x が適合していて，すべての $s<t$ について

$$E(x(\cdot, t) | \mathfrak{F}_s)(\omega) \geq x(\omega, s)$$

が成立することであることを再記しておく．

定理 7　Ω はフィルターつき適合空間で，x は Ω の上の劣マルチンゲールで $x \geq 0$ とする．このとき Ω の上のマルチンゲール m で，ほとんどすべての ω に対して次の式が成立するものが存在する．

$$|m(\omega, t)| = x(\omega, t)$$

次に，フィルターつき適合空間の確率微分方程式への応用を考えよう．いま Ω をフィルターつき適合空間として，次の形の確率微分方程式を考える．

$$(*) \qquad x(\omega, t) = x_0(\omega) + \int_0^t g(x(\omega, s), s)\, db(\omega, s)$$

ここに b はもちろん Brown 運動である．このとき，次の定理が成立する．

定理 8　x が Ω の上の b に関する（＊）の解であって，$(\hat{x}, \hat{b}) \equiv (x, b)$ とすれば，$\hat{x}$ は $\hat{b}$ に関する（＊）の解である．

系 1　（＊）が Ω の上で Anderson の Brown 運動について解をもてば，すべての Brown 運動について解をもつ．

系 2　(∗) があるフィルターつき確率空間で解をもてば，Ω で解をもつ．

系 3　いま Ω の上で (∗) の任意の 2 つの解が $\equiv_0$ の意味で同等になれば，Ω の上の任意の 2 つの解は $\cong$ の意味で同型となる．さらに，任意の 2 つの空間 Λ_1 と Λ_2 の上の 2 つの解は $\equiv_0$ の意味で同等となる．

Keisler は適合確率論理（Adapted Probability Logic）というものを提唱している．実際に，彼の確率過程での仕事とこの論理とは密接なつながりをもっている．ここに少しばかりこの論理について紹介することにする．

まず，この論理での変数は次のものとする．

標本点を表わす変数：　ω

時間を表わす変数：　$t_1, t_2, t_3, \cdots$

確率過程を表わす変数：　x

さて次に term の定義をするが，普通の論理とは多少変わっている．

term：　1）　すべての実数 r は term である．

2）　時間を表わす変数 t_n は term である．

3）　$\Phi: \boldsymbol{R}^n \longrightarrow \boldsymbol{R}$ が連続関数ならば，$\Phi(x(\omega, t_1), \cdots, x(\omega, t_n))$ は term である．

4）　f が term であれば，$E(f), E(f|s)$ および $\int_0^1 f ds$ は term である．

5）　$f_1, \cdots, f_n$ が term であって，$\varphi: \boldsymbol{R}^n \longrightarrow \boldsymbol{R}$ が連続関数であるならば，$\varphi(f_1, \cdots, f_n)$ は term である．

6）　以上によって出来るもののみが term である．

次に formula の定義をする．

formula：　1）　f と g とが term ならば，$f \leq g$ は formula である．

2）　A が formula ならば，$\neg A$ も formula である．

3）　$A_1, A_2, \cdots$ が formula ならば，$A_1 \wedge A_2$ と $\forall n A_n$ は formula である．

4）　以上によって出来るもののみが formula である．

次に，この論理のモデル M は $M = (\Lambda, X)$ の形であって，Λ はフィルターつき確率空間で，時間は $0 \leq t \leq 1$ を動き，$X: \Lambda \times [0, 1] \longrightarrow \boldsymbol{R}$ は可測であ

るものとする.

この言語の formula として，次のように確率論の多くの概念が表現できる.

$f=g$ がほとんどすべての点で成立している：　$E(|f-g|)\leq 0$

f は適合している：

$E(f(t)|t)=f(t)$ がほとんどすべての点で成立している.

$f(t)$ はマルチンゲールである：

$s\leq t \ \rightarrow\ f(s)=E(f(t)|s)$ がほとんどすべての点で成立している.

f は停止時間である：

$\min(f,s)=E(\min(f,s)|s)$ がほとんどすべての点で成立している.

$\equiv$ とこの言語との関係は，次の定理で表わされる.

定理 9　$X\equiv Y$ は，次の条件と同等である.

すべての時間について X と Y とは同じ formula を満たす.

適合確率論理は，公理および推論法則が記述され，形式的体系として完成しているが，ここではそのうち興味のある二,三のものだけをあげることにする.

公理の例：

$$\forall m\,\exists n\left(\int E(\min(|x(t)|,n+1)-\min(|x(t)|,n))dt\ \leq \frac{1}{m}\right)$$

$$\iint f(s,t)dsdt=\iint f(s,t)dtds$$

$$\int(af+bg)dt=a\int fdt+b\int gdt$$

$$E(af+bg)=aE(f)+bE(g)$$

$$s\leq t\ \rightarrow\ E(f|s)=E(E(f|s)|t)$$

$$E(f\cdot E(g|t))=E(E(f|t)\cdot E(g|t))$$

推論法則の例：（上の式から下の式を推論する.）

$$\frac{A\rightarrow f(t)\geq 0}{A\rightarrow \int f(t)dt\geq 0}\qquad\qquad \frac{A\rightarrow f(\omega)\geq 0}{A\rightarrow E(f)\geq 0}$$

この論理体系について，次の Rodenhausen（ローデンハウゼン）による完全性定理が成立する.

定理 10 A を, ω と時間についての自由変数を含まない formula とする. このとき, A が適合確率論理で証明される必要十分条件は, A がすべてのモデル (Ω, x) の上で成立していることである.

いま, 確率過程を表わす記号 $x, y, z, \cdots$ を導入して formula の概念を拡張し, $A(x, y)$ はこの 2 つの記号だけを含んでいる formula とする. このとき, $A \models B$ は A のすべてのモデルが B のモデルになることと定義する. このとき, 次の補間定理が成立する.

定理 11 $A(x, y) \models B(y, z)$ ならば, ある formula $C(y)$ が存在して, $A(x, y) \models C(y)$ で $C(y) \models B(y, z)$ となる.

以上の論理に興味のある人には, 次の論文を読むことを勧める.

H. J. Keisler : Probability quantifiers, Abstract Model Theory and Logics of Mathematical Concepts (J. Barwise and S. Feferman, eds.), Springer-Verlag (to appear).

付録３　暗号と量子計算機

計算論の分野で，２，３年前から量子計算機がにわかに脚光を浴びて話題になっている．

量子計算機自身は，Feynman（ファインマン）が1982年と1986年の論文で，量子力学を用いての計算は普通のテューリング・マシン（Turing machine）による計算に比べてより強力である可能性を指摘したことに始まった．そして，Deutsch（ドィッチェ）が1985年頃からこの考えに基づいてその数学的定義を与え，その後多くの人々によって順調に発展してきたものである．

それが突然大きな話題になったのは P. W. Shor（ショア）の1994年の論文

Algorithms for quantum computation : Discrete log and factoring

が発表されたからである．

なぜ Shor の論文がそれだけ大きな話題になったのか，それを述べる前に計算論の現状について説明しなければならない．特に discrete log と factoring（因数分解）については，最近情報科学でポピュラーな暗号法（cryptography）の立場からみるべきであろう．最近インターネットに関係して暗号法は必要欠くべからざる道具になっている．今の勢いでは巨大産業に発展するのではないかとさえ思われる．したがって，以下の話題は理論的に興味があるだけではなく，経済的にも重要である．

以下に量子計算論に関係のある計算論全体の状況をゆっくりと時間をかけて説明したい．

◆計算の複雑度，計算の時間

ある関数 $f(x)$ が**計算可能**であるということは，計算機のプログラムがあって，x を入力として計算機に入れるとこのプログラムは $f(x)$ という出力を答えとして出してくれることをいう．

同様にして，ある問題があってたとえば“グラフが連結であるか”という問題があるとき，この問題を解くアルゴリズムがあるということは，ある計算機のプログラムがあって，任意のグラフについて，そのグラフをコーディングしたものを，計算機に入力として入れれば，このプログラムがグラフが連結ならば1すなわちイエス，連結でなければ0すなわちノーを出力として出すことをいう．アルゴリズムがあるときを計算可能ともいう．

ここで計算機といったが数学的には，計算機を一般的に定義した**テューリング・マシン**というべきところである．歴史的にはここで書いた順序とは逆で，A. M. Turing（テューリング）が先にテューリング・マシンを数学的に定義して，それが現代の計算機の発展に寄与したというべきである．

さて，計算機が計算を遂行するときは，目にも見えないし音もしないが，その内部でいくつかの操作を順々に行なっている．この操作をどんなふうに行なうかを決めるのがプログラムである．

また，計算機が一つの計算を遂行するために行なった操作の回数をこの計算機が（正確にいえば，この計算機のこのプログラムが）この計算を行なうために使った**時間**と呼ぶ．もちろん計算機が使う時間はその入力 x に依存する．常識的にいって，たとえばグラフの連結の問題などではグラフが大きくて複雑ならば，それを判定するのにはどんなプログラムでもかなり時間がかかるにちがいない．

いま一つのグラフが与えられたとする．このとき適当なコーディングをすれば，そのグラフを自然数で表すことができる．したがってグラフの問題についてのアルゴリズムは，自然数についてのある問題についてのアルゴリズムと考えることができる．

いまは入力のグラフについてコーディングをしたが，出力の方もコーディングをすれば，ある入力から出力を出すプログラムは，自然数 x を計算して自然数 $f(x)$ を作り出すプログラムだと思ってもよい．

◆多項式時間の計算

このように自然数の関数 $f(x)$ を計算する形に問題を定式化したとき，我々の $f(x)$ を計算するプログラムが**多項式時間**のプログラムであるとは，$f(x)$ を計算するのに要する時間が，ある多項式 $p(n)$ をとって $p(n)$ より小さいことと定義する．ここで，n は x を2進法で書いたときの長さである．

たとえば x を7とすれば，2進法で 111 であるから $n=3$ となる．この x の2進法での長さを $|x|$ で表すと，いまの場合 $n=|x|$ である．

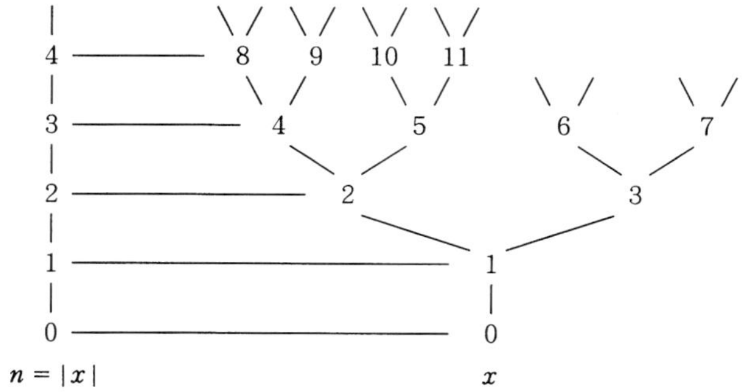

図で見るように n に対応する x の次のラインの最初の数が 2^n になっている．このことから $n=|x|$ のだいたいの大きさが $\log_2 x$ であることが分かる．今後 $\log_2$ のことを単に log と書くことにする．

現実的に実行可能な計算（feasible computation）は多項式時間の計算であると考えられており，多項式時間のアルゴリズムで決定される命題や，多項式時間で計算される関数を P で表す．

多項式時間という定式化は，現実の経験とよくマッチしているということも本当であるが，多項式という概念がよくまとまった概念であることもこの定義がよい定義である一因になっている．そして n 自身は多項式に入っていなければならない．ところで，$p(n)$，$q(n)$ が多項式ならば，$p(n)+q(n)$，$p(n)\cdot q(n)$，$p(q(n))$ はすべて多項式である．このことは，プログラムに修正をしたり，プログラムを繰り返し用いたり，一つのプログラムから別のプログラムを作ったりするときに，多項式時間がこのような変化に対して，現実的なものについては保たれる原因になっている．

これを説明するために簡単な例をあげよう．いま入力 x から条件Cを満たす出力 $f(x)$ を作り出す多項式時間のプログラムを作ろうとする．ところで x から条件Bを満たす出力 $g(x)$ を作り出す多項式時間のプログラムⅠと，条件Bを満たす入力 y から条件Cを満たす出力 $h(y)$ を作り出す多項式時間のプログラムⅡとが，すでにできているとする．このとき求めるプログラムは，Ⅰを行なってできた $g(x)$ にⅡのプログラムを適用すればよい．それでできた出力は $f(x)=h(g(x))$ である．この新しいプログラムがやはり多項式時間になるということは，多項式 $q(b)$ に多項式 $p(a)$ を代入してできた $q(p(a))$ がやはり多項式になることからきているのである．

◆*NP* について

次に *NP* について述べる．いまたとえば“自然数 a が素数でないとして，その約数を見つける”問題を考える．a を 135…1 としよう．このときたとえば 107 で割ってみる．もし割り切れれば，107 で割る操作は多項式時間の計算でできるから，それで問題は解決する．すなわち，この場合最初にある種の試行実験を行なうことを許せば，ある幸運なうまい試行実験の上では多項式時間で解決する問題である．ところが，すべての可能な試行実験を行なうことは多項式時間ではできないから，すべての試行実験を行なう，というプログラムを作るとすればこれは多項式時間の計算ではない．したがって，このプログラムでは *P* であることは分からないが，うまい試行実験にあたれば多項式時間で解決する問題であり，これを ***NP* の問題**という．*NP* の問題はうまいプログラムを作って，それが本当に正しい解答であるかどうかをチェックするのに多項式時間でできる問題だといってよい．

最初に試行実験を行なう場合は入力によって一意的に定まるものではないから，普通の計算機の計算を決定論的テューリング・マシン（deterministic Turing machine）の計算と呼び，この試行実験を行なって計算する計算を非決定論的テューリング・マシン（nondeterministic Turing machine）の計算と呼ぶ．

$P=NP$ か $P \neq NP$ かは，計算論で有名な未解決の問題であるが，これについては小著『P と NP』（日本評論社，1996）を見られたい．

◆古い暗号法とその限界

量子計算機についての Shor の仕事の意味について述べるためには，**暗号法**について話さなければならない．

暗号が必要とされるケースとして，たとえば日本の本社からニューヨークの支社に企業秘密を送るとか，また逆にニューヨークから本社にそれについての情報を送るときなどである．もちろんもっと現実的に必要とされるのは外務省と大使館との連絡である．この場合２つの条件がある．

1. 暗号を頻繁に送らなければならない．また，長い暗号を送ることも必要である．

   このために電話線などの公共の通信機関を用いなければならない．このことは，つねに相手側（競争相手，敵国など）に盗聴される危険性が大きいことを意味する．実際には暗号文自身は相手側にも100パーセント受信されているものと思わなければならない．

2. 暗号を通信する発信側，または受信側にとっては，暗号化することも，解読することも容易であるが，相手側にとっては解読することは不可能でなければならない．

昔の暗号は簡単であった．本質的には文字の書き換えであった．たとえば一番簡単な場合だと，“あ”を“い”に換え，“い”を“う”に換え……とする方法である．この方式だと文章に出てくる文字の頻度を調べておけば，暗号文からそれがどんな暗号化の仕方でできたか，したがって解読法が容易に分かってしまう．文章に出てくる文字の頻度から文字の書き換えを逆に調べるためには，たくさんのサンプルだけが必要である．したがって，同じ方式でできた良い暗号文か，同じ暗号でできたたくさんの暗号文の例があれば，この方法で解読が可能となる．この文字の書き換えは，いろいろの工夫によってもっと複雑にすることができる．たとえば，一つひとつの文字を書き換えるのではなくて，2つずつの文字の組を別の文字の組に書き換えるなどである．このような工夫をすれば，簡単な文字の書き換えよりは解読は困難になる．しかしながら，手間が2倍とか10倍とか余計かかるだけで，原則的には同じ方法で解読法を見つけることができる．

もっと現代的な暗号は次のものである．文字は適当なコーディングによって数字の列，さらには0と1との列だと思ってよい．したがって，以下では原文も，暗号化された暗号文もいずれも0と1との列だと思ってよい．

いま原文が1万以下の0と1の列（ビット）で表されるものとすれば，0と1との1万のランダムな列を作っておいてこれを $s_1, s_2, s_3, \cdots, s_{10^4}$ とする．一方，原文が $a_1, a_2, \cdots, a_{10^4}$ という0と1との列で表されるとすれば，暗号文 $b_1, b_2, \cdots, b_{10^4}$ を

$$b_i = a_i \oplus s_i, \qquad 1 \leqq i \leqq 10^4$$

で作ればよい．ここに $a_i \oplus s_i$ は mod 2 による + を表す．すなわち

$$0 \oplus 1 = 1 \oplus 0 = 1$$

$$0 \oplus 0 = 0, \qquad 1 \oplus 1 = 0$$

とする．

このとき，相手側が暗号文 $b_1, b_2, \cdots, b_{10^4}$ を見たときには単なるランダムな0と1の列としかとらえることができず，文を解読する方法はない．もちろんランダムな $s_1, s_2, \cdots$ は発信者と受信者との間だけの情報であって，相手側には

完全な秘密でなければならない.

記号の約束として上の $a_1, a_2, \cdots$ を A, $b_1, b_2, \cdots$ を B, $s_1, s_2, \cdots$ を S とするとき，上のように A と S から B を作る方法を

$$B = A \oplus S$$

と表すことにする.

この方法の困るところは，もし発信側が送りたい原文が1万ビットではなく，2万ビットまたは100万ビットの文章であるときである．たとえば原文 A が2万ビットであったとする．上の方法をそのまま使って暗号を作れば $A = A_1, A_2$ と A を2つの1万ビットの原文に分けて，$B_1 = A_1 \oplus S$, $B_2 = A_2 \oplus S$ として B を B_1, B_2 とすることになる．しかしこれは危険な方法である．なぜならば $B_1 \oplus B_2 = A_1 \oplus A_2$ となって，ランダムの S は完全に消えてしまう（これは $S \oplus S = O$ からでてくる，ここに O は $0, 0, 0, \cdots$ と0だけからなる列である）．すなわち $B_1 \oplus B_2$ にはランダムの要素が一つもない原文からの豊富な情報がいっぱい入っており，暗号解読のための手がかりを十分与えてくれることになる．上のように2つの場合でもそうであるから，たとえば100万ビットの原文を $A_1, \cdots, A_{100}$ と分けるとすれば，$B_i \oplus B_j$ $(1 \leqq i < j \leqq 100)$ は万に近いランダムの要素のない情報が与えられることになる.

であるから，上の方法を現実に発生するいろいろな場合に有効に用いるためには，次の方法が必要である.

◆新しい暗号法と pseudorandom generator

いま S を長さが n の0と1とのランダムな列とする．$l(n)$ を n の多項式とする.

このとき S から多項式時間の計算 g によって，$g(S)$ が0と1の列でどこから見ても $l(n)$ の長さのランダムな列であるとしか思えないものを作る方法である.

もしこうやってできた列を $\tilde{S} = g(S)$ とすれば，長さが $l(n)$ の原文 A に対

して $B=A\oplus\widetilde{S}$ という暗号文を作ればよい．

ここで“どこから見てもランダムであるとしか思えないもの”をもう少し詳しく説明しよう．$l(n)>n$ とすれば，この新しい $\widetilde{S}=g(S)$ が完全にランダムであるわけがない．つまり，n ビットの列が完全にランダムであるということは，これを計算機でチェックするのに，すべての n ビットの列をチェックしなければならない．すなわち 2^n の場合をチェックしなければならない．いま，ここで考えた情況では $\widetilde{S}$ が完全にランダムならば $2^{l(n)}$ の場合をチェックしなければならないが，$\widetilde{S}$ は S から多項式時間のプログラムによってできているから実質的には 2^n の場合をチェックすれば十分なのである．しかしたとえば，相手側が $\widetilde{S}$ からランダムでない要素を見つけようとするとそれはほとんど不可能である．ここでほとんど不可能ということをもう少し詳しくいえば，多項式時間の計算では見つけることができないという意味である．以下には多項式時間の計算よりもっと強い計算の概念を導入してそれでもダメだというようなことを論ずるが，それは後の話にする．ここで簡単な注意をすれば，この議論は $l(n)$ したがって n があまり小さいときは役に立たない．すなわち $2^{l(n)}$ 回の操作が計算機で十分実行可能ならばどんなランダムな $l(n)$ の長さの $\widetilde{S}$ をとっても，それはすべての可能な $\widetilde{S}$ について計算を行なえばよい．すなわち $2^{l(n)}$ 回の計算を行なえばよいから，問題はないことになってしまう．ここでの一つの仮定は $2^{l(n)}$ 回計算を繰り返すことが，事実上は不可能だということに注意してほしい．

ここで述べた“どこから見てもランダムとしか思えない”という概念を**スードランダム**（pseudorandom），すべての n と多項式 $l(n)$ についての上のような多項式時間の g を作る（多項式時間の）計算を pseudorandom generator という．

pseudorandom generator g が与えられれば，上の暗号化の問題は解決する．発信側と受信側とは秘密のカギとして長さ n のランダムな列 S を一つ準備しておいて，あとは暗号文を作るときはどのように g を適用するかという細かい約束をしておけば，$l(n)$ が大きい文章の暗号化もその解読も多項式時間の計算で容易にできる．また，計算機のプログラムを作っておいて原文から暗号を作ることも，暗号文を解読することも容易にできる．そしてそれは100パーセント安全と思ってよい．ただし，ここではそのプログラムが盗まれないと仮定している．

今までのところ，pseudorandom generator の存在を証明した人はいない．実際 pseudorandom generator が存在するという仮定は，$P \neq NP$ が成立するという仮定よりはるかに強い．$P \neq NP$ が到達不能の難問題と思われている現状では pseudorandom generator の存在証明などはとても考えられないだろう．にもかかわらず，pseudorandom generator の存在を仮定した暗号法の理論はどんどん発展している．この理由は one-way function という概念に関係している．この事情が最初に述べた Shor の仕事，すなわち量子計算機によって新段階を迎えた原因なのである．これについては後に解説する．

◆one-way function と *BPP*

前に述べたように，0と1との列 $\tilde{S}$ がどこから見てもランダムとしか思えないという概念を“$\tilde{S}$ が pseudorandom”という．また，長さが n の0と1のランダムな列 S と多項式 $l(n)$ が与えられたときに，S から長さが $l(n)$ の pseudorandom な列 $\tilde{S}$ を $\tilde{S}=g(S)$ とすれば，S から多項式時間で計算する関数 g が存在するときに，g を pseudorandom generator という．pseudorandom generator g が存在するときに一般の暗号文の作り方は，長さが n のランダムな列 S を一つ固定しておき，長さが $l(n)$ の原文 A について，$\tilde{S}=g(S)$ として暗号文 B を

$$B = A \oplus \tilde{S}$$

として作るのである．したがって，pseudorandom generator g が一つ存在すれば，完全と思われる暗号法が一つ完成したことになる．

もちろん今まで誰も pseudorandom generator の存在を証明した人はいな

い．

しかし one-way function という次に述べる概念があって，もし one-way function が存在すれば，one-way function から pseudorandom generator を作ることができる．もちろん one-way function の存在は $P \neq NP$ の仮定より強い．したがって，その存在証明はまだできていない．しかし one-way function には，大多数の専門家がこれがきっと one-way function であろうと思っている良い候補がいくつかあるのである．

f が one-way function であるということを一口でいえば，f は容易に計算できるが f^{-1} の計算は非常に難しい関数のことである．

ここで f が容易に計算できるとは，f がやはり多項式時間で計算できることとする．一方，f^{-1} の計算が非常に難しいということはいろいろに解釈することができる．ここでは3つの場合について述べよう．

① f^{-1} は多項式時間では計算できない．

この定義は十分求める要求を満たしているようにみえるが，じつはそうではない．したがって，次の条件が必要になってくる．

② f^{-1} は多項式時間で確率論的に計算可能でない．

多項式時間で確率論的に計算するということの定義には前に述べた非決定論的テューリング・マシンを用いる．

まず非決定論的テューリング・マシンについて少し説明しよう．前にあげた問題“a が素数でないとしてその約数を見つける”を考えてみる．非決定論的に試行実験をするというのは，約数の可能性のある数 b を勝手にとってきて，a を b で割ってみればよい．これは，普通のすなわち決定論的テューリング・マシンの多項式時間のプログラムで容易にできる．すなわち，決定論的テューリング・マシンで多項式時間で計算する範囲外にあるのは b を選ぶところだけである．ところで b は $\sqrt{a}+1$ より小さい数をとればよい．したがって，この試行実験はある数の決った集合 D と D の元 b をとったときに，a と b から多項式時間で計算するプログラムによって，計算が遂行されその結果がでてくるときもあれば，答えがでてこないときもあるが，幸運にもうまい b にあたれば求める答えが得られるというものである.

厳密にいえば D のすべての元 b について，ある多項式 p があって $|b| \leqq p(n)$（ここに $n = |a|$）の条件が満たされていなければならない.

確率論的に多項式時間で計算可能というのは，この非決定論的な決定について，D から b をランダムにとったときにその計算した結果が正しい結果である確率が $\frac{1}{2}+\varepsilon$（$\varepsilon > 0$）となるような，b に依存しない ε が存在することをいう.

確率論的に多項式時間で計算可能な命題（または関数）の全体を BPP で表す.

この BPP の特色は上のランダムの b を多項式回繰り返すならば，正しい答えが得られる確率がいくらでもよくなることである．すなわち，現実的には多項式時間で答えがほぼ間違いなく得られることになる.

暗号の場合で考えてみれば，暗号を用いる側からいうと，暗号の作成および暗号の解読は多項式時間で計算可能でなければならない．しかし競争相手側（敵側）にとっては，確率論的に多項式時間で解決する方法があれば，多項式時間で解読するよりは手間がかかるが，それくらいの手間をかけても解読できれば十分であると考えられる.

したがって，f^{-1} の計算が現実的に不可能だという意味は，P（多項式時間で計算できる関数）に入っていないという意味ではなくて，BPP に入っていないという方が妥当である.

◆多項式サイズのサーキットによる計算

次に3番目をみてみよう.

③　f^{-1} は多項式サイズのサーキットでは計算できない.

次ページの図は Parity (x_1, x_2, x_3, x_4) を計算するサーキットである．ここで Parity (x_1, x_2, x_3, x_4) は，x_1, x_2, x_3, x_4 がそれぞれ1か0を走るときに，x_1, x_2, x_3, x_4 の中の1の個数が奇数のときに1，偶数のときに0と定義するのである.

この図で，x_1, x_2, x_3, x_4 に0か1かを与えたときに次の計算で下から上へと登っていく.

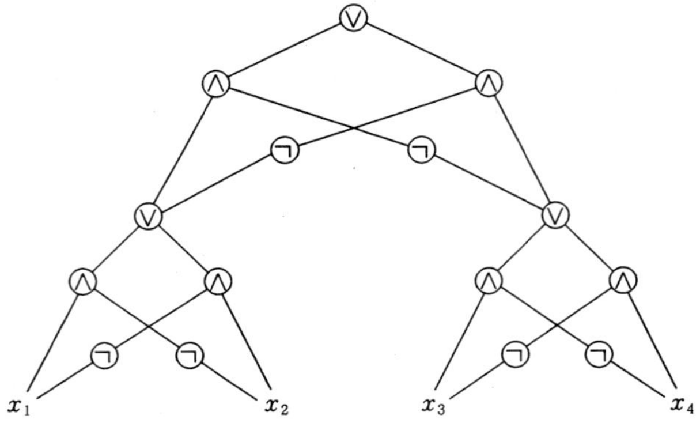

$$1 \wedge 1 = 1, \quad 1 \wedge 0 = 0 \wedge 1 = 0 \wedge 0 = 0$$
$$1 \vee 1 = 1 \vee 0 = 0 \vee 1 = 1, \quad 0 \vee 0 = 0$$
$$\neg 1 = 0, \quad \neg 0 = 1$$

このとき一番上の ⓥ まで計算してみる．すると，その答えがちょうど Parity (x_1, x_2, x_3, x_4) になっている．

また，サーキットの数学的定義は次のようになっている．

まずグラフというのは頂点の集合が与えられていて，2 つの頂点 v_1, v_2 があったときにその 2 つの頂点を結ぶ辺 $\overline{v_1v_2}$ がグラフに属するかどうかが定義されているものをいう．ここで $\overline{v_1v_2}$ に向きがついているとき $\overrightarrow{v_1v_2}$ と書く．グラフに属する辺のすべてが向きをもっているときに**有向グラフ**という．

有向グラフで，一つの頂点から → を順々に進んで行って，また元の頂点に戻るとき，**サイクル**があるという．サイクルのない有向グラフを無サイクルな有向グラフという．

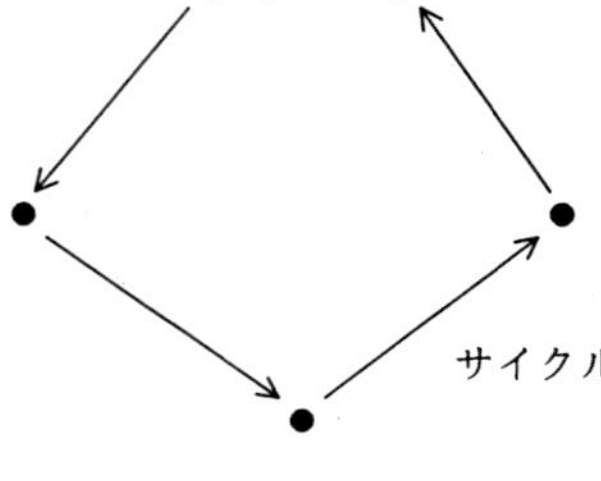

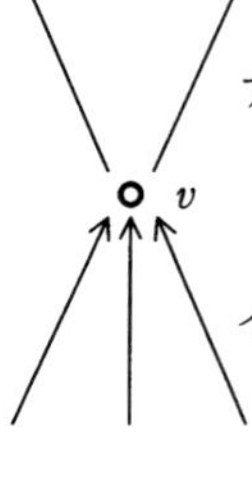

無サイクルな有向グラフの頂点 v をとったときに v に入ってくる線分の数をインデグリー（in degree），v から出る線分の数をアウトデグリー（out degree）と呼ぶ．真と偽との値をとる変数をブール変数と呼ぶ．ここでは真を1，偽を0で表して，ブール変数とは1と0の値をとる変数とする．いまブール変数 $x_1, \cdots, x_n$ が与えられて，無サイクルな有向グラフが次の条件を満たすとき，$x_1, \cdots, x_n$ の上の**ブーリアン**（Boolean）・**サーキット**または単に**サーキット**と呼ぶ．

1）　インデグリー0の頂点はリーフ（leaf）と呼ばれ x_i が付加されている．インデグリーが1の頂点には ¬ が付加されている．インデグリーが1より大きい頂点には ∧ または ∨ が付加されている．

2）　アウトデグリーが0の頂点はアウトプット（out put）と呼ばれる．

$x_1, \cdots, x_n$ に0か1の値を与えるとき，リーフからアウトプットへ順々に計算していき，アウトプットの値が1か0かを容易に計算することができる．

また，アウトプットの数が1個であって，自然数を0と1との2進法で表すとき，1を真，0を偽とすれば，自然数についての命題を表すことになる．厳密にいえば，すべての自然数 n について，サーキット C_n が与えられていて，自然数 x の2進法で書いた長さが n のときに，C_n を用いて計算するのである．

もしアウトプットの数が1より大きいときは，このアウトプットが一定の順序で並べられていて，それに対応する2進法で表した自然数がアウトプットであるとすれば，このサーキットは関数を表している．

インデグリーが0でない頂点をゲート（gate）という．ゲートの数をそのサーキットのサイズという．

すべての自然数 n に対してサーキット C_n が与えられていて，C_n のサイズがつねに多項式 $p(n)$ で抑えられているときに，多項式サイズのサーキットであるという．

多項式サイズのサーキットで計算可能な命題または関数を nonuniform P または P/poly で表す．

この名前を説明すると，すべての P に属する命題または関数は多項式サイズのサーキットで計算できるのである．そして多項式サイズのサーキットで計算できる命題または関数のなかで P は，C_n のコーディングが uniform なものになっている

ここで uniform なコーディングの意味は，C_n のコーディングが n について P に属する関数になっていることである．uniform な多項式サイズのサーキットは，これを計算する機械を作ろうとすれば，その設計の基本的な計画はできているといってよい．すなわち，C_n のコーディングが uniform であるとは，C_n を多項式時間で作ることができる．すなわち，全体を計算する仕組みが多項式時間でできるようになっている．これに反して nonuniform ということは，そんなにうまい作り方は与えられていないということになる．

数学的にいうと，テューリング・マシンで計算可能でない関数 $f(x)$ で $f(x)$ の値が 0 か1だけであるものはいくらでもあるが，そのような $f(x)$ を一つとり $C_n = f(n)$ とおけば C_n は0か1であるから，多項式サイズのサーキットが作れる．じつは0か1が一つだけのサーキットである．しかし，これが uniform なサーキットで作れないことは，$f(x)$ がテューリング・マシンで計算できないことから明らかである．これが uniform と nonuniform の差の典型的な場合であるが，これによってこの2つの概念については見当をつけられたい．

P/poly の意味は，多項式サイズの余分な情報をつけ加えれば多項式時間でテューリング・マシンによって計算できることを意味している．nonuniform $P =$ P/poly であることは証明される．

$f^{-1} \in P$ と $f^{-1} \in$ nonuniform P との差について考えてみよう．$f^{-1} \in P$ ならばテューリング・マシンのプログラムを一つ考えればよいだけで，あとは多項式時間で答えがでてくるから簡単である．nonuniform P の場合はそうはいかない．しかし n を一つ定めて，その n が大きすぎなければ，C_n というサーキットは多項式サイズであるから，それに相当する機構を作ることはテューリング・マシンの場合よりは大変でも，不可能とはいえない．もしそのような C_n を計算する機構ができれば，すべての $x_1, \cdots, x_n$ について多項式時間で f^{-1} が計算され

ることは確かである．

BPP ならば *P*/poly に入ることはすでに証明されているから，one-way function が *P*/poly に入らないという意味で定義されている場合が一番強い条件となる．したがって *P*/poly の条件は，*P*/poly の意味でさえ one-way function であるというふうに，現在考えられる one-way function のなかで一番強い条件という意味で一つの限界の形で用いられる．

◆重要な one-way function

さてここで本題に戻ることにする．現在の暗号法で中心となって活躍するのは pseudorandom generator である．pseudorandom generator の存在は誰も証明できないが，もし one-way function があればその one-way function から pseudorandom generator を容易に構成することができる．上に述べたように one-way function の代表的な定義が3種類あるが，いずれの場合もそれに相当する pseudorandom generator を構成することができる．

もちろん $P \neq NP$ が証明されていない現状では one-way function の存在証明はできていない．しかしながら，この分野の専門家のすべてが，上の3つのすべての意味で one-way function になると信じている候補がいくつかある．そのなかでもっとも典型的な候補が2つあって，それ以外の候補はこの2つの候補の変形であると思ってよい．その2つは次のものである．

1） 因数分解

p と q とを2つの素数として $f(p, q) = pq$ とする．もちろん f は多項式時間で計算可能である．しかし f^{-1} は上の3つのどの意味でも不可能と考えられる．

一般にこれを拡張すれば，自然数の素因数分解は P でもなく，*P*/poly でもなく，したがって *BPP* でもないと考えられている．

2)　discrete log

いま p を素数とすれば，$1, 2, \cdots, p-1$ は $\mathrm{mod}\,p$ で乗法について閉じている．この乗法群はよく知られているように巡回群である．その生成元の一つを g とするとき，$x = 1, 2, \cdots, p-1$ とすれば $x^p \bmod p$ は多項式時間で計算することができる．これを $f(p, g, x)$ とする．いま任意の $1, 2, \cdots, p-1$ の元 y を与えたとき，$f^{-1}(y) = x$ を $f(p, g, f^{-1}(y)) = y$ となる元とすれば，p と g とを与えた上で f は one-way function すなわち f^{-1} はnonuniform P にも BPP にも入っていないと予想されている．

◆量子計算機

さてここで本来の話題，量子計算機に戻ることにする．Shor が証明したことは，上の因数分解および discrete log が量子計算機では多項式時間で計算できることを示したのである．これは大事件である．

第一に，現在の暗号法の理論は因数分解や discrete log が one-way function であるという予想に理論の基盤をおいているから，Shor の結果によりもし量子計算機が実用に使われるようになれば，現在の暗号理論による暗号は多項式時間で解読可能になってしまう．

これは現在の暗号理論の無力化を意味する．現在の暗号理論は実際の暗号の作成という実用にも役立つであろうが，もう一つは計算量の考え方がいろいろな分野や概念に大切であろうという一つの未来の方向を示しているとも考えられる．量子計算機はその明るい展望の彼方から広がり始めた暗雲ということになる．

それ以上に量子計算機は，計算論の根底に横たわる精神についての重大なる問題提起をしている．

少なくとも one-way function についての多くの専門家の予想が正しければ，多項式時間での量子計算機による計算可能性はテューリング・マシンで多項式時間による計算可能性よりは強力な概念である．我々はこれに従って現実的に実行可能な計算（feasible computation）の概念を変更すべきであろうか？

現在の量子計算機で計算可能な関数はテューリング・マシンでも計算可能である．しかし物理学は量子力学から，素粒子論へ……と発展していく．さらに新しい未来の物理学を用いたときに量子計算機よりもさらに強力な計算機がでてくる可能性はないか？　もしそうなったときには，我々は計算可能という概念，いいかえれば計算という概念を変更すべきであろうか？

この問題は数学基礎論にとっても重大な問題である．特に直観主義の立場においてはこれは深刻な問題である．直観主義とは，神の立場の絶対的な真偽を追究する古典的数学に対して，人間の立場での真偽を求める数学である．したがって，真とは我々が確証できるもの，すなわち証明できるものということになる．この立場では construction という概念が中心概念になる．もちろん，この construction には“p ならば q”を“p を確証する証明が与えられたときに，その証明から，q の証明を構成する construction が与えられていること”と解釈するように，抽象的な construction もある．しかし狭い意味で関数を考えるときは，それは計算可能という意味になる．したがって，計算可能は直観主義における，重要な概念である．

1960年にArend Heyting（ハイティング）はバークレイで直観主義についての講演を行ない（私はそのとき出席していた），そこで彼は次のように語っている．

“もしも計算可能関数の理論が直観主義よりも先に誕生していたならば，おそらく直観主義は異なったものになっていたであろう．”

また L. E. J. Brouwer（ブラウワー）が初めて1936年に Turing の論文を見たとき，彼は“テューリング・マシンこそ，明らかに私が a constructive rule と呼ぶものである”と宣言している．

このように直観主義の中心に計算の概念がある．直観主義者が量子計算機をどうとらえるかは，直観主義の本質に関係のある重大問題である．

しかし量子計算機についてもっとも重要な問題は，量子計算機が本当に実現できるであろうか？ という問題であろう．そこでの問題は計算の正確度および雑音の問題であろう．これは現在活発に議論されている問題であるといってよい．現在までのところ，決定的な結論が出たとは思えないが，私は実現可能なのだと思っている．

この実現可能であるという仮定のもとで，上に述べた2つの問題について私見を述べたい．

まず第一に，物理学の進歩とそれを用いた未来の計算機によって，テューリング・マシンで計算可能でない関数が計算可能になるか？ という空想的未来についての問題である．この問題についてはあまりにも未知な仮定に基づいての問題であるから，誰しも納得のいく解答はできないであろう．その上で私はどのように物理学が進歩してそれによって新しい計算機ができたとしても，テューリング・マシンによって計算可能でない関数の計算はできないであろうと予想する．この予想の根拠は，今までの我々のテューリング・マシンの理論を発展させてきた経験によるテューリング・マシンとその理論に対する自信と信仰からくるものである．

次に，量子計算機が実現すれば，現実的に実行可能な計算の概念を現在のテューリング・マシンで多項式時間で計算できるとする考えそのものを訂正すべきであろうか？

これについて私は次のように考える．

量子計算機その他で計算を遂行するときは，それでどれだけの時間がかかっただけではなくて，どれだけエネルギーがかかったかを考えるべきである．テューリング・マシンの場合はこれは問題にならない．テューリング・マシンの場合は計算にかかるエネルギーは計算にかかる時間に比例すると考えられる．すなわち，時間が多項式時間ならば，エネルギーも多項式エネルギーになると考えられるから，多項式エネルギーを特に問題にする必要はない．しかし，量子計算機の場合はまったく異なっているように思われる．テューリング・マシンの場合はテープに四角が並んでいて，その四角の有限個の文字を消したり書き換えたりするのである．量子計算機の場合はどうであろうか．テューリング・

マシンの一つの四角に相当するのは，一つの部分物理系に相当するように思う．たとえば文字０と１とを四角の中に書いたり消したりすることは，一つの例でいけば量子計算機の方では０と１とをスピンで表すことにした一つの物理系になることも考えられる．

この場合には次のようになる．テューリング・マシンの場合は計算の必要に応じて，四角の数が増えていくことは，計算の回数に比例した手間だと考えられる．しかし量子計算機の場合は，たとえばスピンをもった物理系の数が増えていくことは，莫大なエネルギーの増加になる．そうでなくとも，四角に相当するものが増えれば，それに対応する物理系が大きく複雑なものであることを意味する．その上これらの物理系のそれぞれの部分はほとんどの場合は独立に相互作用なしに行動し，必要に応じては相互作用を受けて進んでいく．このコントロールにはさらに莫大なエネルギーを要するであろう．それから量子計算機は，その計算がいつ終わったかを伝えることができないようである．もちろん確率論的な判定はあるであろう．しかし確率論的な判定も，物理系が複雑であったり，時間がかなりかかる場合は，その精度は弱く，もしその判定についてチェックしてそれがはずれれば新しく繰り返さなければならない，何度も繰り返さなければならない．安全のために十分の長い時間をとれば，そのエネルギーの増加は莫大なものであろう，その上雑音の問題がある．したがって，私は次のように予想する．量子計算機で計算の時間が増えていくときには，そこで必要な物理系自身が大きくなっていくことが必要ではないか．その上それをコントロールすることを考えれば，それに要するエネルギーは時間に比例するのではなくて，場合によってはベキ乗の割合で増えていくのではないか．したがって，次のようになるのではないかと思う．

テューリング・マシンで多項式時間で計算できない計算を量子計算機で多項式時間で行なったとする．そのときに必要なエネルギーは多項式では抑えられない．したがって，多項式時間で計算可能な関数の族は量子計算機の場合でもエネルギーを考えることによってまったく同じクラスになることになる．

残念ながらこの小論では量子計算機自身について解説するいとまがなかった．ここでは文献だけをあげておく．

暗号法については，初等的な解説では

N. Koblitz : A course in Number Theory and Cryptography, Graduate Texts in Math., 114, second edition 1994, Springer-Verlag（邦訳：『数論アルゴリズムと楕円暗号理論入門』シュプリンガー・フェアラーク東京）

がよい．より専門的なものでは，

M. Luby : Pseudorandomness and Cryptographic Applications, 1996, Princeton Univ. Press

が勧められる．

Shor の論文は，

P. W. Shor : Algorithms for quantum computation : Discrete log and factoring, FOCS, 124−134, 1994

であるが，私としては次の名古屋大学情報数理解析論講座での修士論文

西村治道：量子コンピュータの計算量

を特に勧めたい．ここでは量子計算機の定義から Shor の仕事の証明まですべてが収められている．

量子計算機一般については，この2つの論文の文献から見ていただきたい．量子計算機の理論の入りやすい論文としては特に，

E. Bernstein and U. Vazirani : Quantum complexity theory, Proceedings of the 25th Annual ACM Symposium on Theory of Computing, 11−20, 1993

をあげておきたい．

その初等的な解説は次の付録4で行なう．

付録4　Quantum Turing Machine

キーワード：Quantum Turing machine　Quantum mechanics
Turing machine　Self-adjoint operator　Configuration

Quantum Turing Machine は Oxford の Deutsch によって始められました．Emperor's New Clothes（裸の王様）と似た Emperor's New Mind という題をつけて Artificial Intelligence のことを批判した，有名な本がありますが，Deutsch はこの本を書いた Penrose（ペンローズ）の弟子です．

ここでは，Deutsch のやり方ではなく，Bernstein と Vazirani（Computer Science Division, University of California, Berkeley）のやり方でこの Quantum Turing Machine の話をします．

まず，Quantum Turing Machine（略して QTM）には Turing Machine の要素と，Quantum Mechanics（量子力学）の要素があるので，その両方について簡単に説明してから QTM の話に入ります．

◆ Turing Machine

Turing Machine（略して TM）は

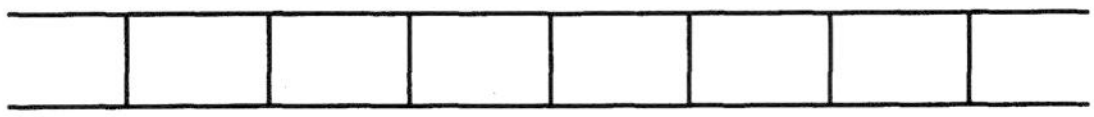

のようにたくさんの四角に区切られたテープを持っています．このテープに書

き込む有限個の文字（アルファベット）の集合を Σ とし，有限個の状態（state）の集合を Q とします．（たとえば，計算が終了した状態 terminal state は Q の一つの元である．）いま，このテープに Σ のいくつかの文字が書き込まれており，テープの一つの四角を head と呼ばれるものが眺めており，さらに TM の state が p であるということを

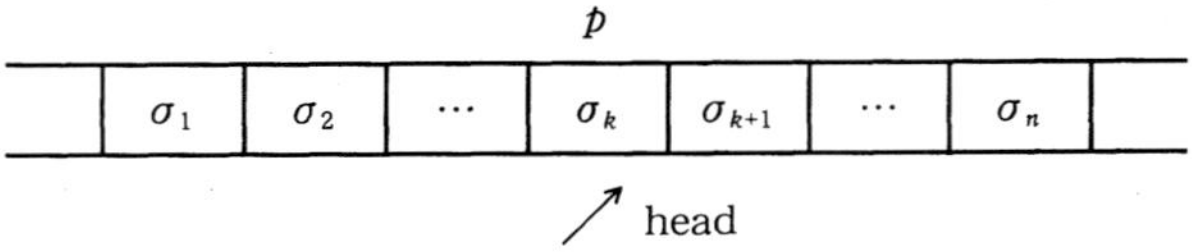

という形で表します．この形のことを configuration もしくは，instant description（ID）といい，p と σ_k の組（p, σ_k）で表します．

TM のプログラムというのは，各 configuration（p, σ）に Q の元と，Σ の元と，左（L）または右（R）とから成る組を対応させる関数 δ として表されます．

$$\delta : Q \times \Sigma \longrightarrow Q \times \Sigma \times \{L, R\}$$

いま，$\delta(p, \sigma) = (q, \tau, d)$，ただし q は Q の元，τ は Σ の元，d は L または R とします．このとき δ は次の操作を表しています．まず，σ を消して τ に書き換え，state を p から q に換え，さらに d が L（または R）ならば，head を左（または右）に移す．

このように TM は，アルファベットの集合 Σ と state の集合 Q と，プログラム δ から構成されています．最初に一つの configuration を与えると，プログラムに従って順に新しい configuration に移っていき，terminal state という状態になったときに終了します．

$+$ や $-$ など，いわゆる computable function というのは TM で表現できる関数です．ここでテープを1本だけではなく有限個に増やすと，計算の能率が非常に良くなります．

◆量子力学

次に量子力学ですが，よく知られているように，量子力学では，一つの物理系が与えられるとそれに対して Hilbert space が対応します．H が Hilbert space のとき，H の元を $\varphi, \psi, \cdots$ で表し，複素数を $\alpha, \beta, \cdots$ で表します．さらに，(φ, ψ) で φ と ψ の内積，α^* で α の共役複素数を表します．このとき，

$$
\begin{aligned}
(\varphi, \alpha\psi) &= \alpha(\varphi, \psi), \\
(\alpha\varphi, \psi) &= \alpha^*(\varphi, \psi), \\
(\psi, \varphi) &= (\varphi, \psi)^*
\end{aligned}
$$

が成り立ちます．H の元 φ に対して，長さ $\|\varphi\|$ は

$$
\|\varphi\| = \sqrt{(\varphi, \varphi)}
$$

で定義され，$\|\varphi\| = 1$ のとき，φ を unit vector（単位ベクトル）といいます．

量子力学の基本的な考え方でいうと，この物理系のある時間における状態は，対応する Hilbert space H の元で表されます．ただし，φ と φ の実数倍 $a\varphi$ $(a \neq 0)$ は同じ状態を表すので，状態は unit vector で表すことにします．この物理系のある定数，たとえば position, momentum 等のような，実際の実数量に相当する観測可能な物理量（observable）には，H の self-adjoint operator（エルミートまたは自己共役作用素）が対応します．H の self-adjoint operator とは，H 上の linear operator $A : H \to H$ で，

$$
(\varphi, A\psi) = (A\varphi, \psi) \qquad (\varphi, \psi \in H)
$$

を満足するものです．量子力学の物理系というのは，ブラックボックスに入っていて，よそから干渉のないときには，その状態は時間 t と共に非常にスムーズに変化し，次の式で表されます．

$$
\varphi \longmapsto \exp\left\{\frac{-it\mathscr{H}}{\hbar}\right\}\varphi
$$

ここで $\mathscr{H}$ は Hamiltonian（ハミルトニアン）と呼ばれる self-adjoint operator，$\hbar$ は Plank's constant（プランクの定数），$\hbar = h/2\pi$ です．$\exp\left\{\frac{-it\mathscr{H}}{\hbar}\right\}$ はもちろん unitary operator です．そして，ある物理量を観

測するということは，このブラックボックスの蓋(ふた)を開けてみるということで，このとき次のようなことが起こります．

いま，一番簡単な場合を考えます．すなわち，この物理量を表す self-adjoint operator A は，eigenvalue $\lambda_1, \lambda_2, \cdots$（実数）をもち，各 λ_n の eigenspace は1次元で，しかもこれらに対する eigenvectors，すなわち $A\varphi_n = \lambda_n \varphi_n$（$n = 1, 2, \cdots$）となる $\varphi_1, \varphi_2, \cdots$ がちょうど Hilbert space H を張っている場合を考えます．ただし $\|\varphi_n\| = 1$（$n = 1, 2, \cdots$）とします．このときブラックボックスに入っている物理系の状態 φ は

$$\varphi = \sum_n \alpha_n \varphi_n$$

（ここに，$\alpha_n = (\varphi_n, \varphi)$，$\sum_n |\alpha_n|^2 = 1$）と書けて，この実験の結果を観測して得られる値というのは，λ_n のどれかになり，その確率は $|\alpha_n|^2$ です．ブラックボックスの蓋を開けて観測すると，その干渉によって物理系の状態は φ から φ_n に変わるという筋書きになっています．

余談になりますが，ここで物理量が self-adjoint operator で表されることから，実数と self-adjoint operator とが対応していると考えられますが，これはある意味で logic の方で justify されます．真偽を1と0で表し，“and” を $\wedge$，“or” を $\vee$，“not” を $\neg$ と書くと，$\wedge, \vee, \neg$ は集合 $\{0, 1\}$ の上で定義された operation であり，$B = \{0, 1\}$ は一つの Boolean algebra になっています．一般に，Boolean algebra というのは，元 0, 1 をもち，conjunction $\wedge$，disjunction $\vee$，negation $\neg$ という operation が定義されていて，各元 b, b_1, b_2, b_3 に対して，次の条件を満たすものをいいます：

1. $0 \neq 1$
2. $(\neg 0) = 1, \quad (\neg 1) = 0$
3. $b \wedge 0 = 0, \quad b \vee 0 = b$
4. $b \wedge 1 = b, \quad b \vee 1 = 1$
5. $b \wedge (\neg b) = 0, \quad b \vee (\neg b) = 1$
6. $\neg(\neg b) = b$

7. $b \wedge b = b, \quad b \vee b = b$

8. $\neg(b_1 \wedge b_2) = (\neg b_1) \vee (\neg b_2)$

9. $\neg(b_1 \vee b_2) = (\neg b_1) \wedge (\neg b_2)$

10. $b_1 \wedge b_2 = b_2 \wedge b_1, \quad b_1 \vee b_2 = b_2 \vee b_1$

11. $b_1 \wedge (b_2 \wedge b_3) = (b_1 \wedge b_2) \wedge b_3$

12. $b_1 \vee (b_2 \vee b_3) = (b_1 \vee b_2) \vee b_3$

13. $b_1 \wedge (b_2 \vee b_3) = (b_1 \wedge b_2) \vee (b_1 \wedge b_3)$

14. $b_1 \vee (b_2 \wedge b_3) = (b_1 \vee b_2) \wedge (b_1 \vee b_3)$

さらに，Boolean algebra B の無限個の元を $\wedge$（または $\vee$）で結ぶ operation $\bigwedge$（または $\bigvee$）が定義されているとき，complete Boolean algebra といいます．上の 1 と 0 から成る Boolean algebra は，complete Boolean algebra であり，true と false を 1 と 0 で表すと，数学の論理である first order logic のモデルになっていますが，もっと一般に，complete Boolean algebra はすべて first order logic のモデルになっています．

一般の complete Boolean algebra B の上で first order logic を考えるということは，真理値が true と false を表す 1 と 0 だけではなく，B の元すべてを真理値と考えるということになります．こうして真理値の範囲を広げても，complete Boolean algebra B は first order logic のモデルですから，そこで集合論が成立します．すなわち，“a が A に属する”という集合論の基本的な概念が，1 と 0 以外の B の元を真理値としてとり得るので，集合の概念が $\{1, 0\}$-valued fuction で表される普通の集合から B-valued function で表される B-valued 集合に変わってきますが，このように集合の概念を変えても集合論の定理は成立し，したがって $\{1, 0\}$-valued の集合論の上で展開される普通の数学と平行して，B-valued の数学が成立します．

この complete Boolean algebra の一つとして，Hilbert space H の closed linear subspace から成る complete Boolean algebra B を考えます．そうすると，B-valued 集合論で定義される“実数”がちょうど H の self-adjoint operator になっています．

このことから，実数と self-adjoint operator との対応は，物理の直観だけではなく，論理学の上できちっと justify されています．

話を元に戻すと，量子力学の物理系というのは，ブラックボックスに入っていて，干渉がなければスムーズに変化していますが，ブラックボックスの蓋を開けると，その干渉によってある状態に落ち込んで観測できるという形になっています．一番極端な例が Schrödinger の猫の話です．ブラックボックスの蓋を開ける前は，すなわち一般的な量子力学的な状態は，生きた猫と死んだ猫の linear combination（一次結合）になっていて，蓋を開けると，生きた猫かまたは死んだ猫か，どちらかの状態に落ち込みます．

◆ Quantum Turing Machine QTM

次に，いよいよ Quantum Turing Machine (QTM) の話に入ります．TM を与えるということは，アルファベットの集合 Σ と，state の集合 Q を決めた上で，machine の行動を表す関数

$$\delta : Q \times \Sigma \longrightarrow Q \times \Sigma \times \{L, R\}$$

を与えるということでした．

TM の場合の transition（変換）$\delta(p, \sigma) = (q, \tau, d)$ を以下 $\langle p, \sigma, \tau, q, d \rangle$ と書きます．すなわち $\langle p, \sigma, \tau, q, d \rangle$ は，state が p で head が σ を眺めている状態から，σ を τ に書き換え，state を q に変え，さらに head を d 方向に移動させるという transition です．

QTM は，TM の場合のようにアルファベットの有限集合 Σ と，state の有限集合 Q を決めた上で，machine の行動を表す関数 δ で定義されますが，この δ の役割が TM の場合と違っています．

QTM の行動は TM の各 transition $\langle p, \sigma, \tau, q, d \rangle$ に複素数を対応させる関数

$$\delta: Q \times \Sigma \times \Sigma \times Q \times \{L, R\} \longrightarrow \boldsymbol{C}$$

で表されます．

量子力学的解釈では，machine の行動は，一通りに決まるものではなく，多くの transition の重ね合せであり，複素数 $\delta(p, \sigma, \tau, q, d)$ は transition $\langle p, \sigma, \tau, q, d\rangle$ の起こる確率を表します．すなわち，$\delta(p, \sigma, \tau, q, d)$ は $\langle p, \sigma, \tau, q, d\rangle$ の amplitude（確率振幅）です．

以上が基本的なアイデアになっていますが，これを数学的に formal に表現するためにまず，configuration を一列に並べて

$$\{c_1, c_2, \cdots\}$$

とします．Q も Σ も有限集合なので，configuration の集合は可算で，上のように一列に並べて書くことができます．$\{c_1, c_2, \cdots\}$ を orthogonal base とする Hilbert space L_2 をこの QTM の Hilbert space ということにします．$\{c_1, c_2, \cdots\}$ は orthogonal base ですから，各 c_n の長さが1で，互いに直交しており，さらに L_2 の各元 x は $\{c_1, c_2, \cdots\}$ の一次結合，すなわち $x = \sum_i \alpha_i c_i$ になっています．

いま，transition $\langle p, \sigma, \tau, q, d\rangle$ をある configuration c に作用させたとき，その値 $\langle p, \sigma, \tau, q, d\rangle c$ を次のように定義します．c の状態が p で，head が σ を眺めている，すなわち

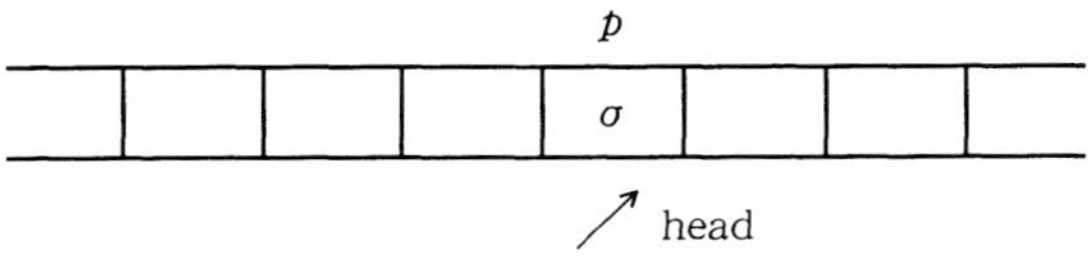

の場合は，$\langle p, \sigma, \tau, q, d\rangle c$ は，σ を τ と入れ換えて state を q に変え head を d 方向に移した結果であり，他の場合は $\langle p, \sigma, \tau, q, d\rangle c = 0$ とします．

さて，L_2 の元 $x = \sum_i \alpha_i c_i$ に対して $M_\delta x$ を

$$M_\delta x = \sum_i \alpha_i \sum_{p, \sigma, \tau, q, d} \delta(p, \sigma, \tau, q, d)(\langle p, \sigma, \tau, q, d\rangle c_i)$$

と定義することによって，δ に対応する L_2 の上の linear mapping

$$M_\delta : L_2 \longrightarrow L_2$$

が定義されます．この M_δ が unitary であるとき，すなわち

$$M_\delta^+ M_\delta = M_\delta M_\delta^+ = I$$

（ここで M_δ^+ は M_δ の adjoint operator）が成り立つとき，この QTM が“δ によって定義されている”といいます．すなわち，このとき Q と Σ と δ は一つの QTM を構成しています．

QTM を定義する δ の条件は，次の定理によってもう少し見やすい条件 (1), (2), (3) にいい換えることができます．

定理　Q と Σ が与えられているとき，関数

$$\delta : Q \times \Sigma \times \Sigma \times Q \times \{L, R\} \longrightarrow \boldsymbol{C}$$

が QTM を定義するためには，次の条件が必要かつ十分である．

(1)　$Q \times \Sigma$ の任意の元 (p, σ) に対して

$$\sum_{\tau, q, d} |\delta(p, \sigma, \tau, q, d)|^2 = 1.$$

(2)　$Q \times \Sigma$ の任意の相異なる2元 (p_1, σ_1)，(p_2, σ_2) に対して

$$\sum_{\tau, q, d} \delta(p_1, \sigma_1, \tau, q, d)\, \delta^*(p_2, \sigma_2, \tau, q, d) = 0.$$

(3)　Q の元の数を $|Q|$ とし，$|Q|$ 次元複素ユークリッド空間 $\boldsymbol{C}^{|Q|}$ を考える．Q の元をこの base にとると，$\sum_q \delta(p, \sigma, \tau, q, d)\, q$ は $\boldsymbol{C}^{|Q|}$ の元である．このとき，$\sum_q \delta(p, \sigma, \tau, q, L)\, q$ の全体から生成される $\boldsymbol{C}^{|Q|}$ の部分空間を Q_L，$\sum_q \delta(p, \sigma, \tau, q, R)\, q$ の全体から生成される $\boldsymbol{C}^{|Q|}$ の部分空間を Q_R とすると，Q_L と Q_R は直交している．すなわち $Q_L \perp Q_R$.

証明のあらすじ　M_δ が unitary であることと (1), (2), (3) が同等であることを証明すればよい．M_δ の (i, j)-成分を $\delta(c_i, c_j)$ と書くと，M_δ が unitary であるとは，すべての c_i, c_j に対して

$$\sum_c \delta(c_i, c)\, \delta^*(c_j, c) = \begin{cases} 1 & (i = j \text{ のとき}) \\ 0 & (\text{その他}) \end{cases}$$

が成立することです．

c_i と c_j のテープがどちらの head も眺めていない四角で異なっている場合，および，2つのテープの head が同じ四角を眺めているのでなく，またちょうど2つ離れた四角を眺めているのでもないという場合は，c_i, c_j が1ステップで同じ c に移ることはないので，$\sum_c \delta(c_i, c)\delta^*(c_j, c) = 0$ となります．それでこれらの他の場合だけ考えます．そうすると，(1) は "$c_i = c_j$ ならば $\sum_c \delta(c_i, c)\delta^*(c_j, c) = 1$" という条件と同等です．なぜならば，$\delta(c_i, c) \neq 0$ となる c は，τ, q, d によって決まるので，

$$\sum_c \delta(c_i, c)\delta^*(c_j, c) = \sum_{\tau, q, d} \delta(p, \sigma, \tau, q, d)\delta^*(p, \sigma, \tau, q, d)$$

となり，

$$\sum_c \delta(c_i, c)\delta^*(c_j, c) = 1 \iff \sum_{\tau, q, d} \delta(p, \sigma, \tau, q, d)\delta^*(p, \sigma, \tau, q, d) = 1.$$

(2) は "$c_1 \neq c_2$ で，c_1 と c_2 が同じ head position をもつとき，$\sum_c \delta(c_i, c)\delta^*(c_j, c) = 0$" という条件と同等であり，

(3) は "c_i, c_j の head がちょうど2つ離れていて，そこだけ異なっている場合，

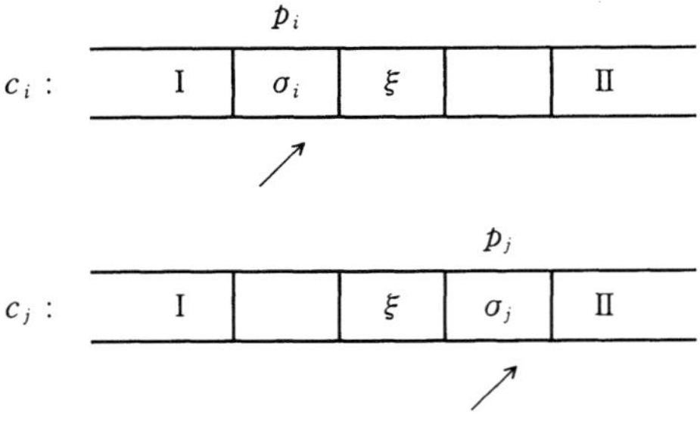

このとき，$\sum_c \delta(c_i, c)\delta^*(c_j, c) = 0$" という条件と同等になります．したがって，$\delta$ が QTM を構成しているという条件は (1), (2), (3) と同等であるということになります．

◆**QTM の例**

Q は terminal state（これを q とする）ただ一つから成っており，Σ は1と0の2つの元から成っているという簡単な場合を考えます．この場合，amplitude を

$$\delta(q, \sigma_1, \sigma_2, q, R) = \begin{cases} -\dfrac{1}{\sqrt{2}} & (\sigma_1 = \sigma_2 = 1 \text{ のとき}) \\ \dfrac{1}{\sqrt{2}} & (\text{その他}) \end{cases}$$

$$\delta(q, \sigma_1, \sigma_2, q, L) = 0$$

と定義すると，0 はすべてのものに直交するので，直交条件 (3) は無条件に成立します．条件 (1), (2) は次のように成立することが分かります．

$$(1)\quad \sum_{\tau, d} |\delta(q, \sigma, \tau, q, d)|^2 = \left(-\frac{1}{\sqrt{2}}\right)^2 + \left(\frac{1}{\sqrt{2}}\right)^2 = 1,$$

$$(2)\quad \sum_{\tau, d} \delta(q, 1, \tau, q, d)\,\delta^*(q, 0, \tau, q, d) = -\frac{1}{\sqrt{2}}\cdot\frac{1}{\sqrt{2}} + \frac{1}{\sqrt{2}}\cdot\frac{1}{\sqrt{2}} = 0.$$

したがって，この Q, Σ, δ は QTM を構成しています．

これは，非常に簡単な例ですが，QTM の一つの特色がでています．どういう特色かというと，いま c_1 を $\underset{\nearrow}{1}\ 1$ という configuration，c_2 を $\underset{\nearrow}{0}\ 1$ という configuration として，これらに M_δ を作用させると，

$$c_1 = \underset{\nearrow}{1}\ 1 \xrightarrow{M_\delta} 1\ \underset{\nearrow}{1} = c \qquad \left(\text{確率}\ \frac{1}{2}\right)$$

$$c_2 = \underset{\nearrow}{0}\ 1 \xrightarrow{M_\delta} 1\ \underset{\nearrow}{1} = c \qquad \left(\text{確率}\ \frac{1}{2}\right)$$

両方とも $1\ \underset{\nearrow}{1}$ に移り，その確率は共に，$\dfrac{1}{2}$ となります．

ブラックボックスの中で，

$$\alpha_1 c_1 + \alpha_2 c_2 \qquad (|\alpha_1|^2 + |\alpha_2|^2 = 1)$$

という重ね合せの状態ならば，

$$\alpha_1 c_1 + \alpha_2 c_2 \xrightarrow{M_\delta} \frac{1}{\sqrt{2}}(-\alpha_1 + \alpha_2)c$$

（この確率は $\frac{1}{2}(\alpha_1 - \alpha_2)^2$）となります．

いま，$\alpha_1 c_1 + \alpha_2 c_2$ の状態でいきなりブラックボックスの蓋を開けると c_1 のでる確率は α_1^2，c_2 のでる確率は α_2^2 となりますが，ここで蓋を開けないで QTM が次のステップに移ってから蓋を開けると c のでてくる確率は $\frac{1}{2}(\alpha_1 - \alpha_2)^2$ となります．一方，蓋を開けてから次のステップに移った場合 c のでてくる確率は，$\frac{1}{2}|\alpha_1|^2 + \frac{1}{2}|\alpha_2|^2 = \frac{1}{2}$ となって，蓋を開けないで次のステップに移った場合と答えが違ってきます．たとえば，$\alpha_1 = \alpha_2$ とすると，先に蓋を開けた場合は c のでる確率が $\frac{1}{2}$ であり，開けない場合は 0 となります．

確率論的 Turing Machine（PTM）という QTM とよく似た Turing Machine がありますが，この点では両者が非常に違っています．上の例で，最初に蓋を開けて，次に 1 ステップ行ってから蓋を開けると，c のでてくる確率は $\frac{1}{2}$ なのに，最初に開けないで 1 ステップ行ってから開けると c はでてこないというのは，まさしく量子力学的な Turing Machine の特徴といえます．

◆TM の可逆性

次に QTM のもう一つ別な性質をあげておきます．いま，Q, Σ, δ が QTM を構成しているとします．このとき，$M_\delta^+ = M_\delta^{-1}$ が成り立ちます．いま，δ' を

$$\delta'(q, \tau, \sigma, p, d) = \delta^*(p, \sigma, \tau, q, d^{-1})$$

で定義します．ここに $R^{-1} = L$，$L^{-1} = R$ とします．そうするとちょうど $M_{\delta'} = M_\delta^{-1}$ となっていて，δ' は逆向きの QTM を構成しています．このように QTM は，逆向きが可能であるという特殊な性質をもっています．これは物理学の法則の不思議なところです．QTM T があるとき，その逆向きの QTM T' をとることができ，T で v_1 から v_2 に移ることと，T' で v_2 から v_1 に移ることは

同等になっています．普通の Turing Machine にはこういう性質はありません．

しかし，普通の Turing Machine T で逆向きが可能（reversible）ということを，T が configuration c_1 を configuration c_2 に移すということと，T' が c_2 を c_1 に移すことが同等であること，すなわち

$$T : c_1 \longmapsto c_2 \quad \text{if and only if} \quad T' : c_2 \longmapsto c_1$$

となるような写像 T' が存在することと定義します．ここで T' は TM である必要はありません．

そうすると，どういうことがいえるかというと，どんな TM T をとってきても，T が関数 f を計算するとき，$\widehat{T}$ という reversible な TM で，f に非常に近い $x \cdot f(x)$ という関数を計算するようなものが存在します．ここで slowdown は constant factor だけしかないので，数学的には実用性が高い．

このことから考えると，QTM の reversible という性質は，それほど特殊な性質ではないということになります．

（文責：千谷慧子）

あとがき

無限小解析，即ちノンスタンダード解析学一般に対する，日本語の著書には次のものがある．

［1］ 斎藤正彦：超積と超準解析，東京図書，1976.

［2］ M. デイビス（難波完爾訳）：超準解析，培風館，1982.

両書ともよく書かれた良書である．本書がこれらの本と違うのは，その方向が Loeb 測度から確率過程の方向に向けられていることである．

この方面の決定版は，次のモノグラフである．

［3］ J. Keisler : An infinitesimal approach to stochastic analysis, American Mathematical Society, Memoirs #297, 1984.

しかしながら，この本はモノグラフであって決して読みやすくはない．少なくともノンスタンダード解析学をある程度マスターしてからでないと難しい．しかし本書はそのよい準備になっているので，本書のあとでこのモノグラフを読むことが勧められる．また，Keisler の理論の解説とその物理数学への応用とが重点ではないかと思われる，次の本も勧められる．

［4］ S. Albeverio, J. E. Fenstad, R. Høegh-Krohn, T. Lindstrøm : Nonstandard Methods in Stochastic Analysis and Mathematical Physics, Academic Press, 近刊.

以下，章別に多少の説明を加えることにしよう．

第1章には格別につけ加えることはない．Loeb 測度に重点をおいた無限小解析の入門である．

第2章は重点が Brown 運動と伊藤積分であるから，一つの読み方は§3を抜かして，§5も定理1までを読んであとは第3章に進むことである．§5は上述の［4］の紹介であるから，興味のある人は［4］を読まれたい．

この章と直接の関係はないが，関連事項としてエルゴード定理についての次の論文は一読に値する．

［5］ T. Kamae : A Simple Proof of the Ergodic Theorem Using Non-standard Analysis, Israel J. Math. **42** (1982), pp. 284−290.

第3章の§1はいわゆる Euclid（ユークリッド）法といわれるものの入口である．これについては，上記の［4］のほかに，次のものを勧めておきたい．

［6］ B. Simon : Functional integration and quantum physics, Academic Press, 1979.

第3章の§2および付録1について．まずゲージ理論については，

［7］ 竹内外史：リー代数と素粒子論，裳華房，1984.

およびその巻末のゲージ理論についての文献を見られたい．

次にラティス・ゲージ理論については，無限小解析を用いて微分幾何の量子化に取り組んでみたいと思う読者が万一いるかもしれないと思い，次の4つの文献をあげておく．

［8］ L. P. Kadanoff : The application of renormalization group techniques to quarks and strings, Rev. Mod. Phys. **49** (1977), pp. 267−296.

［9］ J. P. Kogut : An introduction to lattice gauge theory and spin systems, Rev. Mod. Phys. **51** (1979), pp. 659−713.

［10］ J.P. Kogut : A Review of the Lattice Gauge Theory Approach to Quantum Chromodynamics, Preprint, University of Illinois, 1982.

［11］ P. Hasenfratz : Lattice QCD, in Recent Developments in High-Energy Physics edited by H. Milter and C. B. Lang, pp. 283−356, Springer-Verlag, 1983.

付録2,3については，そのなかに必要な文献をあげておいた．

索　引

ア　行

カ　行

サ　行

タ　行

ナ　行

ハ　行

マ　行

W

X

Y

その他

記　号

著者紹介
竹内外史（たけうち・がいし）
1926 年　石川県に生まれる
1947 年　東京大学理学部数学科卒業
　　　　東京教育大学教授，イリノイ大学教授等を経て
　　　　イリノイ大学名誉教授．理学博士
主　著『数学基礎論』（共著，共立出版）
　　　『現代集合論入門』，『数学から物理学へ』，『**P** と **NP**』（以上，日本評論社）
　　　『線形代数と量子力学』，『リー代数と素粒子論』，『証明論と計算量』（以上，裳華房）
　　　『数学的世界観』，『直観主義的集合論』（以上，紀伊國屋書店）
　　　その他，多数

無限小解析と物理学（第 2 版）[POD 版]

2024 年 12 月 4 日発行

著者　竹内外史

印刷　ワコー
製本　ワコー

発行者　森北博巳
発行所　森北出版株式会社
〒102-0071　東京都千代田区富士見 1-4-11
03-3265-8342（営業・宣伝マネジメント部）
https://www.morikita.co.jp/

Printed in Japan
ISBN978-4-627-09749-0